人工智能前沿技术丛书

推荐系统

前沿与实践

Recommender Systems

Frontiers and Practices

李东胜 练建勋 张乐 任侃 卢暾 邬涛 谢幸◎著

电子工业出版社

Publishing House of Electronics Industry

北京·BEIJING

内 容 简 介

　　推荐系统是互联网时代极具商业价值的人工智能应用之一，30 年来持续受到学术界和工业界的广泛关注。本书作者以一线研发人员的视角和经验，对推荐系统进行总结，尝试从原理与实践两个角度为读者剖析推荐系统。本书首先从原理上介绍各类经典推荐算法及前沿的深度学习推荐算法，然后分析推荐系统领域发展的前沿话题和未来方向，最后结合微软的开源项目 Microsoft Recommenders 介绍推荐系统的实践经验。读者可以基于本书提供的源代码，深入学习推荐算法的设计原理和实践方式，并可以基于本书从零开始快速搭建一个准确、高效的推荐系统。

　　本书不仅适合互联网、大数据等相关领域技术人员阅读，也适合高等院校计算机、软件工程、人工智能等专业的本科生和研究生参考。

图书在版编目（CIP）数据

推荐系统：前沿与实践 / 李东胜等著.—北京：电子工业出版社，2022.6
（人工智能前沿技术丛书）
ISBN 978-7-121-43508-9

Ⅰ. ①推… Ⅱ. ①李… Ⅲ. ①人工智能 Ⅳ. ①TP18

中国版本图书馆 CIP 数据核字（2022）第 088378 号

责任编辑：宋亚东
印　　刷：北京天宇星印刷厂
装　　订：北京天宇星印刷厂
出版发行：电子工业出版社
　　　　　北京市海淀区万寿路 173 信箱　　　　邮编：100036
开　　本：720×1000　　1/16　　印张：17.75　　字数：398 千字
版　　次：2022 年 6 月第 1 版
印　　次：2024 年 8 月第 4 次印刷
定　　价：108.00 元

凡所购买电子工业出版社图书有缺损问题，请向购买书店调换。若书店售缺，请与本社发行部联系，联系及邮购电话：（010）88254888，88258888。

质量投诉请发邮件至 zlts@phei.com.cn，盗版侵权举报请发邮件至 dbqq@phei.com.cn。

本书咨询联系方式：（010）51260888-819，faq@phei.com.cn。

推荐系统：信息海洋中的导航者

2020 年，全球数据总存储量超过了 40ZB，预计在 2025 到 2026 年，这个数字会达到 200ZB。面对如此巨量的数据，大数据时代面对的第一个挑战就是如何解决信息过载的问题，即如何帮助用户在信息的海洋中找到他们需要或者喜欢的内容。我们见识过不同类型的"信息中介"，导航网站（如 hao123）、门户网站（如搜狐新闻）、搜索引擎（如百度）……还有本书要介绍的推荐系统。读者可能会觉得搜索引擎在信息获取方面扮演了最重要的角色，然而实际上，绝大部分我们被动获取或者看似主动却实际被动获取的信息都来自推荐系统，这些信息占据了我们从互联网中获取信息的最大份额。举个例子，尽管我们有时会在抖音、快手和小红书上浏览关注对象的视频，但是大部分时候，当我们滑屏之后，新的视频都来自推荐系统。我们可能以为自己观看的长视频都来源于对我们兴趣的准确把握和对内容的主动定位，其实 Netflix 上超过 2/3 的点击来自推荐，爱奇艺超过 1/2 的点击来自推荐。还有今日头条的新闻推荐、淘宝的商品推荐……我们一直被推荐系统紧紧包裹，只是这层包裹很柔软，我们往往并不自知。

读者手头的这本书，就是从理论、方法到实践，系统地介绍推荐系统这一信息海洋中最重要导航者的专著。这本书的作者是该领域蜚声国际的大学者。不得不说，针对推荐系统，已经有了很多高质量的综述论文和专著，它们各有特色。然而，大部分综述只集中于某类方法（例如 Adomavicious 和 Tuzhilin 主要聚焦于协同过滤[1]，我们的综述主要聚焦于物理学的方法[2]）或者只深入讨论某一个问题（例如 Herlocker 等人的综述主要关注如何评价一个

---

[1] ADOMAVICIUS G, TUZHILIN A. Toward the next generation of recommender systems: A survey of the state-of-the-art and possible extensions. IEEE Transactions on Knowledge and Data Engineering, 2005 (17): 734.

[2] LÜ Linyuan, MEDO Matúš, YEUNG Chi Ho, et al. Recommender systems. Physics Reports, 2012, 519 (1): 1-50.

推荐系统）。Francesco Ricci 等人编写了 *Introduction to Recommender Systems Handbook*一书，影响力很大，但这本书其实是若干专题性综述的汇编，没有在同一套语言和符号系统中由浅入深地展开叙事，因此只适合很专业的研究人员阅读。项亮撰写的《推荐系统实践》是从业者的入门和实战宝典，但理论方面的笔墨不多。与此同时，推荐系统自身的发展速度很快，原来以协同过滤、矩阵分解等为代表的单算法，已经无法应对现在的大规模推荐系统。事实上，在目前主流的推荐系统框架中，深度学习和特征工程已经扮演主角，原来不可一世的单算法（例如基于用户和基于商品的协同过滤）已经退化成前沿推荐系统框架中若干召回算法中不起眼的一员。所以，一些较完整的著作，距离推荐系统的前沿技术也比较远了。总的来说，本书是一本"来得恰到好处"的推荐系统著作，兼顾了理论性和实践性，包含了经典算法和前沿方法。

我和推荐系统有很深的缘分。2007 年，我到瑞士弗里堡大学读博士，张翼成教授与我合作的第一个题目就是推荐系统，后来推荐系统和链路预测成了支撑我博士论文的两个主要方向。回国后，我参与创立的第一家企业最初的业务就是为电子商务网站开发推荐系统。我老婆有很长一段时间也从事推荐系统的实战工作，并作为主要负责人构建了爱奇艺的推荐系统。我和她有一段重要的共同经历，就是都曾在谢幸老师的指导下从事位置分析和推荐系统的工作。我和谢幸老师一共合作过四篇论文，其中有三篇有关如何为用户推荐他（她）可能感兴趣的位置的，这也使我真正有机会系统地考虑如何推荐位置，以及一个相关的问题——如何利用位置信息推荐内容。

推荐系统尽管已经历了近三十年的发展，但该领域的研究依然充满活力。这在很大程度上是因为推荐系统占据了我们获取的信息活动的很大比重，而获取信息又是现代人生活学习中特别重要的部分。除了刚才提到的深度学习

① HERLOCKER J L, KONSTAN JA, TERVEEN LG, et al. Evaluating collaborative filtering recommender systems. ACM Transactions on Information Systems , 2004, 22 (1): 5-53.

② RICCI F, ROKACH L, SHAPIRA B. Introduction to Recommender Systems Handbook. Boston, MA: Springer, 2010.

③ 项亮. 推荐系统实践. 北京: 人民邮电出版社, 2021.

④ 王喆. 深度学习推荐系统. 北京: 电子工业出版社, 2020.

⑤ 现在叫百分点科技集团，当时叫百分点科技。我们的商业出发点可以参考我们早期撰写的一本书——苏萌, 柏林森, 周涛. 个性化: 商业的未来. 北京: 机械工业出版社, 2012.

⑥ 2015 年为 IEEE Data Eng. Bull. 写过一篇题为 *Mining Location-based Social Networks: A Predictive Perspective* 的短综述；同年在 ICDM 会议上发表了一篇位置信息的论文 *Content-aware collaborative filtering for location recommendation based on human mobility data*；2017 年在 Physica A 上合作发表了一篇通过空间轨迹数据分析一个人本地化程度的论文 *Indigenization of urban mobility*，本地化程度指标可以用于感兴趣的地理位置的推荐；2018 年，在 IEEE TKDE 上发表论文 *Scalable Content-Aware Collaborative Filtering for Location Recommendation*，介绍了一个性价比很高的位置推荐算法。

框架的应用，最新的技术发展又提出了若干新的挑战，例如，如何在多媒体环境中更好地设计推荐系统①（与目前流行的多模态学习密切相关），如何融入专家知识来构建具备"认知能力"的推荐系统②，如何在隐私保护的前提下设计推荐系统③，等等。在大数据概念热火朝天时，美国网络安全和新兴技术局（CSET）发布报告，建议重新重视小数据下的人工智能应用④。如何在稀疏和不充分数据条件下设计推荐系统，也是一个重大的挑战。其中，谢幸老师和他的同事们最近针对基于知识图谱的推荐系统的研究，为这个问题提出了一个可能的解决方案⑤。我最近在推荐算法方面研究较少，又反过来关注推荐系统的伦理问题，例如，如何避免由于过度个性化让我们的视野变得狭窄，甚至陷入信息茧房⑥中——这实际上是我博士阶段工作⑦的自然延续。

可以说，推荐系统是一个将科学问题、技术问题和产业实践无缝结合的充满活力的领域。本书的作者们都是该领域全球范围的研究学者，且多数身在微软，因而对产业需求非常敏锐！希望各位读者都能从本书中有所得。

是为序。

周涛

电子科技大学教授

---

① DELDJOO Y, SCHEDL M, CREMONESI P, et al. Recommender systems leveraging multimedia content. ACM Computing Surveys, 2020, 53 (5): 1-38.

② BEHESHTI A, YAKHCHI SMOUSAEIRAD S, et al. Towards cognitive recommender systems. Algorithms, 2020, 13 (8): 176.

③ ANELLI V W, BELLI L, DELDJOO Y, et al. Pursuing Privacy in Recommender Systems: the View of Users and Researchers from Regulations to Applications. 15th ACM Conference on Recommender Systems. New York, NY, USA: ACM Press, 2021, 838-841.

④ CEST. Small Data's Big AI Potential, 2021.

⑤ GUO Q, ZHUANG F, QIN C, et al. A Survey on Knowledge Graph-Based Recommender Systems. IEEE Transactions on Knowledge and Data Engineering (in press).

⑥ HOU L, PAN X, LIU K Ch, et al. Information Cocoons in Online Navigation. 2021. arXiv: 2109.06589.

⑦ ZHOU T, KUSCSIK Z, LIU J G, et al. Solving the apparent diversity-accuracy dilemma of recommender systems. PNAS, 2010, 107(10): 4511.

推荐系统诞生于 20 世纪 90 年代的互联网技术蓬勃发展时期，出现伊始，便得到了学术界和工业界的普遍认可，在电子商务、新闻门户、多媒体内容、生活服务、社交网络甚至广告营销等诸多领域取得了广泛的成功，逐步成为互联网应用中不可或缺的组成部分。在移动互联网和新媒体等日益繁荣的今天，推荐系统发挥着更加无可取代的重要作用，不断降低互联网用户获取信息的难度，提升用户与信息系统交互过程中的用户体验。近年来，诸多成功的应用案例表明，推荐系统正在持续影响甚至改变人类与信息世界的交互方式。

深度学习的出现极大地改变了推荐技术的发展方向，深入理解基于深度学习的推荐技术对于推荐系统领域的研究人员和技术人员是非常必要的。首先，技术的发展通常是螺旋式的，推荐技术也不例外。众多新方法、新技术的背后往往会有传统推荐技术的影子，将传统推荐技术与基于深度学习的推荐技术融会贯通至关重要，因此本书花费较多的篇幅介绍经典推荐技术。其次，推荐技术并不局限于互联网领域，人们的日常生活中也存在着大量推荐场景，传统行业也可以通过推荐系统来驱动其业务或者管理方式的变革。因此，本书着重介绍与业务无关的基础技术，以便处于不同阶段的研究人员以及不同行业的技术人员都能从中受益。最后，推荐系统是一个以应用为主的领域，除掌握方法和原理外，更重要的是学会如何设计和实现工业级的推荐系统。因此，本书结合微软推荐系统开源项目，以理论与实践相结合的方式呈现给读者。

为了使不同背景、不同行业的读者都能够清晰和完整地理解推荐技术发展的因与果，本书尝试从更广阔的视角看待推荐系统。本书首先从经典的推荐算法入手，介绍传统推荐算法的基本原理和主要概念，分析其优势与局限，为读者更好地理解基于深度学习的推荐技术奠定基础。然后，本书介绍深度学习的基础知识，着重介绍基于深度学习的推荐技术，分析推荐系统理论与实践中的问题，使读者能够更深入地理解推荐系统的前沿技术。最后，本书结合微软的开源项目 Microsoft Recommenders 介绍推荐系统的实践经验。读者可以基于本书提供的源代码，深入学习推荐算法的设计原理和实践方式，并可以基于本书从零开始快速搭建一个准确、高效的推荐系统。

本书由李东胜、练建勋、张乐、任侃、卢暾、邬涛和谢幸撰写，具体分工如下：

李东胜撰写了本书的第 1、2、3、5、7 章的部分内容；

练建勋撰写了本书的第 4、6 章的部分内容；

张乐撰写了本书的第 6 章的部分内容；

任侃撰写了本书的第 3、4 章的部分内容；

卢暾、邬涛和谢幸对所有章节的内容进行了统筹、修改和审阅。

除本书作者外，多名博士、硕士研究生与合作伙伴协助撰写了本书的部分章节。其中，夏家峰、张光平、汪方野和王迎旭协助撰写了本书的第 2 章和第 5 章。杨正宇、李梓玥、王可容、张光平协助撰写了本书的第 3 章。

我们由衷地感谢他们对本书做出的贡献。

感谢宋亚东先生和电子工业出版社对本书的重视，以及为本书出版所做的一切。

由于时间有限，书中不足之处在所难免，敬请广大读者批评指正！

李东胜　练建勋　张乐　任侃　卢暾　邬涛　谢幸

读者服务

微信扫码回复：43508

• 获取本书配套资源。

• 加入本书读者交流群，与本书作者互动。

• 获取【百场业界大咖直播合集】（持续更新），仅需 1 元。

目录
CONTENTS

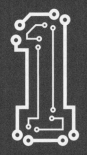

第 1 章

推荐系统概述

1.1 推荐系统发展历史

自 20 世纪 80 年代以来，随着互联网相关技术的不断发展，信息技术领域涌现了众多利用计算机传递信息的应用形式，例如个人网站、聊天系统、电子邮件和在线论坛，等等。这些应用的出现也为用户带来了一个"幸福的烦恼"，即信息过载问题[1]。例如，当前世界上存在的网站总数量已经超过了 18 亿家[2]。对一个用户来说，如果每秒钟可以浏览 1 家网站，并且每天 24 小时不停地浏览，那么将这 18 亿家网站全部浏览完需要 57 年，这对于任何用户来说都是无法接受的。因此，人们迫切需要一种技术，它既要能让用户享受信息时代带来的好处，又要能有效地避免信息过载带来的烦恼。

1987 年，麻省理工学院和密歇根州立大学的研究人员提出了一个有趣的想法：设计一种新型的信息共享系统，只将相关的信息分发给那些认为这些信息对自己有价值的人，而不去干扰那些认为这些信息对自己没有价值的人[3]。这一想法实际上就是推荐系统的萌芽。自此，推荐系统的研究开始逐步深入并且带来越来越高的商业价值。例如，在 2001 年，亚马逊公司首次将推荐系统引入电商平台，并带来了大幅度的销售额提升[4]。2006 年，网飞公司举办了 "Netflix Prize" 竞赛[5]，吸引了一大批研究人员投身于这一领域，也推动了矩阵分解等重要方法在推荐算法领域的快速发展。2007 年，图灵奖得主 Geoffrey Hinton 与合作者 Ruslan Salakhutdinov、Andriy Mnih 共同提出了用受限玻尔兹曼机来解决推荐问题的方法[6]，开启了深度学习时代的推荐算法研究与应用。此后，推荐系统研究开始蓬勃发展，其价值也在更多的场景中被证明。

1.1.1 基于内容的推荐算法

1990 年，斯德哥尔摩大学的 Jussi Karlgren 在一份技术报告中提出了图书推荐的概念[7]。Karlgren 以图书推荐为例，介绍了如何计算用户过去阅读过的图书与其他图书之间的相似程度，然后基于相似度给用户推荐新的图书。这一想法可以认为是一种典型的基于内容的推荐算法，其基本的假设是：用户未来喜欢的物品与其过去喜欢的物品应该是相似的，因此可以通过寻找内容相似的物品推荐给目标用户。此后涌现出的一大批基于内容的推荐算法都是基于这一假设的。

通常来说，基于内容的推荐算法需要包括下面三个关键步骤[8]：

第一，用户兴趣收集。用户在内容上的兴趣可以通过多种方式表示，例如用户对物品的显式评分（1~5 分）、用户购买商品与否（1 或 0），以及用户对物品的评论（文本）。对于用户表达过兴趣的物品，需要将它们汇总起来，构成用户的兴趣集合。

　　第二，用户兴趣建模。有了用户兴趣集合，需要采用可计算的方式对用户的兴趣进行建模。在这一过程中，首先需要对用户兴趣集合中的物品进行描述。因为物品的种类多种多样，例如电影、图书、商品和音乐等，不同类型的物品需要采用不同的方式描述。例如，电影可以采用影片类型、导演、演员、语言、上映时间和影评等方式进行描述，音乐通常采用音乐类型、歌手、发行时间、音频属性等方式进行描述。

　　第三，内容推荐。在描述用户兴趣集合中的物品之后，可以计算物品和物品之间的关联，例如两部电影之间的相似度。针对用户兴趣集合中不包含的物品，计算该物品与用户兴趣集合中的物品的平均相似度，然后选择平均相似度大的物品并推荐给用户。

　　基于上述方式，研究人员提出了多种推荐方法解决不同应用场景下的信息过载问题。例如，1997 年，斯坦福大学的 Balabanović 与 Shoham 提出了 Fab 系统[9]，用于网页推荐。同年，加州大学尔湾分校的 Pazzani 等人提出了 Syskill & Webert 系统[10] 为用户推荐感兴趣的网页。2002 年，加州大学尔湾分校的 Billsus 和 Pazzani 提出了 Daily learner 系统[11]，为用户推荐个性化的新闻。这些都是对基于内容的推荐算法的开创性研究工作。然而，这些早期的研究存在着较大的局限性，例如准确性低、缺乏多样性等。因此，随着推荐技术的发展，这些传统的基于内容的推荐算法已经较少被采用。近年来，随着深度学习的崛起，基于内容的推荐算法也焕发了新的活力，在新闻推荐等诸多对内容有较高依赖的推荐场景中，涌现了大批融合了神经网络表示学习技术的基于内容的推荐算法[12]，这部分内容将在后续的章节中介绍。

1.1.2　基于协同过滤的推荐算法

　　在基于内容的推荐算法被提出之后，研究人员发现这些算法具有很大的局限性。例如，同样类型的电影甚至同一位导演执导的电影，其内容和质量可能相差很大，用户对它们的兴趣也可能相差很大，单纯地基于内容进行推荐会导致准确率较低的问题。同时，仅仅推荐用户过去感兴趣的内容，也会导致推荐的内容过于集中，缺乏多样性和意外性。为了解决这些问题，1992 年，美国施乐公司的 Goldberg 等人[13] 创新性地提出了协同过滤思想，即一位用户可能与部分其他用户（也称为"邻居"）具有相似的兴趣，因此他（她）很可能会喜欢这些邻居感兴趣的物品。协同过滤可以认为是推荐算法领域最重要的概念之一，从出现至今一直影响着推荐算法的研究与应用。

1. 基于协同过滤的推荐算法的关键步骤

通常来说，基于协同过滤的推荐算法需要包括下面三个关键步骤[14]。

第一，收集用户对物品的兴趣，主要包括显式评分和隐式反馈。显式评分是指用户对物品明确的反馈，如电影评分 1 ~ 5 分、喜欢与不喜欢等。隐式反馈一般只包括用户的正反馈而缺少负反馈，如用户在电商平台上的购买记录可以认为是正反馈，而没有购买商品的原因不应该简单地归结于不喜欢，有可能用户喜欢该商品但是没有在该电商平台购买。

第二，基于用户对物品的兴趣，通过公式或者模型发现与目标用户最相似的邻居用户，并且描述每位用户与邻居之间的关系。例如，通过余弦相似度计算两位用户之间的显式评分的相关性，然后选择相关性最大的若干用户作为邻居集合。

第三，针对目标用户，计算邻居对用户未交互过的物品的"综合评价"，然后将评分高的物品推荐给用户。这里的关键步骤就是如何汇总邻居的评价，常用的方式有加权平均和基于模型两种，本书的后续章节将会更详细地阐述。

2. 基于协同过滤的推荐算法的种类

协同过滤是一种认识和解决推荐问题的思想，基于协同过滤思想的推荐算法五花八门，其中较为成功的方法主要包含以下三类。

（1）基于最近邻的方法[4, 14, 15]

例如，基于用户的协同过滤方法[15] 首先为每位用户寻找最近邻，然后根据邻居对物品的评分的加权平均，估计目标用户对目标条目的兴趣。类似地，基于物品的协同过滤方法[4, 16] 针对每个物品寻找最近邻，然后将目标物品与用户过去交互过的物品的相似度做加权平均，估计目标用户的兴趣。

（2）矩阵分解方法[17-20]

这类方法的提出是为了解决用户数据稀疏的问题，用户和物品的评分向量原本非常稀疏，不同用户的评分向量交集很少。但是，如果将用户和物品的评分向量降维到低维空间，数据稀疏的问题将会缓解，因为低维空间上的每个维度不仅表示一个物品，还表示一类物品。降维后，可以通过一个简单的用户向量与物品向量的点积运算，估计用户对物品的喜欢程度。这一类方法在 2006 年网飞公司举办的"Netflix Prize"竞赛[5] 中取得了非常好的效果[17]，也被当前众多主流推荐系统采用。

（3）深度学习方法[6]

很多深度学习的方法虽然采用了更新颖的方式建模用户的兴趣，但其本质上还是基于相似用户的兴趣预测目标用户兴趣的。甚至很多深度学习方法可以认为是传统协同过滤算法的神经网络版本，例如 NeuMF 方法[21] 就是将经典的矩阵分解算法中用点积计算评分的方式替换成采用神经网络中的多层感知机计算评分。

1.1.3　基于深度学习的推荐算法

最早的基于深度学习的推荐算法可以追溯到 2007 年，著名的图灵奖得主 Geoffrey Hinton 与合作者 Ruslan Salakhutdinov、Andriy Mnih 共同提出了用受限玻尔兹曼机实现协同过滤的方法。在之后的一段时间，由于深度学习尚未被学术界普遍认可，基于深度学习的推荐算法并未流行。直到 2012 年，Geoffrey Hinton 与学生 Alex Krizhevsky、Ilya Sutskever 提出利用 GPU 训练深度神经网络模型，大幅提升了在 ImageNet 上执行图像识别任务的准确性，深度学习这才开始得到学术界的认可。自此，深度学习的相关研究开始爆发，基于深度学习的推荐算法也开始蓬勃发展。从本质上来说，基于深度学习的推荐算法没有脱离前面两种方法的范畴。目前的深度学习推荐算法也可以分为基于内容的推荐与协同过滤两类，当然也有一些方法是这两者的结合。然而，深度学习与传统的推荐算法相比，确实有着革命性的突破。

首先，基于深度学习的推荐算法尝试建模传统算法不能建模的数据类型，希望通过引入更多的信息提升推荐算法的效果。例如，通过将循环神经网络引入推荐场景[22]，可以更好地建模用户与物品交互过程中的序列关系，例如有先后依赖性的商品一般是有先后购买顺序的。对于文本或者图像数据来说，很多研究工作尝试引入预训练的自然语言模型[12]（如 BERT[23]）或者图像特征提取网络[24]（如 ResNet[25]），利用丰富的文本或者图像信息提升推荐效果。荷兰阿姆斯特丹大学的 Rianne van den Berg 等人提出了利用图神经网络建模用户与物品二分图上的结构信息，例如用户的邻居、邻居的邻居等信息，这些图上的额外信息有助于更好地建模用户的兴趣，进而提升推荐算法的准确性。

其次，基于深度学习的推荐算法尝试改进传统方法中的用户–物品关系函数的建模，希望通过建模更复杂的用户–物品关系来提升推荐算法的效果。例如，谷歌公司的 Heng-Tze Cheng 等人提出的 Wide & Deep 模型[26]，不仅能利用 Wide 模型建模用户与物品之间简单的线性关系，还能利用 Deep 模型建模用户与物品之间复杂的非线性关系，二者的结合能够更准确地建模用户与物品之间的关系，提升推荐的准确性。Xiangnan He 等人提出的 NeuMF 方法[21] 则是将经典的矩阵分解算法中采用用户与物品向量的点积计算评分的方式，替换成采用神经网络中的多层感知机计算评分，希望用建模能力更强的多层感知机提升模型的准确性。在另一个研究工作中，Xiangnan He 等人提出了 NAIS 方法[27]，利用深度学习中的注意力机制学习物品之间的相似度，代替了传统方法中预定义的相似度计算方法（如余弦相似度等），从而提升了基于物品的协同过滤算法的准确性。

最后，深度学习相关技术蓬勃发展，也催生了一大批新的推荐问题的研究方向，极大地推动了推荐算法领域的发展。例如，很多研究工作尝试将知识图谱信息引入用户与物品关系中[28-30]，解决推荐的冷启动问题[29]，并可以解释推荐结果[30]。Lixin Zou 等人基于深度强化学习方法提出了一种交互式的推荐算法[31]，能够在推荐系统与用户交互的过程中捕获用户的兴趣，不断地基于新数据更新用户兴趣模型，进而提升交互式推荐的准确性。Raymond Li 等人基于自动编码器方法提出了一个基于对话的推荐系统[32]，能够在对话的过程中基于用户的反馈分析用户兴趣，进而更准确地推荐用户感兴趣的电影。Caihua Shan 等人利用深度强化学习方法提出了一个众包任务推荐方法[33]，能够在动态环境中同时优化众包平台、任务发布者和工人三者的目标。这类研究工作也是当前推荐算法前沿研究中的热点。

1.2 推荐系统原理

1.2.1 机器学习视角下的推荐系统

从机器学习的角度来说，推荐算法主要涉及两类问题。一是回归问题，即预测用户对物品的评分。例如，在一家电影网站上预测用户对一部电影的评分可能是 1～5 分中的哪一个。这个问题在早期的推荐系统中研究得较为深入，主要得益于明尼苏达大学 GroupLens 实验室发布的 MovieLens 数据集[34] 及网飞公司发布的 "Netflix Prize" 竞赛数据集[5]。二是分类问题，即预测用户是否喜欢某个物品。例如，在一个电商平台上预测用户是否会购买某款产品。这一类问题在 2001 年亚马逊公司开始将推荐系统应用到电商平台后得到了更多的关注。近年来，对回归问题的研究已经较为成熟，新的研究成果相对较少，已经不是推荐算法领域最热门的研究方向，而分类问题随着深度学习技术的发展得到了更多研究人员的重视。

不管是回归问题还是分类问题，推荐系统中的各个环节都可以从机器学习的角度分析和解决，这也得益于近年来机器学习尤其是深度学习的发展对推荐系统领域的推动。如图 1-1 所示，在机器学习的视角下，一个完整的推荐系统主要包含五个关键步骤：数据收集、数据预处理、推荐算法选择与模型训练、推荐效果评估、系统上线与用户反馈。下面分别介绍每个步骤。

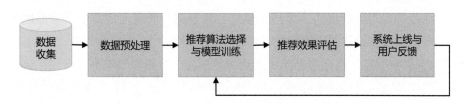

图 1-1　机器学习视角下的推荐系统关键步骤

1. 数据收集

数据收集不仅限于推荐系统，任何人工智能项目都需要收集到数量和质量足够的数据才能确保项目的可行性，因此数据收集是决定推荐系统项目成功的最关键因素之一。推荐系统在收集数据的过程中需要特别考虑下面几个因素。

1）数据数量。 推荐系统对数据的要求具有较高的弹性，当数据多的时候，可以直接尝试复杂的模型；而当数据少的时候，可以尝试简单的模型或者设计一些特别的交互方式。例如，在用户交互数据较少的情况下，可以采用一些基于内容的推荐算法进行初步的推荐，在用户与系统的交互足够多后，再采用协同过滤方法进行更准确的推荐。同样，也可以采用问答式或交互式的推荐算法主动与用户交互，不断收集用户的信息，进而实现更准确的推荐。

2）数据质量。 在某些推荐场景下，例如电影推荐，推荐系统需要收集用户对物品的评分来构建用户的兴趣集合。而评分的准确性往往会受到很多因素的影响，例如分数粒度、用户记忆，甚至用户的心情等都会影响到评分的准确性[35, 36]，因此需要考虑如何设计更合理的评分收集方式，降低评分数据的噪声。在很多推荐场景中，例如电商交易，经常会出现虚假购买或者评价的情况，这些数据会严重影响推荐系统的推荐效果，因此在实际系统应用中也需要注意防范。

3）用户隐私。 用户数据的安全与隐私越来越受到用户个人和社会的重视。2021 年 9 月，《中华人民共和国数据安全法》开始施行。对于推荐系统来说，除了收集用户的交互历史，往往还需要收集用户的个人信息，实现更准确的推荐，这些信息可能包括性别、年龄、职业、收入状况和家庭地址等。这些信息一旦被泄露或非法使用，将带来严重的社会问题。因此，推荐系统在收集用户数据的过程中需要严格遵守国家相关法律，并参考国际通用的用户隐私保护经验，如欧盟发布的 GDPR 标准[37] 等，确保用户隐私不会受到侵犯。

2. 数据预处理

在收集到用户数据后，往往需要进一步处理才能保证数据被更好地用来训练模型。常见的数据预处理技术如下。

1）异常处理。 从现实世界收集到的数据往往有很多的噪声或者存在缺失值，因此可能需要做数据降噪或者缺失值填充等处理。对于数值范围的异常，一般需要利用先验知识处理，例如人的年龄、身高和体重等都有常见范围，对范围之外的数值需要进行限界处理。一些重要特征的异常或者缺失会产生较大的影响，可以采用预测的方式处理。例如，训练一个分类模型填充某个用户缺失的性别信息，或训练一个回归模型填充用户缺失的年龄信息。

2）特征工程。 在深度学习流行之前，特征工程在推荐系统中非常重要，例如利用 SVD 或者 PCA 等方法对稀疏的用户评分向量进行降维[14]，这样在低维度上计算用户或者物品之间的相似度不容易受到"维度灾难"的影响。在深度学习方法中，可以不对原始特征做特征工程处理，而采用更加简单的独热编码（One-hot Encoding）等技术对类别特征或者用户、物品编号等进行编码，然后采用一层或者多层神经网络学习，将一个原始的特征转化为一个固定长度的向量，这是深度学习常用的表示学习技术[38]。这种做法不仅能够起到降维的作用，还可以将更加丰富的信息嵌入向量化的表示当中，在处理各种类型的数据时，比 SVD 或者 PCA 更加灵活。

3）数据分析。 在得到数据之后，通常需要对数据进行一些分析，以判断数据是否存在其他问题。例如，判断数据的分布是否均衡，可以采用统计数据分布或者聚类分析的方式。推荐系统中往往存在数据偏斜的问题，例如在电商数据中，用户购买过的商品数通常远远少于未购买过的商品数。另外，商品的购买次数也经常存在差异，流行商品的购买次数可能是同类不流行商品购买次数的数百倍。

3. 推荐算法选择与模型训练

（1）算法选择

推荐算法一般被认为是整个推荐系统中最重要的一个环节，算法的好坏往往决定了一个推荐系统的成功与否。算法选择需要注意下面几个要点。

1）算法与数据匹配。 针对不同类型的推荐问题或数据，采用合适的推荐算法才能取得较好的效果。例如，对于电影评分预测场景，矩阵分解算法在"Netflix Prize"竞赛中已被证明具有较好的效果，因此是首选的算法。但是对于新闻推荐场景，内容信息对推荐会产生决定性的作用，因此基于内容的推荐算法更加适合新闻推荐这类对内容有较高依赖的场景。

2）效率与准确性的权衡。一般来说，复杂的算法能够提升推荐的准确性，但是复杂的算法的模型训练效率通常较低。当面临这种问题的时候，需要权衡和反复测试，在计算效率能够被接受的前提下，选择一种准确性最好的算法。

3）集成学习。单模型在真实的推荐系统中通常存在很多局限，例如协同过滤模型容易受到冷启动的影响，基于内容的推荐虽然不会受到冷启动的影响，但是内容的分析难度往往很大。因此，在实际的系统中，通常采用对多种推荐算法做集成学习的方式解决单一算法面临的各种挑战。集成学习能够做到取长补短，从理论上降低算法预测的方差，提升模型的泛化能力[39]。

（2）模型训练

选择了合适的算法后，需要根据算法训练推荐模型，然后将用户的数据输入推荐模型中计算推荐结果。这里需要注意以下几点。

1）数据集划分。在模型训练之前，需要将数据划分为训练集、验证集和测试集三部分。训练集用来训练模型，验证集用来评估模型训练的好坏，测试集用来评估模型在新数据上的泛化能力，这么做主要是为了防止出现过拟合现象。对于三个数据集的划分，一般没有明确的标准，可以采用 80%:10%:10%，70%:20%:10%，60%:20%:20% 等多种比例。

2）过拟合与欠拟合。过拟合是指模型在训练数据上表现非常好而在新数据上表现不好。与之相反，欠拟合是指模型难以拟合训练数据，即在训练数据上表现不够好。除了数据集设置不当会产生过拟合，模型过于复杂也可能导致过拟合现象，反之，模型过于简单会导致欠拟合现象。在机器学习中，有很多相关技术有助于解决这两个问题，本书不再赘述。

3）模型更新。推荐系统是一个与用户不断进行交互的信息系统，因此会不断地收集新的用户数据，这些新数据只有不断地被模型利用，才能更准确地把握用户兴趣的变化。模型更新一般包含离线更新和在线更新两种方式。离线更新较为简单，即将新数据与历史数据进行合并，然后重新训练模型。在线更新较为复杂，一般需要算法层面的支持，例如循环神经网络等算法能够不断地根据输入数据的变化更新用户的兴趣向量，推荐结果可以实时地反映出用户兴趣的变化。

4. 推荐效果评估

（1）衡量指标

对于一个推荐系统来说，需要通过衡量各项指标判断系统的优劣。衡量推荐系统一般需要从功能性指标和非功能性指标两个方面来考虑。

1）功能性指标

准确性。即衡量推荐算法做出的推荐是否与用户兴趣相匹配。常见的衡量评分预测准确性的指标有平均绝对误差（Mean Average Error，MAE）和均方根误差（Root Mean Square Error，RMSE）。常见的衡量物品排序准确性的指标有查准率（Precision）、查全率（Recall）、F1-score 和归一化折损累计增益（Normalized Discounted Cumulative Gain，NDCG）等。

效率。即衡量模型训练和预测过程所需的计算时间和存储空间。效率的评估要与应用场景相结合。例如，对离线的模型训练要求尽可能高效，但是如果用户数据的更新频率很低，则离线模型的训练或预测时间长也可以接受。而对在线的模型预测，如果计算延迟较高，例如超过 100ms，可能会让用户感受到明显的延迟，影响用户体验。

多样性与意外性。推荐系统与其他应用不同，需要为用户提供个性化的信息并时刻关注用户体验。如果推荐的内容过于同质化，可能会导致用户厌烦。因此，推荐系统做出的推荐需要在兼顾准确性的同时提升多样性和意外性。其中，多样性是指推荐列表中的物品之间尽量不相似，意外性是指用户如果不通过推荐系统可能不会看到这样的物品。

实用性。推荐系统的提出主要是为了满足用户对信息获取的需求，同时满足系统设计者和其他系统参与者的需求。例如，站在电商平台的角度来看，推荐系统需要促进用户与平台的交互，包括提升点击率、浏览时间、购买商品数量和销售额等。因此，在评估推荐系统的好坏时，也要考虑是否能够满足实用性的要求。

可解释性。在很多推荐场景中，例如医疗场景，用户在不理解推荐背后的原因时，难以相信推荐系统。因此，需要在推荐每个物品的同时提供一些解释来说服用户。

2）非功能性指标

安全性。推荐系统可能会受到恶意用户的攻击，例如攻击者给某物品做大量的恶意差评，降低该物品被推荐的可能性，或者给某物品做大量的虚假好评，增加该物品被推荐的可能性。针对这类问题，既需要设计更健壮的推荐算法，降低恶意评价对推荐模型的影响，同时也要从评价机制的角度进行防范，增加攻击者提供虚假评价的代价或者通过算法检测虚假评价。

用户隐私。前面在用户数据收集中我们已经阐述过隐私保护的重要性，因此在系统评估的过程中也要有相应的考虑，即用户隐私是否有可能被恶意用户或者系统开发人员轻易获取。

易用性。推荐系统在与用户交互的过程中，需要让用户方便地获取到相关内容，因此在交互方式上需要考虑易用性的问题。例如，推荐的内容是否展示在合理的位置，推荐物品数量是否过多或者过少等。除上述指标外，推荐系统还需要关注很多系统相关的指标，如可扩展性、可靠性和可维护性等，这些与其他信息系统的开发类似，此处不再赘述。

（2）评估方式

在推荐系统评估的过程中，除了需要了解常见的评估指标，还需要了解合理的评估方式。推荐系统主要有下面三种评估方式：离线评估、在线评估和用户调研。

1）离线评估。在推荐系统上线之前，可以用收集到的历史数据评估系统的功能性指标和非功能性指标，例如可以通过单独划分出来的测试集评估推荐的准确性。但是，离线评估可能难以非常准确地衡量系统的指标。例如，当推荐不同的内容时，用户做出的反应可能会有所差异，因此在真实的场景中，如果更换了推荐列表，用户的决策可能与历史数据中的行为并不一致。

2）在线评估。为了解决离线评估不准确的问题，可以采用在线方式对用户进行评估。例如 A/B 测试，即将用户分成 A 和 B 两个不同的集合，分别采用不同的算法向两个集合中的用户推荐内容。一段时间后，收集线上用户反馈的结果并比较两种方法的好坏。这种评估方式可以解决前面提到的离线测试的准确性问题，但是同时也引入了新的问题。因为在线评估需要在生产环境中进行，如果流量过大或者测试过于频繁，可能会影响系统的实用性和用户体验。因此，在线评估需要非常审慎地进行，一般需要对新算法有较大的把握时再做在线评估。

3）用户调研。前面介绍的离线评估和在线评估都只能衡量一些容易计算的指标，而对于衡量很多难以计算的非功能性指标，就需要进行用户调研。进行用户调研时可以采用用户访谈和问卷调查两种方式。用户调研能够清晰地反映用户痛点，甚至发现研究人员从未考虑过的关键问题，有助于帮助系统研究人员更快速地找到改进的方向。

5. 系统上线与用户反馈

推荐系统开发完成之后，需要进行线上部署，给用户提供服务。随着云计算技术的广泛应用，推荐系统的上线部署也越来越依赖云平台。基于云平台的推荐系统部署主要包含两个方面。一是推荐结果线上服务。推荐模型训练完成后，可以为用户未交互过的物品计算评分。这些评分需要存储在高性能的云数据库中，例如 Azure Cosmos DB。利用这些高性能的云数据库，线上服务可以高效地读取推荐结果展示给在线用户。二是推荐模型线上服务。对于离线计算的评分无法满足用户实时需求的情况，系统需要实时为用户计算推荐评分，因此需要将模型部署到线上提供实时服务。这种情况可以采用基于云平台的机器学习服务，例如 Azure Kubernetes 服务，将模型作为服务部署到线上，提供实时的推荐服务。线上服务主要关心的指标是响应时间，一般来说线上服务的延迟应该小于 100 ms，这样用户才不会体验到明显的延迟。

在推荐系统上线之后，开发者能够从日志中收集到很多的用户反馈，这些反馈对了解系统运行状况和后续的算法改进都非常重要。从系统运行的角度来说，这些真实的用户反馈可以用来评估系统的各项功能性指标和部分非功能性指标。例如，可以从用户日志中发现运维效率、系统安全等方面存在的问题，还可以从用户点击数据中分析每个推荐物品的点击率、转换率等指标，可以对不同种类的物品进行对比分析，与历史数据进行对比分析，判断系统的运行状况是否有改善等。从算法改进的角度来说，开发者可以从日志中分析用户行为，找出推荐效果不好的用户群体，然后重点分析推荐效果不佳的原因，进而改进算法设计，避免出现这些推荐效果不好的情况。需要注意的是，在算法改进过程中，可能出现顾此失彼的现象，例如某些过去比较准确的推荐在改进算法后出现效果变差的现象。这是由于推荐算法的优化目标是一个非凸的目标，因此可能存在多个局部最优解，所以对一部分用户来说最优的算法，对另一部分用户来说可能不是最优的[40]。因此，算法的改进也需要个性化地进行，即并不一定要将改进后的算法用到所有用户上，可以将用户分群，为具有不同特点的用户选择不同的推荐算法。

1.2.2 深度学习推荐系统新范式

深度学习的出现改变了很多研究领域，推荐系统的研究也深受影响。与传统机器学习相比，深度学习领域最重要的创新之一就是表示学习，即将任何信息都用向量的方式进行表示。例如，词向量表示（Word2Vec[41]）将每个英文单词表示为一个向量。这样一来，原本不可进行数值计算的英文单词就可以进行计算，例如用单词 king 的词向量减去 man 的词向量，再加上 women 的词向量，得到的结果与 queen 的词向量非常接近[42]。除了单词，深度学习几乎可以将所有的信息用向量进行表示，例如连续特征、类别特征、文本、图片、音频和视频等，甚至上下文信息、社会网络关系和知识图谱等也可以用向量表示。基于表示学习的特点，研究人员总结出了一个深度学习推荐算法框架，即将一个推荐算法概括为表示学习与交互函数学习两个关键步骤。

如图 1-2 所示，用户表示学习将用户相关数据进行向量化表示，物品表示学习将物品相关数据进行向量化表示。得到了用户和物品的向量后，就可以将两个向量输入交互函数学习模块，计算推荐评分，然后生成推荐列表。

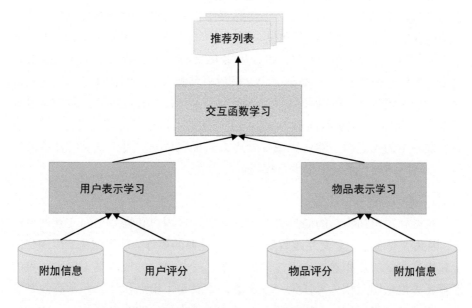

图 1-2　深度学习推荐系统新范式：表示学习 + 交互函数学习

下面具体介绍每个模块中常用的一些技术。

1. 用户表示学习

用户表示学习可以考虑所有用户相关的数据，如用户评分、用户个人信息、用户社交网络和用户评论等。对于不同类型的信息，需要采用不同的深度学习技术进行表示学习。例如，对于用户评分和用户个人信息等结构化的信息，可以采用多层神经网络或者自编码器将高维稀疏向量映射成低维稠密的隐向量。如果需要建模用户点击的序列信息，可以采用循环神经网络将一个序列映射到一个低维隐空间。对于用户社交网络类的图数据，可以采用图神经网络的方法将图上的结构信息进行向量表示。对于用户评论等文本信息，可以采用 Transformer[43] 或者 BERT[23] 等预训练语言模型对文本进行向量表示。将不同类的信息进行表示学习后，还需要将不同信息的向量进行融合。最简单的融合方式是将各个向量直接进行拼接，然后进行后续的处理。更有效的方式是通过学习的方式，将不同的向量输入一个新的神经网络中，神经网络的输出可以作为融合后的用户向量。

2. 物品表示学习

物品表示学习同样需要考虑所有与物品相关的数据，如物品评分、物品属性信息、物品关系网络和物品评论等。具体的表示学习方式可以参考用户表示学习。相比于用户表示学习，物品表示学习的物品中可能会包含一些独特的内容信息，如图片、音频和视频等。对于这些信息，需要采用相应的技术进行表示学习。对于图片信息，可以采用 ResNet[25] 等预训练好的图特征提取网络，即将一张图片输入 ResNet 中，然后将预测层之前的特征作为图片的表示。对于音频信息，可以采用 WaveNet[44] 等基于循环神经网络的音频信号处理方法，将音频数据进行向量表示。对于视频的处理相对比较困难，一般可以提取视频中的关键帧，然后用图片处理方式提取特征。由于视频特征维度过高，在实际的推荐系统中很少直接提取和建模。

3. 交互函数学习

在得到用户和物品的向量表示后，需要计算用户和物品之间交互的可能性，因此需要通过一个交互函数来实现。在经典的矩阵分解算法中，用用户向量和物品向量的点积建模二者之间的关系。受其启发，很多基于深度学习的推荐算法也采用点积计算作为交互函数，主要是由于点积计算非常高效并且推荐准确性也比较高。点积计算是一种相对较为简单的线性乘法，可能无法建模用户与物品之间更复杂的非线性关系。因此，很多新的研究尝试采用建模能力更强的神经网络作为交互函数，例如 NCF 方法[21]。最近，Steffen Rendle 等人[45] 对点积和神经网络这两种交互函数进行了更加细致的对比，他们发现在很多场景下，采用点积计算作为交互函数比神经网络作为交互函数的推荐准确性会更高。当然，由于神经网络是一个通用逼近器，可以拟合任意类型的函数，因此神经网络也可以通过增加网络的深度和宽度来逼近点积计算。不过，神经网络的计算量和训练代价都远大于点积计算，因此在工业界的推荐系统中采用点积计算作为交互函数通常是一个更合理的选择[45]。此外，还有很多推荐系统采用因子分解机[46] 作为交互函数。因子分解机可以看作用多项式展开的方式逼近一个未知函数，因此也具有通用逼近的性质。另外，可以人工控制因子分解机的复杂度，例如一般仅采用一次项和二次项，因此其计算复杂度会低于神经网络。

1.2.3　推荐系统常见架构

推荐系统目前已经被应用在很多不同类型的场景中。由于不同的应用场景往往面临不同的问题，因此中小规模推荐系统和超大规模推荐系统通常采用不同的系统设计。下面简要介绍这两类推荐系统的常见架构。

1. 中小规模推荐系统架构

如图 1-3 所示，与常见的利用机器学习解决一个实际问题的方式类似，中小规模的推荐系统主要包括数据处理、推荐模型、模型融合、系统评估和在线服务五大关键模块。其中，每个模块都需要根据系统的业务需求和性能需求有针对性地设计。中小规模推荐系统由于面临的数据量较小，不需要考虑大数据带来的存储、计算等方面的挑战，因此可以设计得更加灵活。这些模型设计需要考虑的问题在前面已经介绍过，因此不再赘述。

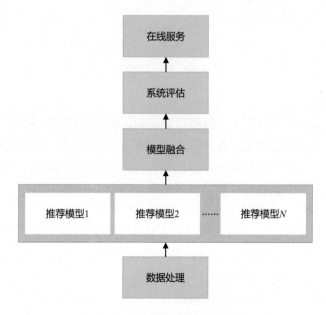

图 1-3　中小规模推荐系统架构

2. 超大规模推荐系统架构

超大规模推荐系统往往面临海量用户和海量物品的问题，这给系统的架构设计和算法设计带来了巨大的挑战。从系统架构角度来看，主流的超大规模推荐系统一般采用离线计算、近线计算和在线计算三层架构[47]，如图 1-4 所示。

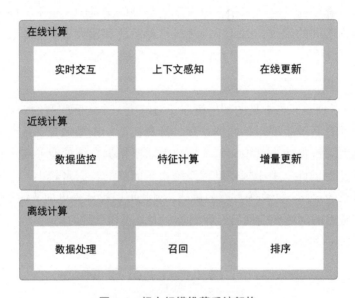

图 1-4　超大规模推荐系统架构

（1）离线计算

离线计算首先需要处理所有的历史数据，包括数据预处理和特征工程等，这一部分与其他系统类似。此外，由于这类系统中的用户数量与物品数量巨大，全部计算所有用户对所有物品的偏好然后再进行模型融合，会产生非常大的计算量，即使是离线计算也很难接受。因此，很多系统采用"召回 + 排序"的两级结构。在召回部分，通过不同的召回算法（如流行度、基于内容的方法和协同过滤方法等）和不同的召回策略（业务规则、商务需求等）为每位用户选择少量的待选物品。然后，在排序模块中，利用因子分解机等排序算法对这些少量的待选物品进行更准确的排序。在排序后，就可以得到每位用户的推荐物品列表，然后可以将离线得到的推荐列表存储到数据库中，为其他模块提供服务。

（2）近线计算

近线计算可以认为是对部分离线的任务进行实时处理，然而由于实时处理的难度过大，因此进行一个近似实时的处理。近线计算需要使用实时线上的数据，但是无法保证实时可用，这是近线计算和在线计算最本质的区别。首先，近线计算需要对用户行为和线上数据进行实时的特征监控，从中获得用户当前请求的一些关键数据。然后，通过特征计算模块，将用户的实时数据进行特征化，基于新的特征决定是否需要及如何更新用户推荐列表。此外，如果获取到的用户数据需要触发模型更新，如获取到用户新的兴趣或者物品新的评分，就会进行增量式的模型更新。更新模型后，用户当前会话中的推荐结果就可能会反映出来。但是由于用户行为的不确定性，可能模型更新还未完成，用户就离开了当前会话，因此近线计算的模型更新不一定会被用户获得。

（3）在线计算

首先，在线计算最重要的功能就是为用户提供实时推荐服务，因此相应的实时性至关重要。一般来说，某个活动的时间延迟超过 100ms[48] 就会被用户清晰地感觉到，因此在线计算模块提供的服务延迟一般不超过 100 ms。在这一限制下，在线计算的时间复杂度、数据量和网络延迟都不能过大。因此，一般的在线服务都采用预先计算好的推荐结果，在线阶段仅做按需读取，例如根据当前用户请求类型或者某个业务规则读取相应的推荐列表，然后返回给用户。其次，在线计算模块需要感知到用户的上下文信息，如用户兴趣的迁移，然后可以根据这些实时的反馈调整推荐列表。同时，这些实时数据也需要反馈给近线计算模块和离线计算模块，为二者后续的模型更新提供支持。最后，在线计算模块也可能需要进行一部分的在线更新，以应对一些特殊场景。例如，新用户进入推荐系统后，在线计算模块会收集到评分，然后需要基于新获得的评分实时地训练模型。此外，在线计算还有一个重要功能就是处理相关的业务流程，如根据预先定义好的 A/B 测试的功能逻辑，给不同的用户分配不同的推荐结果。

1.3　推荐系统应用价值

目前，推荐系统已经成了亚马逊、淘宝和京东等主流电商平台中不可或缺的功能组件，为这些平台带来了巨大的商业价值。

1.3.1　推荐系统的业务价值

亚马逊公司是最早将推荐系统商用的公司之一，也是目前应用推荐系统最成功的公司之一。2017 年是 *IEEE Internet Computing* 杂志成立 20 周年，期刊编辑委员会决定从该杂志上发表过的论文中选择一篇最能经受时间考验的论文，最终期刊编辑委员会选择了亚马逊公司的推荐系统论文——*Amazon.com recommendations: item-to-item collaborative filtering*[4]，这主要得益于推荐系统在商业领域的巨大成功及这篇论文对后续其他商业推荐系统应用的巨大影响。2012 年，亚马逊公司的销售总额同比增长了大约 29%，其中大多数的增长来源于推荐系统[49]。根据微软研究院的推测，亚马逊网站约 30% 的页面访问来源于亚马逊网站的推荐系统[50]。

亚马逊推荐系统的巨大成功引起了其他公司的关注。从此以后，推荐系统开始逐渐成为电商网站和内容平台的必备功能。2010 年，美国著名视频网站 Youtube 的研究团队发表了一篇论文，介绍他们的视频推荐系统[51]。根据论文的介绍，Youtube 网站主页的视频点击约 60% 来自推荐系统。同时，论文中也对比了个性化推荐与其他基于规则的推荐的效果差异，例如个性化推荐的点击率比基于流行度的推荐的点击率高 207%。另一家依赖推荐系统取得巨大成功的公司是美国视频点播网站——网飞（Netflix）。在 2015 年，网飞公司的工程师 Carlos A. Gomez-Uribe 和 Neil Hunt 发表了一篇论文介绍网飞公司的推荐系统[52]。根据论文中给出的数据，网飞公司的视频浏览约 80% 来自推荐系统，剩下约 20% 来自搜索引擎。论文中也对推荐系统的商业价值做了评估，推荐系统可以显著降低用户退订率，这些减少的退订用户每年为网飞公司创造约 10 亿美元的收入。除了互联网公司，传统的商业巨头 IBM 公司也成功地将推荐系统应用到了公司的销售业务中，他们利用 IBM 研究院开发的认知推荐引擎[53] 为客户推荐产品，帮助销售部门开展业务。据统计，2017 年，IBM 公司的销售业务采用了推荐系统后，对新客户的销售机会增加了 80%，新客户销售的赢率增加了 6%，并且每年针对现有客户的销售机会增加了超过 20 亿美元。

国内的互联网公司如阿里巴巴、京东和豆瓣等也很早就认识到了推荐系统的重要性。在 2016 年的淘宝"双 11 购物节"上，阿里巴巴为淘宝和天猫的23 万家商户创建了约 67 亿个个性化页面，这些个性化页面的转化率比非个性化页面的转化率高了 20%[54]。2018 年淘宝"双 11 购物节"后，阿里巴巴副总裁蒋凡在 2018 双 11"看中国"高端思想论坛上做了报告，其中提道：在今年双 11，我们也可以看到，基于个性化推荐的流量已经超过了搜索等方式带来的流量，这是一个非常大的变化，这在过去是完全不可想象的[55]。此外，国内知名内容平台今日头条的成功也主要得益于他们的推荐系统。2012 年，今日头条推出了以推荐的方式为用户提供新闻信息的平台，逐步成为国内最热门的新闻门户。除了将推荐应用于新闻，今日头条的母公司字节跳动还将推荐的思想用到了社交媒体、短视频、音乐、广告、客户关系管理和办公等众多领域，推荐系统也成了字节跳动的核心竞争力。

1.3.2 推荐、搜索与广告

推荐、搜索与广告被很多人称作互联网技术的三驾马车，是互联网平台中最受重视的三种技术，也是互联网平台盈利的关键。从应用本身来看，三者之间存在着较大的差异，但是三种应用在技术上有很多共同之处，如表 1-1 所示。

表 1-1　推荐、搜索与广告的比较

比较项目	推荐	搜索	广告
用户交互方式	用户主动请求与被动接受	用户主动请求	用户被动接受
个性化程度	强	弱	中等
用户接受度	强	强	弱

1. 三者的应用差异

从应用方面来说，通过下面三个维度比较推荐、搜索和广告之间的差异。

（1）用户交互方式

大多数推荐系统采用用户被动接收信息的方式与用户交互，少数推荐系统（例如基于问答的推荐系统）也要求用户主动为推荐系统提供一些信息。搜索引擎提供给用户的内容一般来说要与用户的查询关键字一致，因此必须由用户主动提出请求来触发应用。广告可能会引起用户操作上的不便，因此往往与用户的交互更少，只需要根据用户当前上下文信息（如地理位置、查询关键字等）个性化地展示即可。

（2）个性化程度

在三者中，推荐系统对个性化程度的要求最高。很多应用证明，用户通常会有独特的兴趣，如果不能准确地抓住用户的独特兴趣，推荐系统将会失败。搜索引擎对个性化的要求较弱，因为对用户来说，每次查询都带有明确的目的性。如果为了引入个性化而降低用户搜索的准确性，搜索引擎的效果就会大打折扣。广告需要较高的个性化程度来获得用户的点击，但是广告平台由于实时性和用户数据有限等问题，无法保证推荐系统的个性化程度，因此广告的个性化程度介于推荐和搜索之间。

（3）用户接受度

早期的推荐系统由于技术的局限，在准确率、多样性等方面表现较差，因此用户接受度不高。目前，随着技术的进步，推荐系统越来越受到用户的喜欢，因此其用户接受度与搜索引擎的用户接受度接近。由于广告在内容上具有局限性，因此其用户接受度较低，个性化是解决广告用户接受度低的关键。

2. 三者的技术相似之处

虽然推荐、搜索与广告在应用上有很多差异，但三者在技术上却存在着较大的相同点，很多相关技术在三类应用上都被广泛采用。下面从数据处理、算法模型和系统架构三个方面来分析推荐、搜索与广告在技术上的相似之处。

（1）数据处理

这三类应用中都存在着用户与物品两个关键概念。搜索引擎中待检索的文档可以被认为是物品，广告本身就是一类物品。因此，三类应用都需要收集用户数据、物品数据及用户与物品的交互数据。针对这些数据，特征工程和表示学习的方式也基本类似，这里不再赘述。一般来说，推荐、搜索与广告可以使用相同的数据存储方式、特征处理流程和表示学习结果。

（2）算法模型

这三类应用的本质目标是为用户找到最匹配的物品。早期，三者的算法差异较大，例如推荐系统采用协同过滤算法，而搜索引擎采用 PageRank[56] 算法。然而，随着数据的丰富及技术的进步，三者之间的技术越来越趋同。目前，主流互联网公司都采用"召回 + 排序"这一经典架构作为推荐、搜索与广告的算法引擎。通过不同的召回算法，将海量的候选物品进行过滤，选出用户可能感兴趣的小部分物品。然后基于这些物品，用排序算法进行重新排序，最后将重排序的结果输出给用户。

（3）系统架构

推荐、搜索与广告在数据与算法上的相似，决定了它们在存储与计算架构上的相似性。此外，三者都对用户交互的实时性有较高的要求，都需要有一个在线模块进行实时的用户服务。因此，将前面介绍的互联网推荐系统架构略做修改，就可以为一个大型的搜索引擎或广告平台提供服务。

1.3.3 推荐系统的行业应用

除了电商和互联网，推荐系统还可以被广泛应用于各种行业，如传统的市场营销与销售业务。针对不同行业的特点，在设计推荐系统时也需要做不同的考虑。例如，对于内容推荐来说，多样性可能是需要考虑的一个重要指标，为了提升多样性，往往可以容忍准确性的损失；但是对于医疗产品推荐来说，准确性往往是最重要的指标，无法妥协。下面归纳一些在不同行业中设计推荐系统需要考虑的特殊点。

1. 电商平台

推荐系统目前可以算是电商平台的一个必备功能，相关的研究和技术也较为成熟。首先，在电商平台中，推荐系统的本质是提升用户体验，使用户花更少的时间完成线上购物，因此如何准确地挖掘用户当前的意图并有针对性地推荐变得非常重要。早期的亚马逊等电商平台采用基于物品的协同过滤算法，发现与当前用户浏览的商品最相似的其他商品，取得了非常好的效果。其次，电商平台还需要考虑推荐内容的期望收益。期望收益需要通过点击率、转化率、单价和利润等多个方面综合衡量，因此电商平台推荐系统的优化目标不能只是单纯地优化点击率。此外，电商推荐还需要考虑一些与购物相关的常识。例如是否有货、邮寄时长、重复购买和是否已购买同类产品等。如果不考虑这些因素，可能会导致推荐的内容不符合常识。例如，给一位刚刚买完笔记本计算机的用户推荐另一款笔记本计算机，显然是不合理的。

2. 内容平台

内容平台包括视频、音乐、图书和新闻等多类应用。首先，对于内容推荐系统来说，如何将内容信息建模到推荐系统之中是必须要关注的问题。例如，对于新闻推荐来说，新闻的文本对推荐与否至关重要，一个好的文本处理模型可能会显著提升推荐的质量。另外，对于不同类型的内容信息，需要采用不同类型的建模方式。例如，对于文本可以采用预训练语言模型，对于音频可以采用时间序列方法，而对于图像或者视频可以采用图像处理技术等。此外，内容的建模需要注意效率，否则可能会对计算效率产生巨大的影响。最后，内容推荐还需要考虑用户对内容的特殊需求，如多样性等。例如，用户对内容的兴趣往往不是单一的，如果推荐的内容仅仅覆盖用户的小部分兴趣，即缺乏多样性，长此以往会引起用户的厌倦。

3. 生活服务

生活服务平台包括各种与衣食住行相关的信息，侧重于为用户提供及时、便利的服务，因此往往需要考虑时间和地理位置信息。例如，当推荐餐厅的时候，需要考虑当前时间餐厅是否营业及餐厅的位置与用户当前位置的距离。在推荐旅游路线时，需要考虑路线上不同景点之间的交通顺序，尽量避免让用户走重复的路线或者绕路。因此，生活服务推荐系统往往需要对上下文信息进行建模。这里说的上下文信息包括：时间、地理位置、天气、周边的其他生活设施和是否有其他用户共同参与等。这些信息难以统一描述和建模，可以参考独热编码、表示学习等通用的数据建模方式，针对不同类型的数据采取相应的建模方式。

4. 社交平台

社交平台主要关注用户与用户之间的社交关系，此外也会包含一些内容信息，如 LinkedIn 上也会有用户分享一些自己撰写的文章。在这类应用的推荐系统中，需要考虑如何建模用户社交网络的信息，一般可以采用图神经网络或者其他基于图算法的推荐方法。对于除了图特征的信息，如用户创建的文章、用户上传的音乐和用户之间的互动等，这些信息的建模方式与其他类型的推荐系统相同。另外，社交网络关系可以作为一种辅助信息来帮助研发人员更好地推荐内容。例如，当推荐视频时，用户好友看过的视频更有可能被用户喜欢。因此，可以利用社交网络辅助推荐内容，提升推荐的准确性。

5. 市场销售

市场销售是所有商业公司都需要面临的问题，其中推荐系统可以帮助商业公司的市场和销售人员发现更好的销售机会。对于市场营销来说，例如电子邮件营销，需要在给定的成本下实现收益的最大化。推荐系统可以更准确地预测用户的兴趣，在营销邮件中介绍用户更可能感兴趣的商品，这样可以显著提升营销的效果。同样，对于销售人员来说，寻找到销售机会本身就可以借助推荐系统完成。对销售人员进行客户商品推荐，需要注意推荐商品的可解释性，因为销售人员需要跟客户沟通，这些对于推荐商品的解释往往能够提升销售的成功率。从技术层面来说，针对市场或销售人员的推荐系统与电商等平台的推荐系统并无本质上的差异，因此可以采用同样的算法和系统架构。

1.4 小结

本章首先介绍了推荐系统的发展历史，包括推荐系统概念从提出到现在的一些关键事件，例如推荐系统概念的出现、基于内容的推荐、协同过滤、矩阵分解和深度学习，并概括了深度学习给推荐系统领域带来的革命性变化。然后，本章介绍了推荐系统的基本原理，包括从机器学习的角度介绍推荐算法的基本假设，介绍如何用机器学习问题的方式定义推荐问题，着重介绍深度学习解决推荐问题的范式——表示学习 + 交互函数学习，并概述推荐系统的技术架构，包括中小规模推荐系统以及超大规模推荐系统的差异。最后，本章介绍了推荐系统的主要应用领域，如电商、内容平台等，以及推荐系统为这些应用领域带来的实际业务价值，对比了互联网领域的三个主要应用——搜索、广告、推荐的区别与联系，并从行业问题出发，总结了推荐系统在不同行业应用中的区别，概述了不同类型问题的解决思路。

第 2 章

经典推荐算法

本章介绍深度学习兴起之前的推荐算法,包括基于内容的推荐算法和经典协同过滤算法。在基于内容的推荐算法部分,将着重介绍如何对结构化内容和非结构化内容进行建模。在经典协同过滤算法部分,将着重介绍三类主流协同过滤方法:基于记忆的方法、矩阵分解方法和因子分解机方法。

2.1 基于内容的推荐算法

基于内容的推荐算法（Content-Based Recommendations，CB）[57] 是一种经典推荐算法，其概念最早出现在 20 世纪 80 年代。虽然年代久远，但至今仍然被学术界和工业界广泛关注，足以证明其重要的应用价值。与协同过滤算法不同，基于内容的推荐算法一般只依赖于用户及物品自身的内容属性和行为属性，而不涉及其他用户的行为，在冷启动的情况下（即新用户或者新物品）依然可以做出推荐。因此，当今的商业推荐系统都会设计与协同过滤推荐互补的基于内容的推荐模块。

推荐系统根据用户在系统（网站、手机应用程序等）中的行为，猜测用户的兴趣偏好，最终给用户做个性化推荐。在整个推荐过程中，可能产生数据的地方包括用户自身、用户操作行为、候选物品信息及上下文场景等。基于内容的推荐算法采用的数据形式除了常见的数值型数据，还包括文本、图片、音频和视频等。如图 2-1 所示，由于不同的数据有不同的格式，所以推荐系统中的内容主要包括结构化数据、半结构化数据和非结构化数据。

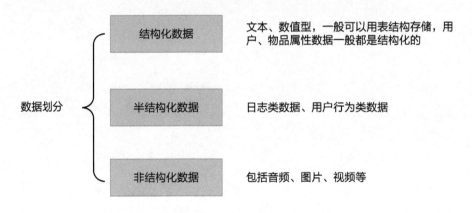

图 2-1　推荐系统中的内容分类

1. 结构化数据

结构化数据可以用关系数据库中的表格存储。一般来说，表格中的每列代表一个属性或者特征，每一行代表一个数据样本。用户属性数据和物品属性数据可以分别使用不同的表格存储，用户和物品的每一个属性都被表示成数据库表的一个字段，因此这类数据被称为结构化数据。结构化数据一般可以用关系数据库，如 MySQL、SQL Server 等存储和管理，可以用非常成熟的 SQL 语言进行查询。

2. 半结构化数据

半结构化数据没有关系数据库那么严格的结构定义，但数据的组织形式也是有一定规范的，比如利用预定义的标记或者规则分隔数据中具有不同含义的语义元素，或者对记录和字段以预定义的方式进行组织，这种定义数据结构的方式也被称为自描述的结构。常见的 XML 或者 JSON 等格式数据就属于这一类。对于用户在推荐系统中的行为，一般按照半结构化的方式对相关字段进行记录，比如用 JSON 格式数据记录用户线上行为，或者按照规定的分割字符分割不同字段再拼接成日志，这类数据也属于半结构化数据。对于一些难以处理的半结构化数据，也可以通过预处理的方式，将其转化为结构化数据再进行处理。

3. 非结构化数据

非结构化数据的数据结构不清晰，甚至没有预定义的数据结构，无法用关系数据库中的表格表示，也不像半结构化数据一样具有预定义的数据规范。常见的非结构化数据包括文本、图像、音频和视频等。非结构化数据没有固定的数据结构，因此采用计算机处理较为困难。

本节将介绍如何针对不同类型的内容设计基于内容的推荐算法。因为半结构化数据通常可以转化为结构化数据或者非结构化数据，因此本节将主要介绍如何针对结构化数据或者非结构化数据设计基于内容的推荐算法。

2.1.1 基于结构化内容的推荐

1. 基本的基于内容的推荐算法

基本的基于内容的推荐算法只关注结构化数据。在基于内容的推荐算法中，最重要的步骤是抽取物品和用户的特征，通过计算物品特征向量和用户偏好向量之间的相似度进行推荐。基于内容的推荐算法的计算过程如图 2-2 所示。

最常见的相似度计算公式之一是计算余弦相似度，公式如下：

$$\cos(\boldsymbol{F}_u, \boldsymbol{F}_i) = \frac{\boldsymbol{F}_u \cdot \boldsymbol{F}_i}{|\boldsymbol{F}_u|_2 \times |\boldsymbol{F}_i|_2} = \frac{\sum_{k=1}^{K} F_{uk} F_{ik}}{\sqrt{\sum_{k=1}^{K} F_{uk}^2} \sqrt{\sum_{k=1}^{K} F_{ik}^2}} \tag{2-1}$$

式中，$\boldsymbol{F}_u$ 表示某个用户的偏好特征；$\boldsymbol{F}_i$ 表示某个候选物品的偏好特征；k 表示第 k 个特征，向量中一共有 K 个特征。若余弦相似度的值越接近 1，表示候选物品越接近用户偏好；若值越接近 -1，表示候选物品越不适合该用户。

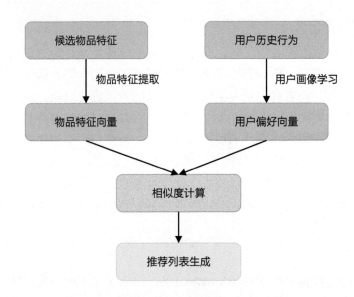

图 2-2　基于内容的推荐算法的计算过程

在计算所有候选物品与用户的相似度之后，按照相似度从高到低进行排序，根据实际要求，保存 Top-K 个候选物品并推荐给用户。

2. 最近邻分类算法

K 近邻（K-Nearest Neighbor，KNN）是一种非常有效而且易于掌握的分类算法，被广泛用于推荐算法中。该算法的主要假设是：在同一个特征空间中，如果与目标样本最相似的 K 个样本（近邻）大多属于同一种类别，则目标样本属于这个类别的可能性也会很高。

在分类时，KNN 算法只依据与目标样本最邻近的 K 个样本所属的类别决定目标样本所属的类别，因此算法预测时的复杂度与训练样本的总数量无关，仅与 K 相关。但是算法寻找 K 个最近邻的时间复杂度与样本的总数量是相关的，例如获取任意两个样本对之间的相似度的总计算复杂度为 K 的平方级。KNN 算法需要注意的三个关键点：算法超参数 K 的选取、距离或者相似度度量方法的选取及分类决策的规则。

以电影推荐为例，将 KNN 算法应用在推荐系统中时，先找出 k 部与候选电影最相似并且被目标用户评价过的电影，然后基于用户对这 k 部电影的评分对候选电影进行评价。具体来说，主要包括以下三个步骤：

1）计算相似度。计算相似度是 KNN 算法中的关键步骤之一，推荐系统中常计算的相似度或距离有：皮尔逊相似度、余弦相似度、杰卡德相似度和欧氏距离等。以皮尔逊相似度为例，其取值范围在 $[-1,1]$，-1 表示两者负相关，0 表示两者不相关，1 表示两者正相关。可以采用 $S_{m,n}$ 表示物品 m 与物品 n 的相似度，其中相似度计算的过程需要基于两个物品的特征向量。

2）选择 k 个最近邻。 假设待推荐物品为 m，在用户 u 评分过的所有物品中找出 k 个与物品 m 相似度最高的物品，并用 $N(u,m)$ 表示这 k 个物品的集合。

3）计算预测评分。 有了 k 个相似物品集合后，可以使用以下公式进行预测评分：

$$\hat{r}_{u,m} = \frac{\sum_{n \in N(u,m)} S_{m,n} \cdot r_{u,n}}{\sum_{n \in N(u,m)} S_{m,n}} \tag{2-2}$$

最后，按照评分的高低进行排序，向用户推荐评分最高的 N 部电影。

3. 基于相关性反馈的算法

Rocchio 算法[58] 是信息检索领域的著名算法，主要用于解决相关性反馈（Relevance Feedback）问题。用 Rocchio 算法构建用户画像向量时，通常假设该向量与用户喜欢的物品特征之间的相关性最大且与用户不喜欢的物品特征之间的相关性最小。例如，某用户对《你的名字》和《泰坦尼克号》这两部电影给出了高分，那么用户的偏好向量可以表示为 {"爱情"：1；"文艺"：1；"剧情"：0.8}。之后，用户对电影《心灵捕手》给出了低分，此时用户偏好向量可以更新为 {"爱情"：1；"文艺"：0.5；"剧情"：0.5}。

在基于内容的推荐中，可以类似地使用 Rocchio 算法对用户的原始特征向量进行不断的修改，实现对用户画像的实时更新，用户 u 的特征向量定义如下：

$$\boldsymbol{w}_u = \frac{1}{|I_r|} \sum_{\boldsymbol{w}_j \in I_r} \boldsymbol{w}_j - \frac{1}{|I_{nr}|} \sum_{\boldsymbol{w}_k \in I_{nr}} \boldsymbol{w}_k \tag{2-3}$$

式中，I_r 和 I_{nr} 分别表示用户喜欢与不喜欢的物品集合；$\boldsymbol{w}_j$ 表示物品 j 的特征向量。算法的目标是：新的用户特征向量与用户喜欢的物品的特征向量最相似，与用户不喜欢的物品的特征向量最不同。在实际的应用中，目标用户的特征向量可能已经存在，这时只需要更新用户的特征向量：

$$\boldsymbol{w}_u = \alpha \boldsymbol{U}_0 + \beta \frac{1}{|I_r|} \sum_{\boldsymbol{w}_j \in I_r} \boldsymbol{w}_j - \gamma \frac{1}{|I_{nr}|} \sum_{\boldsymbol{w}_k \in I_{nr}} \boldsymbol{w}_k \tag{2-4}$$

式中，$\boldsymbol{U}_0$ 表示初始用户的特征向量；α、β、γ 分别表示初始特征向量、正反馈、负反馈的权重，可以根据经验进行设置，例如在历史数据较多时可以适当

增大 β 和 γ。在实际应用中，一般可以将 α 设置为 1，将 β 设置为 0.8，将 γ 设置为 0.2，因为正反馈的重要性一般要比负反馈大。图 2-3 形象地展示了用户特征向量更新的过程。

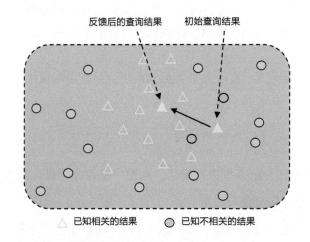

图 2-3　用户特征向量更新的过程

从上述公式中可以看出，Rocchio 算法和平均法很类似，只是多了负反馈的部分，并分别设置了三个权重以实现灵活调节。另外，Rocchio 算法还具备一个优点，即可以根据用户反馈实时更新用户特征向量，因为更新代价很小，所以可以用于实时推荐场景。

4. 基于决策树的推荐

在基于内容的推荐算法中，另一种比较经典的算法是基于决策树的算法。当候选物品的内容属性具有较好的结构化特点时，决策树通常会比 KNN 等算法具有可解释性方面的优势。例如，决策树可以将决策过程展示给用户，告诉用户该物品会被推荐的背后原因，可以让用户更容易接受推荐结果，提升推荐的可解释性。

以电影推荐系统为例，决策树的内部节点通常可以表示为电影属性，这些节点用于区分不同类型的电影。从算法上来说，决策树的训练是一个递归的过程，递归返回的条件为：第一，当前节点全部属于同一类别，结束划分；第二，当前节点所有样本的属性值取值相同，结束划分；第三，当前节点无样本。

决策树学习的关键是如何选择最优的划分属性。一般而言，希望决策树的分支节点所包含的样本类别尽量少，即节点的纯度越来越高。信息熵是度量样本纯度最常用的指标之一。假设当前样本集合中第 k 类特征的比例为 $p_k(k = 1, 2, \cdots, n)$，则样本集合的信息熵：

$$\text{Ent}(D) = -\sum_{k=1}^{n} p_k \log_2 p_k \tag{2-5}$$

熵能够衡量变量的不确定性，数值越小，表示样本集合越单一，即不确定性越小。当 p_k 为 0 或者为 1 时，则没有不确定性。接下来引入条件熵，介绍如何通过获得更多的信息来减小不确定性。条件熵定义了 X 的条件概率分布的信息熵对 Y 的数学期望，具体如下：

$$H(Y \mid X) = \sum_{k=1}^{n} p_k H(Y \mid X = x_k) \tag{2-6}$$

信息增益可以衡量信息熵与条件熵之间的差值，在决策树算法的训练过程中，可以用于选择特征。信息增益的计算公式如下：

$$g(D, X) = H(D) - H(D \mid X) \tag{2-7}$$

在选择特征时，通常选择当前信息增益最大的特征作为分类特征。图 2-4 给出了一个简单的基于决策树的推荐过程示例。当系统为用户推荐电影时，首先根据用户的历史观看数据和对电影的评价得出一个结论：当电影是动作片时，用户有很大可能会喜欢；如果电影中包含科幻元素，用户有很大可能会不喜欢；当电影中包含爱情相关元素时，用户可能喜欢也可能不喜欢。

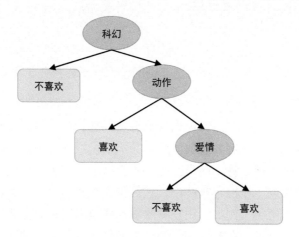

图 2-4　基于决策树的推荐过程示例

5. 朴素贝叶斯分类

贝叶斯定理是概率论中的一个著名定理，描述在已知条件 B 的前提下，事件 A 发生的概率，一般表示为 $P(A|B)$，A 和 B 为随机事件。贝叶斯定理可用如下公式表示：

$$P(A \mid B) = \frac{P(B \mid A)P(A)}{P(B)} \tag{2-8}$$

基于贝叶斯定理的分类方法称为贝叶斯分类，是一种常见的分类方法，也经常被用于基于内容的推荐。基于贝叶斯分类的推荐方法可以根据候选物品的特征判断用户对其是否感兴趣，例如喜欢或者不喜欢。假设候选物品的特征 $F = (f_1, f_2, \cdots, f_n) \subseteq \mathbb{R}^n$ 为 n 维向量集合，f_i 为某个物品的特征，其输出集合空间 $C = \{c_1, c_2, \cdots, c_k\}$。通过贝叶斯定理可表示：

$$P(c_k \mid F) = \frac{P(F \mid c_k)P(c_k)}{P(F)} \tag{2-9}$$

式中，$P(F)$、$P(c_k)$ 表示先验概率；$P(c_k \mid F)$ 表示后验概率。贝叶斯定理对条件概率分布做了条件独立性假设，即不同的特征在给定类别后相互独立，具体可以表示：

$$P(F \mid c_k) = P(f_1, f_2, \cdots, f_n \mid c_k) = \prod_{i=1}^{n} P(f_i \mid c_k) \tag{2-10}$$

对于给定的候选物品，具有特征向量 F，计算后验概率 $P(c_k|F)$，将后验概率最大的类作为输出。具体的计算公式如下：

$$y = f(x) = \underset{c_k \in C}{\arg\max} \frac{P(c_k) \prod_{i=1}^{n} P(f_i \mid c_k)}{P(F)} \propto \underset{c_k \in C}{\arg\max} P(c_k) \prod_{i=1}^{n} P(f_i \mid c_k) \tag{2-11}$$

式中，分母为常数，对于所有类别都相同，因此只需将分子最大化。

6. 基于线性分类的内容推荐算法

基于内容的推荐问题通常可以视为分类问题，因此可以采用机器学习中常用的各类分类方法，例如经典的线性分类器。线性分类器的目标是在高维空间内找到一个平面，将不同类的样本进行区分，使得不同类的样本尽可能分布在平面的两侧。在推荐算法中，这等价于找到一个分类面将物品分为用户喜欢和不喜欢两类。例如，用户喜欢看动作电影，那么分类的界限就是电影是否属于动作电影。在实际中，划分的条件更为复杂，通常是多个特征的组合。

如图 2-5 所示，假设输入的电影的特征为 $\boldsymbol{F} = (f_1, f_2, \cdots, f_n)$，其中 f_i 表示电影的第 i 个特征分量，输出的结果 Y 表示用户是否喜欢看电影。线性分类模型尝试在特征空间 $\boldsymbol{F}$ 中找到平面 $Y = \boldsymbol{W} \cdot \boldsymbol{F} + b$，希望该平面能够将用户喜欢和不喜欢的电影分开。

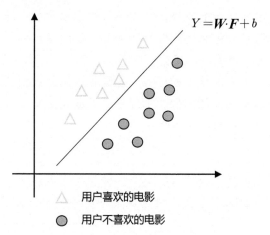

△　用户喜欢的电影

●　用户不喜欢的电影

图 2-5　基于线性分类模型的推荐示例

在 $Y = \boldsymbol{W} \cdot \boldsymbol{F} + b$ 中，$\boldsymbol{W}$ 表示电影特征对应的权重，b 表示偏置。$\boldsymbol{W}$ 和 b 都是模型中的参数，需要通过学习获得。一种常用的参数学习方法就是梯度下降法，即向梯度下降的方向更新参数直至收敛，其中每次迭代的更新方式如下：

$$\boldsymbol{W}^{t+1} := \boldsymbol{W}^t - \eta(\boldsymbol{W}^t \cdot \boldsymbol{F} + b^t - Y)\boldsymbol{W} \tag{2-12}$$

$$b^{t+1} := b^t - \eta(\boldsymbol{W}^t \cdot \boldsymbol{F} + b^t - Y) \tag{2-13}$$

式中，t 表示迭代次数；η 表示学习率，控制模型每步迭代的步长。在不断迭代达到收敛之后，找到对应的超平面对电影进行划分。对于候选电影，判断该电影特征是否满足条件 $\boldsymbol{W} \cdot \boldsymbol{F} + b > Y$，然后基于分类的结果进行排序和推荐。

2.1.2　基于非结构化内容的推荐

非结构化数据是指数据结构不清晰甚至没有预先定义的数据。常见的非结构化数据包括文本、图片、音频和视频等，这些数据难以用数据库中的表结构来表示。非结构化信息通常是重文本的（text-heavy），但也可能包含日期、数字和事实等数据，以及图像、音频和视频等多媒体信息。这导致了非结构化数据的不规则性和模糊性，与以字段形式存储在数据库中的数据或在文件中的注释数据（语义标签）相比，更难被计算机系统理解。虽然非结构化数据具有结构复杂、不标准和处理门槛高等缺点，但较高的数据存量和丰富的内涵信息决定了非结构化数据是待推荐系统发掘的宝藏。

条目表示是推荐系统的基础。利用条目的表示向量，推荐系统可以方便地计算条目的类内相似度和类间偏好匹配度，从而进行推荐。推荐系统对非结构化数据的处理也遵循这一思路，通过表示算法、表征学习算法等，将非结构化数据处理为向量并对接下游任务。各类非结构化数据都有其独特的表征方法，但处理思路是彼此相通的。本部分将重点介绍文本数据的条目表示方法，简要介绍其他形式的数据处理方法。

1. 文本表示

常见的文本表示技术路线有两类，一种为经典机器学习中的离散式表示（Discrete Representation），另一种为深度学习中的分布式表示（Distributed Representation）。

（1）离散式表示

1）独热编码。 独热编码是分类变量的一种二进制向量表示方法，是处理离散状态数据时最简单、最常用的编码方式。独热编码采用 N 位状态寄存器对 N 个状态进行编码，每个寄存器为独立编码的一种状态，且在任何时候有且仅有一个状态寄存器被激活。如图 2-6 所示，篮球、足球和橄榄球的序号分别为 0、1、2，对应独热编码中第 0、1、2 位为 1，即独热编码分别为 $[1, 0, 0]$、$[0, 1, 0]$ 和 $[0, 0, 1]$。

在推荐系统中，表示物品之间的距离或相似度计算十分重要，常用的距离或相似度计算都是在欧氏空间中进行的，独热编码下各状态表示之间的欧氏距离均相同，对于相互独立的状态类别而言，这种编码方式更加合理。但是，如果通过离散特征本身就可以很合理地计算出距离，如数值类特征，则没有必要进行独热编码。此外，独热编码还要求每个状态类别之间彼此独立，如果状态之间存在某种连续型关系，那么使用分布式表示更为合适。最后，独热编码得到的特征非常稀疏，若状态空间过大，则会带来维度灾难。

2）词袋模型。 词袋模型[58]（Bag Of Word，BOW）是将文本转化为向量表示的一种比较简单的语言模型。如图 2-7 所示，词袋模型将文本看作文本中所有词的集合，它不考虑词的顺序，只考虑单词表中单词在这个句子中的出现次数。

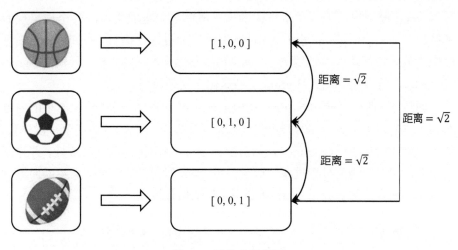

图 2-6　独热编码示例

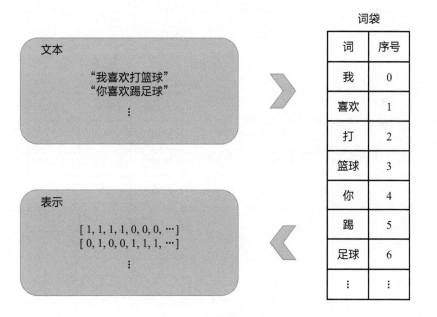

图 2-7　词袋模型示例

词袋模型的优缺点十分明显，其优点便是简单、易实现，缺点在于不能考虑文本的结构和顺序，表示能力有限。

3）N-gram 模型。N-gram 模型是一种基于统计语言模型的算法，是对词袋模型的扩展。此模型以相邻的 N 个词为单位，并假设第 N 个词的出现只与前面 $N-1$ 个词相关（马尔可夫假设），而与其他更早出现的词都不相关。

在 N-gram 模型视角下，文本整体的出现概率等于组成文本的各个词出现的条件概率之积。N-gram 词组的条件概率可以通过统计语料库中 N-gram 词组出现的频率近似获得。常用的是二元的 Bi-gram（$N = 2$）和三元的 Tri-gram（$N = 3$），当 $N = 1$ 时，N-gram 模型退化为词袋模型。

如图 2-8 所示，使用 N-gram 模型进行文本表示时，首先将文本里的内容按照字节进行大小为 N 的滑动窗口操作，形成了长度为 N 的字节片段序列，每个字节片段称为一段 gram。然后对所有 gram 的出现频数进行统计，并且按照事先设定好的阈值进行过滤，形成关键 gram 列表，也就是该文本的向量特征空间，列表中的每一段 gram 就是一个特征向量维度。

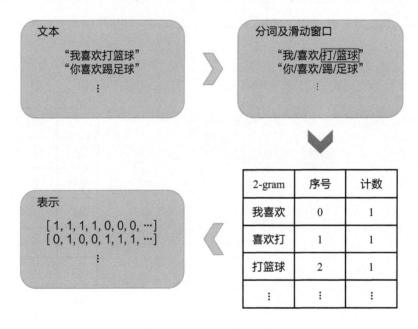

图 2-8 N-gram 模型示例

N-gram 模型的优点在于建模了文本的局部顺序信息，解决了单词顺序不同带来语义不同的问题。例如，"我喜欢打篮球"和"篮球喜欢打我"在词袋模型下会产生相同的文本表示，而 N-gram 模型则可以将其区分开来。N-gram 模型的缺点在于增大词组长度会使得 N-gram 总数呈指数扩张，同时变得更加稀疏。例如，一个 20000 个词的语料库，其 Bi-gram 总数便为 4×10^8，Tri-gram 总数更是达到了 8×10^{12}。

4）TF-IDF 模型。 TF-IDF（Term Frequency – Inverse Document Frequency）[58] 是一种评估单词对语料库中文本的重要程度的算法，其核心假设为文

本中某单词的重要性正比于该单词在该文本中的出现频率，同时反比于该单词在整个语料库中出现的频率。

单词 i 对文本 j 的词频（TF）定义如下：

$$\mathrm{TF}_{i,j} = \frac{n_{i,j}}{\sum_k n_{k,j}} \tag{2-14}$$

式中，$n_{i,j}$ 为单词 i 在文本 j 中的出现次数，分母为文本 j 中所有单词出现次数之和。二者相除，可以起到防止 TF 偏向长文本的作用。

单词的逆向文本频率（IDF）定义如下：

$$\mathrm{IDF}_i = \log \frac{|D|}{|\{j : t_i \in d_j\}|} \tag{2-15}$$

式中，分子为语料库中全部文本的数目，分母为语料库中包含单词 i 的文本数目。

单词 i 对文本 j 的 TF-IDF 重要度定义：

$$\mathrm{TF\text{-}IDF}_{i,j} = \mathrm{TF}_{i,j} \times \mathrm{IDF}_i \tag{2-16}$$

从上述公式中不难看出，对某文本具有高重要度的单词需要同时满足该文本内高词频和语料库内低词频两个条件，前者过滤了偶尔使用的单词，后者过滤了常见高频词，最终筛选出该文本中反复提及的、具有话题性的单词。

TF-IDF 的优点在于逻辑简单、计算快速且具有较好的可解释性。缺点在于衡量单词重要程度的标准过于单一，无法处理词频与重要性不一致的情况，此外，TF-IDF 忽略了单词的序列信息，无法体现单词与上下文之间的关联与影响。

（2）分布式表示

分布式表示的思路是通过机器学习建立一个从单词到低维连续向量空间的映射，使得语义相似的单词在向量空间中被映射到较为接近的区域，而语义无关的单词则被映射到较远的区域。这种性质可以用来对单词和句子进行更加泛化的分析，是实现单词语义推测、句子情感分析等目的的一种手段。

1）基于共现矩阵（Co-occurrence Matrix）的模型。通常来说，语义比较接近的词在上下文中经常共同出现，此现象为建模词与词之间的相似度提供了思路。一种简单的方法是将语料库里的所有句子扫描一遍，数出每个单词周围出现其他单词的次数，构造词邻接矩阵，将单词对应列/行的值作为该单词的向量表示。但是这个向量实在太大，并且过于稀疏，直接使用需要耗费大量的存储、计算资源，因此在实际应用中，还需要对向量进行降维。如图 2-9

所示，最直接的矩阵降维方式为特征值分解或者奇异值分解，通过保留特征最大的有限分量，构造起最大化保留高维稀疏共现矩阵信息的低维稠密嵌入矩阵。降维后，每行或者每列仍然可以作为该单词的向量表示。

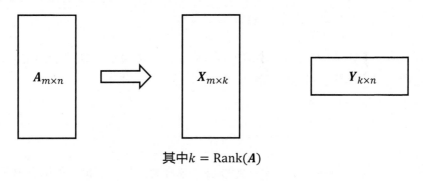

其中$k = \mathrm{Rank}(A)$

图 2-9　共现矩阵降维示例

2）基于神经网络的模型。 在分布式表示方面，深度学习相比传统方法具有较大优势，近年来已经在文本表示方面占据了主导地位。基于深度学习的文本表示方法的核心理念是用向量表示文本，如用向量表示单词的 Word2Vec 方法[59] 和用向量表示文本的 Paragraph2Vec 方法[60]。文本被向量化表示之后，可以通过点乘或余弦相似度等方式高效地计算其相似度，然后利用基于内容的推荐算法或者基于条目的协同过滤算法等进行推荐。自从 Transformer 技术[61] 被提出之后，文本的分布式表示学习领域越来越多地开始利用预训练技术提升学习的能力，例如 BERT[62]、UniLM[63] 和 GPT-3[64] 等。通过在超大规模语料库上进行无监督或自监督训练，这些预训练模型可以获得通用的自然语言分布式表示能力。基于这些预训练模型输出的文本表示，同样可以应用到基于内容的推荐算法。这些技术会在后续章节详细介绍，此处不再赘述。

2. 非文本表示

随着技术的快速发展，互联网内容形式百花齐放，从单一的文本形式逐步发展为图像、视频和音频等多媒体多模态信息融合的形式，对这些多媒体多模态信息的建模与表示成了当下提高推荐系统性能的关键。

（1）图像表示

在深度学习技术兴起之前，图像的特征提取通常依赖于手工的特征提取，即通过人的经验设计一些特征提取的技术来提取不同类型图片的特征。采用这些方法提取的特征可以分为两大类：一类是通用特征，包括像素级别特征（如像素的颜色和位置）、局部特征（图像上部分区域特征的汇总）和全局特征（图像全部特征的汇总）；另一类是领域相关特征，这些特征与应用类型强相关，如人脸和指纹等。特征被提取之后，可以训练机器学习模型来获取图像特征与用户偏好之间的关系，进而利用这些关系计算推荐评分。例如，将用户交互过的条目的图像特征看作用户兴趣的表示，然后训练一个分类器来区分用户喜欢的条目或不喜欢的条目。

基于深度学习的图像表征则尝试理解图片本身。在文本表征部分，BERT 等方法利用下游自监督任务预训练上游表征模型，然后将表征模型迁移到推荐系统等其他下游任务。图像的表示（Image Visual Representation）也可以遵循这一思路，图像经特定任务预训练的表征模型编码，转化为分布式向量表示，然后通过基于 K 近邻的推荐算法进行推荐。在预训练任务方面，图像表示可使用图像分类等有监督任务或图像生成等无监督任务进行预训练。其中，图像分类等有监督任务具有明确的训练指向，当推荐任务所需图像表征信息比较明确时，例如根据图像风格偏好进行推荐，表征模型的预训练可以进行有针对性的设计和调整，从而提高图像表征的质量和推荐效果。与之相对，若图像表征需要应用于多种下游推荐任务，或没有明确的推荐标的属性，生成式任务预训练的表征模型可能更加合理。此外，也可以采用端到端的方式，同时训练图像表征和推荐模型，该方法的优势在于图像表征直接面向下游推荐任务，缺点在于模型较为复杂，难以训练。

（2）视频表示

视频的表示往往通过表征与视频相关联的文本进行，例如视频的标题、描述等长文本和标签等稀疏文本属性。在基于深度学习的分布式文本表示技术出现之前，长文本更多地应用于搜索而非推荐，标签是当时推荐任务的核心。标签是对主体的抽象描述，属于同一标签的各主体共享该属性，两个主体共享的标签越多，说明它们越相似。但视频标签往往十分稀疏，因此如何有效地扩散标签从而解决稀疏性是当时推荐系统的核心问题。

解决该问题的一个优秀案例是来自 YouTube 的 User-Video 图游历算法[65]。User-Video 图游历算法的核心为共同观看关系，首先构建用户–视频二部图，然后基于同时观看过两个视频的用户数目等规则生成视频之间的连边，最后在生成的视频关系图上进行标签吸附。在标签吸附过程中，各节点首先根据邻居传递的标签计算自己的新标签，然后将新标签传播回邻域，在此过程中，标签逐渐扩散并最终收敛，在所有与任意原始节点有通路的节点上形成稳定平滑的分布。

在 User-Video 图游历算法的基础上，进一步考虑用户行为的时效性，将"同时看过"收紧为"在用户的一次会话中被同时观看"，视频的相似度计算如下：

$$r(v_i, v_j) = \frac{c_{ij}}{f(v_i, v_j)} \tag{2-17}$$

式中，c_{ij} 表示视频在所有会话中被共同观看的次数；$f(v_i, v_j)$ 表示一个规整化函数，试图消歧视频的流行度，一种简单的方案是将两个视频被观看的次数相乘。到此为止，我们已经看到了协同过滤的雏形。

虽然深度学习技术已经取得了长足的发展，但受限于计算成本等因素，目前业界的视频推荐大多依托于长文本表征、标签和社交推荐等技术。此外，基于标签的方法计算简便，因此仍广泛应用于大型推荐系统的召回环节。

（3）音频表示

音频的表示同样有两种方式：借助关联文本进行表示和针对音频本身进行表示。以音乐表征为例，音乐的元数据可以分为三类：Editorial metadata（由音乐的发布者声称的对该音乐的一些标签）、Cultural metadata（歌曲的消费规律、共现关系等）和 acoustic metadata（对音乐音频信号的分析，例如 beat、tempo、pitch、instrument、mood 等）。前两种元数据分别以标签、长文本的形式呈现，可以使用前文中介绍的标签传递、文本表示方法计算和使用。在分析音乐音频信号方面，哼唱检索（Query by Singing and Humming System）是深度学习之前，利用音频信号进行音频检索的重要技术，该技术从音频信号中提取信息，与数据库进行比较，然后按相似度进行排序和检索。

哼唱检索主要有三个关键部分：起点检测（Onset detection）、基频提取（Pitch extraction）和旋律匹配（Melody matching）。起点检测通过构建数学模型捕捉音频信号中某种特征的变化，从而实现对一段声音起点的检测，具体方法有 Magnitude Method（以音量为特征）、Short-term Energy Method（以能量为特征）和 Surf Method（以坡度为特征）。基频提取部分通过自相关函数（Autocorrelation Function）、平均振幅差函数（Average Magnitude Difference Function）、谐波积谱（Harmonic Product Spectrum）等估计每个音的基本频率。旋律匹配将提取的序列转为 MIDI 数字，并与数据库中的数字序列进行比较，常用方法有隐马尔可夫模型（Hidden Markov Model）、动态规划（Dynamic Programming）和线性缩放（Linear Scaling）等。

2.1.3　基于内容推荐的优势与局限

1. 基于内容的推荐算法的主要优势

1）用户之间不相互依赖。每个用户特征的构建只依赖其本身对物品（电影、书籍或者音乐等）的喜好，与他人的行为无关。与之不同，协同过滤算法需要利用其他人的兴趣来预测用户的兴趣。这种用户间的独立性使得即使推荐系统中的用户量较少也不会对推荐效果产生特别大的影响。

2）便于解释。在某些特定场景中，推荐系统需要向用户解释推荐某物品的原因，只需告诉用户被推荐物品具有某种属性，而这些属性在用户喜欢的物品中经常出现，即可完成对推荐结果的解释。

3）不受新用户或新物品的约束。当一个新用户进入推荐系统时，可以基于用户的个人属性信息，如性别、年龄、职业和 IP 地址等，来进行基于内容的推荐。同理，新物品进入推荐系统后也可以马上被推荐给用户。而在协同过滤算法中，只有用户评价过的物品才有可能被推荐给用户。即协同过滤算法难以解决冷启动问题，而基于内容的推荐算法不会受到冷启动问题的影响。

2. 基于内容的推荐算法的主要局限

1）特征抽取比较困难。如果推荐系统中的物品描述是非结构化的（如书籍、电影和音乐等），现有技术虽然能够提取部分特征用来表征条目，但是难以准确且全面地抽取物品特征。特征抽取不全面可能带来的问题是，两个物品抽取出来的部分特征非常相似，但用户对它们的偏好可能存在巨大差异。例如，相同演员、导演和题材的电影，可能用户评价相差很大，在这种情况下，基于内容的推荐算法就无法准确地区分这两部电影。

2）难以挖掘出用户潜在的其他兴趣，即缺乏多样性。基于内容的推荐仅依赖于用户个人属性及历史偏好，因此产生的推荐结果会和用户历史交互物品具有非常高的相似性。例如，某位用户过去看过较多的喜剧电影，那么基于内容的推荐系统往往会只为其推荐喜剧电影，而不去探索其是否可能喜欢其他类型的电影。这两个局限恰好是协同过滤算法擅长的，因此在实际的推荐系统中，需要将协同过滤算法与基于内容的推荐算法相结合。

2.2 基于协同过滤的推荐算法

2.2.1 基于记忆的协同过滤算法

中国有一句谚语：物以类聚，人以群分。比喻具有相似特征的物品常常放置在一处，具有相似偏好的人常常聚集在一起。这句谚语完美地揭示了基于记忆（memory-based）的推荐方法的原理。基于记忆的推荐方法通过计算用户或物品间的相似度来为每个目标用户生成其对应的"群"，通常称为邻居。由于"群"中聚集的都是和目标用户具有相似偏好或特征的用户，并且相似的用户在交互物品上会有较大的重叠，因此推荐算法可以根据这些"群"中其他用户的交互记录来计算目标用户的偏好，从而为其生成推荐列表。

本节首先介绍两种经典的基于记忆的协同过滤算法——基于用户的协同过滤算法和基于物品的协同过滤算法，它们分别从用户相似度和物品相似度两个不同的角度为用户生成推荐列表。然后，介绍改进的基于记忆的协同过滤算法，如 SLIM、SSLIM 和 LorSLIM 等。这些算法的原理与经典的基于记忆的协同过滤方法相同，但是在准确性上有较大程度的提升。

1. 基于记忆的基础推荐算法

通常来说，推荐系统中的用户与用户之间并不是相互独立的，部分用户之间会存在一定的相似之处，例如，喜欢相同的音乐和歌手等。这些相似之处会隐式地将两个用户进行关联，使得一位用户的兴趣与偏好会隐式地受到另一位用户的影响，这种隐式的关联关系常被简称为"隐关系"。如果两位用户的相似之处越多，那么这两位用户的"隐关系"就越强烈，用户间关于兴趣与偏好的影响就会越显著。例如，用户 A、B、C 分别和物品 a、b、c、d、e 之间产生了交互，用户物品交互关系如图 2-10 所示。

其中实线表示用户与物品之间的交互关系，虚线表示用户间存在隐关系，虚线的颜色深浅表示隐关系的强弱程度，即虚线的颜色越深，隐关系越强烈。在图 2-10 中，用户 A 和 B 共同交互了物品 a，所以可以认为两位用户之间存在一定的相似性。同样，用户 A 和 C 共同交互了物品 c 和 d，那么这两位用户之间也存在一定的相似性。用户之间的这些相似性可以通过前面提到的隐关系来表达，由于用户 A 和 C 之间共同交互的物品数量多于用户 A 和 B 之间，因此用户 A 和 C 之间的隐关系强于用户 A 和 B 之间的隐关系，用户 A 和 C 之间关于兴趣与偏好的影响相对用户 A 和 B 之间更显著。因此，在推荐过程中，相较于用户 B 交互过的物品 e，我们更有可能将用户 C 交互过的物

品 b 推荐给用户 A。

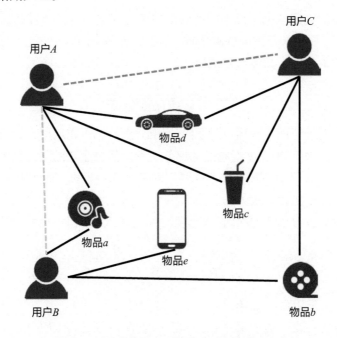

图 2-10 用户物品交互关系（以用户为中心）

基于用户的协同过滤（User-based Collaborative Filtering）算法[66] 首先根据用户的交互记录来挖掘用户之间的隐关系，构建与目标用户相似的用户组成的集合，也称为邻居集合，然后基于邻居的兴趣偏好生成对应的推荐列表。一般来说，该算法的推荐过程主要可以分为两个阶段：相似用户集合计算和推荐列表生成。

相似用户集合计算阶段主要根据已有的用户交互记录来计算用户之间的相似度，然后根据相似度和预先设置的阈值筛选与被推荐用户相似度高的用户，生成相似用户集合。其中，余弦相似度、Jaccard 相似系数、皮尔逊系数、欧几里得距离和曼哈顿距离等都可以用来计算用户之间的相似度或距离。这里主要介绍常用的两种方法——Jaccard 相似系数和余弦相似度。

Jaccard 相似系数专门用于计算有穷集合间的相似性。一般而言，两个集合的 Jaccard 相似系数越大，表示这两个集合间的相似度越高。Jaccard 相似系数的计算如下：

$$S_{u,v} = \frac{|N(u) \cap N(v)|}{|N(u) \cup N(v)|} \tag{2-18}$$

式中，$S_{u,v}$ 表示用户 u 与用户 v 之间的相似度；$N(u)$ 表示用户 u 交互的物品集合；$N(v)$ 表示用户 v 交互的物品集合。

余弦相似度则依据坐标系中的两个向量之间的夹角大小度量这两个向量的相似程度。两个向量之间的夹角越小，表示这两个向量越相似，反之则表示两个向量越不相似。其计算公式如下：

$$S_{u,v} = \frac{V(u) \cdot V(v)}{\sqrt{|V(u)\|N(v)|}} \tag{2-19}$$

式中，$S_{u,v}$ 表示用户 u 与用户 v 之间的相似度；$V(u)$ 表示用户 u 对物品的评分向量；$V(v)$ 表示用户 v 对物品的评分向量。值得注意的是，上述余弦相似度计算公式未涉及用户评分尺度问题，即不同用户根据其偏好或习惯可能会对同一个物品给出相差较大的评分。因此，需要对上述计算公式进行调整，将用户评分偏好或习惯考虑在内。调整后的余弦相似度计算过程如下所示：

$$S_{u,v} = \frac{\sum_{c \in I_{u,v}} (R_{u,c} - \bar{R}_u)(R_{v,c} - \bar{R}_v)}{\sqrt{\sum_{c \in I_u} (R_{u,c} - \bar{R}_u)^2} \sqrt{\sum_{c \in I_v} (R_{v,c} - \bar{R}_v)^2}} \tag{2-20}$$

式中，$I_{u,v}$ 表示用户 u 和用户 v 共同交互过的物品集合；$R_{u,c}$ 表示用户 u 对物品 c 的评分；$R_{v,c}$ 表示用户 v 对物品 c 的评分；$\bar{R}_u$ 表示用户 u 对所有交互物品评分的平均值；$\bar{R}_v$ 表示用户 v 对所有交互物品评分的平均值；I_u 表示用户 u 交互的物品集合；I_v 表示用户 v 交互的物品集合。

通过对用户两两之间使用上述方法计算相似度之后，可以得到用户之间的相似度矩阵 $\boldsymbol{X}_{n \times n}$。其中，$n$ 表示用户数，矩阵元素 $X_{i,j}$ 表示用户 i 和用户 j 之间的相似程度。假设要寻找与目标用户最为相似的 K 个用户，可以从相似度矩阵 $\boldsymbol{X}$ 对应行中找到相似度值最大的前 K 个用户组成相似用户集合，用于在下一阶段中生成用户的推荐列表。

推荐列表生成阶段则基于相似用户集合为目标用户生成对应的推荐列表。如果需要为系统中每位用户选择合适的物品生成推荐列表，首先需要计算每位用户对候选推荐物品的喜爱程度，即：

$$\tilde{R}_{u,i} = \frac{\sum_{v \in S(u,K)} S_{u,v} \times R_{v,i}}{\sum_{v \in S(u,K)} |S_{u,v}|} \tag{2-21}$$

式中，$\tilde{R}_{u,i}$ 表示用户 u 对物品 i 的预测评分；$R_{v,i}$ 表示用户 v 对物品 i 的评分；$S(u,K)$ 表示与用户 u 最相似的 K 个用户组成的集合。然后，依据预测的用户对候选推荐物品的喜爱程度的高低对所有候选推荐物品进行降序排列，选择前 k 个（例如，前 5 个或者前 10 个）物品组成该用户的推荐列表，并将其推荐给用户。

　　基于物品的协同过滤（Item-based Collaborative Filtering）算法[67] 则从物品相似度角度完成对用户的推荐，它认为用户与某个物品发生交互的可能性与该物品和用户之前交互过的物品的相似度成正相关，也就是说，该物品和用户之前交互过的物品越相似，则该物品越有可能成为用户下一次交互的对象。因此，基于物品的协同过滤首先根据用户交互记录计算物品之间的相似度，从而挖掘物品之间的"隐关系"。根据物品之间的隐关系，计算用户候选推荐物品在未来与用户交互的可能性，并据此生成用户的推荐列表。例如，物品 a、b、c、d、e 与用户 A、B 和 C 产生了交互，交互关系如图 2-11 所示。用户 A 尚未交互过的物品有 b 和 e。对于物品 b，由于它与其他物品之间存在某个共同的交互用户，因此它和物品 a、c 和 d 之间具有相同的相似度，表现为物品 b 和 a、c 和 d 之间具有相同强度的隐关系。而对于物品 e，它仅和物品 a 存在一定的相似度，与其他物品的相似性为 0，表现为物品 e 只与物品 a 之间存在一定的隐关系，与其他物品之间不存在隐关系。因此，在向用户 A 推荐物品时，相较于物品 e，算法会更倾向于将物品 b 推荐给用户 A，因为物品 b 与用户 A 已交互过的物品相似度更大，隐关系更强烈。

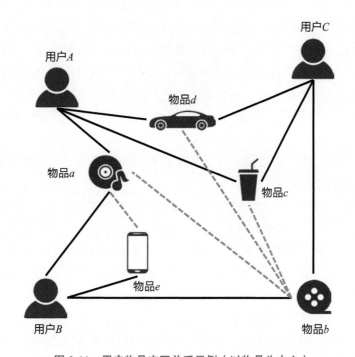

图 2-11　用户物品交互关系示例（以物品为中心）

　　基于物品的协同过滤算法的计算过程在形式上也分为两个阶段：候选推

荐物品集合计算和用户推荐列表生成。候选推荐物品集合计算阶段根据用户交互记录来计算物品之间的相似度，从而获取与被推荐物品最相似的前 K 个物品组成候选推荐物品集合。首先，需要计算每个物品与其他所有物品之间的相似度，构建物品-物品相似度矩阵。然后，从相似度矩阵中被推荐物品对应行筛选出相似度数值最大的 K 个物品，组成候选推荐物品集合，并依据这个集合生成用户推荐列表。计算物品间相似度的算法与计算用户间相似度的算法大致相同，此处不再赘述。

推荐列表生成阶段则计算用户对每个待推荐物品的预测评分，然后根据预测评分进行排序，将评分最高的 K 个物品推荐给用户。与基于用户的协同过滤算法类似，假设目标物品 i 的 K 个最相似物品组成的集合为 $S(i, K)$，那么用户 u 对物品 i 的预测评分可通过下式计算：

$$\tilde{R}_{u,i} = \frac{\sum_{j \in S(i,K)} S_{i,j} \cdot R_{u,j}}{\sum_{j \in S(i,K)} |S_{i,j}|} \tag{2-22}$$

式中，$\tilde{R}_{u,i}$ 表示用户 u 对物品 i 的预测评分；$S_{i,j}$ 表示物品 i 和物品 j 的相似度；$R_{u,j}$ 表示用户 u 对物品 j 的评分。从公式可以看出，用户 u 对待推荐物品 i 的预测评分等于用户 u 已交互且和目标推荐物品相似的物品评分的加权和。

总的来说，基于用户的协同过滤算法从目标用户角度出发，选择与其相似度高的用户喜爱的物品作为推荐结果。而基于物品的协同过滤推荐算法则从待推荐物品的角度出发，选择若干个已被交互且与其相似度高的物品作为推荐的依据。这两种算法在原理上简单易懂，在结构上清晰完整，易于上手与实践。

基于上述工作，许多研究人员从准确性的角度提出了一些改进方法，主要的改进思路归纳如下：

1）选择合适的相似度计算方法。对于同一个数据集，采用不同的相似度计算方法，算法推荐的准确性也会有明显的不同。例如，采用皮尔逊相关系数作为相似度计算方法需要满足两条假设，即变量间的关系是线性的、误差需要满足均值为 0 方差为常数的概率分布。如果数据集不满足上述条件，则推荐结果就会存在较大的偏差。因此，需要根据数据集分布和研究问题的特点选择合适的相似度计算方法。

2）相似度计算的可靠性。如果一位用户和被推荐用户之间存在大量的共同交互物品，则在计算物品的预测评分过程中，应该赋予该用户一个较大的权重，即两位用户之间的相似度更可靠，反之则表示相似度计算的可靠性越低。通常可以为共同交互物品的数量设置一个阈值，如 50。当共同交互数量小于该阈值时，在计算预测评分时，可以赋予该用户一个小于 1 的权重，否则赋予该用户的权重为 1，即针对可靠性的高低对邻居的评分进行惩罚。

3）选择合适数量的邻居来计算预测评分。 推荐系统包含的用户数量通常较大，因此在计算评分时，如果考虑所有用户的情况是不现实的。需要根据一定的规则（例如，相似度高于某个阈值）选取一部分用户作为目标用户的邻居。具体的邻居数量与数据集相关，需要手动测试来设定。

4）考虑用户评分习惯，避免用户评分习惯不同带来的评分预测偏差。 在现实世界中，每位用户都有自己的评分习惯。例如，有的用户习惯给电影打高分，而有的用户习惯给电影打低分，因此需要消除不同用户评分偏好带来的预测偏差。一种可行的方法是在计算相似度之前，为每个物品的评分减去对应用户评分的平均值，之后在评分预测阶段再加上平均值，从而避免不同用户的评分偏好带来的影响。

2. 基于记忆的高级推荐算法

SLIM（Sparse Linear Methods）[68] 算法对基于记忆的方法提出了一些改进思路。SLIM 算法提出从用户交互记录中为所有物品学习一个稀疏矩阵来同时实现高效和高质量的推荐。具体来说，如果想要计算用户 i 对一个尚未交互的物品 j 的评分，则可以通过对用户 i 已交互物品的评分进行稀疏聚合实现，即

$$\tilde{a}_{ij} = \boldsymbol{a}_i^\top \boldsymbol{w}_j \tag{2-23}$$

式中，$a_{ij} = 0$ 且 $\boldsymbol{w}_j \in \mathbb{R}^n$ 是一个稀疏列向量。从矩阵运算角度来说，SLIM 模型可以表示为

$$\tilde{\boldsymbol{A}} = \boldsymbol{A}\boldsymbol{W} \tag{2-24}$$

式中，$\boldsymbol{A}$ 表示用户交互矩阵；$\boldsymbol{W} \in \mathbb{R}^{n \times n}$ 表示一个稀疏矩阵；其第 j 列即为上式中的 $\boldsymbol{w}_j$；$\tilde{\boldsymbol{A}}$ 矩阵中每一行 $\boldsymbol{a}_i^\top$ 表示用户 i 对所有物品的预测评分。

SLIM 的重点在于稀疏矩阵 $\boldsymbol{W}$ 的构建，其可以通过下述优化问题得到：

$$\min_{\boldsymbol{W}} \quad \frac{1}{2}\|\boldsymbol{A} - \boldsymbol{A}\boldsymbol{W}\|_F^2 + \frac{\beta}{2}\|\boldsymbol{W}\|_F^2 + \lambda\|\boldsymbol{W}\|_1$$
$$\text{s.t.} \quad \boldsymbol{W} \geqslant 0$$
$$\text{diag}(\boldsymbol{W}) = 0 \tag{2-25}$$

式中，$\|\boldsymbol{W}\|_1 = \sum_{i=1}^n \sum_{j=1}^n |w_{ij}|$ 表示稀疏矩阵 $\boldsymbol{W}$ 的 ℓ_1 范数；$\|\boldsymbol{W}\|_F^2$ 表示稀疏矩阵 $\boldsymbol{W}$ 的 ℓ_F 范数；β 和 λ 表示正则项系数，正则项系数越大，则表示对

参数约束得越严格。在优化目标中，第一项 $\|A - AW\|_F^2$ 刻画了预测值与真实值之间的拟合误差，第二项和第三项都是正则项，用于规范稀疏矩阵 W 的值。第二项 ℓ_1 范数的引入使得矩阵 W 趋于稀疏（即矩阵元素有多个为 0），第三项 ℓ_F 范数的引入可以将优化问题转化为弹性网络回归问题，用于降低模型复杂度，以避免过拟合。此外，第一个约束条件 $W \geqslant 0$ 保证了稀疏矩阵中每个物品之间都是正相关的，第二个约束条件保证了稀疏矩阵 W 不是一个平凡解，即 W 不是一个单位矩阵，在计算时 $\tilde{a}_{ij}$ 不使用 a_{ij}。由于矩阵 W 的每一列都是独立的，因此 W 的构建是高度可并行的。SLIM 也可以通过融合特征选择方法减少训练时间。例如，SLIM 结合余弦相似度等特征选择方法，可以在略微降低推荐质量的情况下极大地提高训练效率。

相比于传统线性模型，SLIM 存在显著的优势。例如，线性模型基于条目的最近邻算法（Item-based KNN，ItemKNN），在原理上和 SLIM 比较相似，它通过一个物品–物品余弦相似度矩阵 $S \in \mathbb{R}^{m \times k}$ 完成物品的推荐，然而 ItemKNN 过于依赖预先计算的物品–物品相似度矩阵 S，而 SLIM 则通过优化问题来获得相似度矩阵 W，使得 W 可以编码不易被相似度计算方法捕捉的物品间关系信息。另外，S 是一个稠密对称的矩阵，且矩阵的值可以是负数，而 SLIM 通过优化得到的相似度矩阵 W 是一个高度稀疏的非负矩阵，使得 SLIM 具有极高的推荐效率。同时，由于并不要求 W 是一个对称矩阵，因此 SLIM 具有更好的灵活性。

SLIM 和矩阵分解（Matrix Factorization，MF）方法在结构上也颇为相似。矩阵分解通过用户特征矩阵 U 和物品特征矩阵 V 重构用户物品交互矩阵 $\tilde{A}$，具体计算方式如下：

$$\tilde{A} = UV^\top \tag{2-26}$$

从上式可以看出，SLIM 本质上是矩阵分解的一种特殊形式，即 SLIM 的 A 和 W 可以分别对应于矩阵分解的 U 和 $V^\top$。矩阵分解需要为用户和物品构建各自的特征矩阵 U 和 $V^\top$，而 SLIM 则只需要为物品构建特征矩阵 W，因此 SLIM 的学习过程相比于矩阵分解更加简单。另外，U 和 $V^\top$ 通常被构建为低维隐空间，造成了将 A 分解成 U 和 $V^\top$ 时可能损失了部分有用的高维用户特征和物品特征。相反，SLIM 中用户信息被完整地保留在用户交互矩阵 A 中，因此在很多 Top-N 推荐场景的推荐准确度上，SLIM 好于矩阵分解。从推荐的效率来看，SLIM 也优于矩阵分解。因为矩阵分解中 U 和 $V^\top$ 都是稠密的矩阵，在计算用户 i 的预测评分向量 $\tilde{a}_i$ 时，需要分别计算每个物品的评分 $\tilde{a}_{ij}$，其时间复杂度是 $O(k^2 \times n)$，其中 k 表示 U 和 $V^\top$ 的维度，n 表示物品的数量。而采用稀疏矩阵的 SLIM 可以降低算法的时间复杂度，提高训练效率。

目前，许多相关研究工作提出了一些改进思路来对 SLIM 算法进行优化。例如，SSLIM[69] 在 SLIM 基础上引入辅助信息（Side Information）来提升 SLIM 推荐的准确性。SSLIM 提出了两种方法利用辅助信息，第一种方法是和用户交互矩阵 $\boldsymbol{A}$ 共用一个稀疏矩阵 $\boldsymbol{W}$ 来重构辅助信息矩阵 $\boldsymbol{F}$，其优化目标：

$$\min_{\boldsymbol{W}} \quad \frac{1}{2}\|\boldsymbol{A} - \boldsymbol{A}\boldsymbol{W}\|_{\mathrm{F}}^2 + \frac{\alpha}{2}\|\boldsymbol{F} - \boldsymbol{F}\boldsymbol{W}\|_{\mathrm{F}}^2 + \frac{\beta}{2}\|\boldsymbol{W}\|_{\mathrm{F}}^2 + \lambda\|\boldsymbol{W}\|_1$$

$$\text{s.t.} \quad \boldsymbol{W} \geqslant 0$$

$$\mathrm{diag}(\boldsymbol{W}) = 0 \qquad\qquad (2\text{-}27)$$

式中，α 是一个正则项系数，控制了辅助信息在训练阶段的重要性，α 值越大，说明辅助信息对模型训练越重要。第二种方法是为辅助信息矩阵 $\boldsymbol{F}$ 单独设置一个稀疏矩阵 $\boldsymbol{Q}$，但是需要保证 $\boldsymbol{W}$ 和 $\boldsymbol{Q}$ 尽可能相近：

$$\min_{\boldsymbol{W},\boldsymbol{Q}} \quad \frac{1}{2}\|\boldsymbol{A} - \boldsymbol{A}\boldsymbol{W}\|_{\mathrm{F}}^2 + \frac{\alpha}{2}\|\boldsymbol{F} - \boldsymbol{F}\boldsymbol{Q}\|_{\mathrm{F}}^2 + \frac{\beta}{2}\|\boldsymbol{W} - \boldsymbol{Q}\|_{\mathrm{F}}^2 + \lambda(\|\boldsymbol{W}\|_1 + \|\boldsymbol{Q}\|_1)$$

$$\text{s.t.} \quad \boldsymbol{W} \geqslant 0, \boldsymbol{Q} \geqslant 0$$

$$\mathrm{diag}(\boldsymbol{W}) = 0, \mathrm{diag}(\boldsymbol{Q}) = 0 \qquad\qquad (2\text{-}28)$$

LorSLIM[70] 则在 SLIM 基础上使用了一个核范数来约束稀疏矩阵的低秩特征，稀疏矩阵的低秩特征可以使得 LorSLIM 在稀疏数据上更好地捕捉物品间的关系。同时，稀疏矩阵的低秩性和稀疏性保证了其在形式上是一个分块对角矩阵，相似的物品会分在同一类中。LorSLIM 通过优化下面的目标函数来获得低秩稀疏矩阵 $\boldsymbol{W}$：

$$\min_{\boldsymbol{W}} \quad \frac{1}{2}\|\boldsymbol{A} - \boldsymbol{A}\boldsymbol{W}\|_{\mathrm{F}}^2 + \frac{\beta}{2}\|\boldsymbol{W}\|_{\mathrm{F}}^2 + \lambda\|\boldsymbol{W}\|_1 + z\|\boldsymbol{W}\|_*$$

$$\text{s.t.} \quad \boldsymbol{W} \geqslant 0$$

$$\mathrm{diag}(\boldsymbol{W}) = 0 \qquad\qquad (2\text{-}29)$$

式中，$\|\boldsymbol{W}\|_* = \sum_{i=1}^{\mathrm{rank}(\boldsymbol{W})} \sigma_i$ 表示 $\boldsymbol{W}$ 的核范数；σ_i 是矩阵 $\boldsymbol{W}$ 的奇异值；z 表示正则项系数。然而，由于核范数的引入，LorSLIM 不能使用坐标下降和软阈值方法求得 $\boldsymbol{W}$。因此，LorSLIM 采用 ADMM（Alternating Direction Method of Multipliers）来解决优化问题。对 ADMM 求解优化问题感兴趣的读者，可以通过阅读相关论文进一步了解。

3. 基于记忆的协同过滤算法小结

基于用户的协同过滤方法和基于物品的协同过滤方法是两种经典的基于记忆的方法，它们分别从用户相似度和物品相似度角度出发计算用户的推荐列表。它们在原理上简单易懂，在结构上清晰完整，易于读者和初学者上手与实践。SLIM 算法及其变体 SSLIM 算法和 LorSLIM 算法等则是对基于记忆的方法的改进，它们从物品相似度角度出发来生成用户的推荐列表。与基于记忆的方法相比，这些方法的相似度矩阵是通过优化得到的，且较为稀疏，可以同时实现快速和高质量的推荐。LorSLIM 算法由于引入了核范数，使其在稀疏数据集上有着更好的表现。但是，无论是基于记忆的方法还是 SLIM 算法或其变体都普遍存在一个缺点，即无法解决新用户和新物品的推荐问题。基于上述方法的推荐系统无法为新用户生成推荐列表，也无法将新物品推荐给其他用户，这给推荐系统的应用带来了巨大的挑战。

2.2.2 矩阵分解方法与因子分解机方法

矩阵分解方法被引入协同过滤算法是为了解决数据稀疏[71]问题。在 2006 年举办的 Netflix Prize 推荐算法比赛中，矩阵分解方法是准确性最高的单算法之一，从此得到了学术界和工业界的广泛关注。2010 年，Rendle 对矩阵分解方法进行了扩展，提出了因子分解机[71]，能够建模更加复杂的用户与物品间的关系。

1. 矩阵分解方法

（1）经典矩阵分解

如图 2-12 所示，经典矩阵分解（Matrix Factorization，MF）技术是一种可用于推荐系统的简单嵌入模型，其核心思想在于找到一个低维的空间来表示用户和物品。具体来说，给定一个用户物品反馈矩阵 $R \in \mathbb{R}^{m \times n}$，$m$ 表示用户总数，n 表示商品总数，矩阵分解会学习得到：

- 用户嵌入表征矩阵 $U \in \mathbb{R}^{m \times d}$，其中第 i 行表示用户 i 的嵌入表征；
- 商品嵌入表征矩阵 $V \in \mathbb{R}^{n \times d}$，其中第 j 行表示商品 j 的嵌入表征。

嵌入表征的学习使得乘积 $R' = UV^\top$ 是反馈矩阵 R 的一个合理逼近，其中 R' 的 (i, j) 项是用户 i 和商品 j 的表征向量的乘积。为了使 R'_{ij} 尽可能地逼近 $R_{i,j}$，可以定义矩阵分解的优化目标函数 $\mathcal{L}$ 如下：

$$\mathcal{L} = \sum_{i=1}^{m} \sum_{j=1}^{n} (R_{ij} - U_i V_j^\top)^2 \tag{2-30}$$

V				
-0.83	-1.12	-0.83	-1.12	-0.67
0.9	-0.47	0.9	-0.47	-0.64
0.71	-0.71	-0.71	0.71	0.01

	A	B	C	D	E
Alice		√	√		
Bob		√		√	√
Carl	√		√		
Dana	√			√	

$\approx$

-0.45	0.17	-0.71
-0.67	0.64	0.01
-0.38	0.73	-0.01
-0.45	0.17	0.71

0.03	0.92	1.03	-0.08	0.19
-0.02	1.06	-0.02	1.06	0.86
0.97	0.09	0.97	0.09	-0.21
1.03	-0.08	0.03	0.92	0.19

R U R'

图 2-12 矩阵分解示例

同时，为了保证矩阵分解模型不产生过拟合问题，需要为目标函数 $\mathcal{L}$ 加上 L_2 正则化限制，即：

$$\mathcal{L} = \sum_{i=1}^{m}\sum_{j=1}^{n}(R_{ij} - U_i V_j^\top)^2 + \lambda(\|U\|^2 + \|V\|^2) \tag{2-31}$$

求解上述的优化问题通常采用梯度下降方法，如随机梯度下降法（SGD），计算目标函数 $\mathcal{L}$ 对 U, V 的偏导数如下：

$$\frac{\partial \mathcal{L}}{\partial U} = -2RV + 2\lambda U \tag{2-32}$$

$$\frac{\partial \mathcal{L}}{\partial V} = -2R^\top U + 2\lambda V \tag{2-33}$$

基于上述偏导数，得到 SGD 的迭代公式：

$$U = U - \alpha * \frac{\partial \mathcal{L}}{\partial U} \tag{2-34}$$

$$V = V - \alpha * \frac{\partial \mathcal{L}}{\partial V} \tag{2-35}$$

通过不断迭代上式，收敛之后得到的 U、V 即可以作为推荐模型来为用户推荐物品。

（2）概率矩阵分解

前面介绍的经典矩阵分解方法虽然在实际应用中效果出色，但是其中存在着一些关键的技术问题尚未解决。例如，平方误差是否合理，正则项系数如何选取等。为了解决上述问题，Ruslan Salakhutdinov 与 Andriy Mnih 提出了概率矩阵分解（Probabilistic Matrix Factorization，PMF）[72] 思想。与经典矩阵分解不同，概率矩阵分解假设观测到的评分矩阵是存在误差的，并且误差服从零均值的高斯分布，同时用户特征向量和物品特征向量也服从高斯分布。基于这些假设，概率矩阵分解可以解决上述问题。

如图 2-13 所示，在概率矩阵分解的概率图模型中，用户特征向量与物品特征向量被初始化为由零均值的各向同性多变量高斯产生的随机向量。假设系统中存在 m 个用户，n 个物品，用户特征向量与物品特征向量的维数为 d，那么有：

- 用户嵌入表征矩阵 $\boldsymbol{U} \in \mathbb{R}^{m \times d}$，其中第 i 行表示用户 i 的嵌入表征；
- 商品嵌入表征矩阵 $\boldsymbol{V} \in \mathbb{R}^{n \times d}$，其中第 j 行表示商品 j 的嵌入表征。

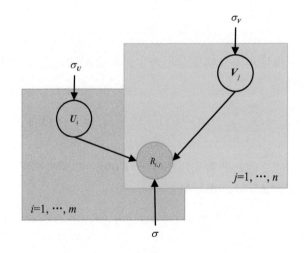

图 2-13　概率矩阵分解的概率图模型

概率矩阵分解模型的核心是贝叶斯理论，可以利用贝叶斯定理估计模型参数的后验分布，具体如下：

$$p(\theta \mid \boldsymbol{R}, \alpha) = \frac{p(\boldsymbol{R} \mid \theta, \alpha)p(\theta \mid \alpha)}{p(\boldsymbol{R} \mid \alpha)} \propto p(\boldsymbol{R} \mid \theta, \alpha)p(\theta \mid \alpha) \qquad (2\text{-}36)$$

式中，$\boldsymbol{R}$ 是用户对物品的评分矩阵；θ 是分布的参数集合；α 是分布的超参数；$p(\theta \mid \boldsymbol{R}, \alpha)$ 是 θ 的后验分布；$p(\theta \mid \alpha)$ 是先验分布；$p(\boldsymbol{R} \mid \theta, \alpha)$ 是似然函数。求解上述问题的思路是：随着获得更多关于数据分布的信息，模型调整参数 θ 以适应数据。即上一次迭代后验分布的参数被用作下一次迭代的先验分布参数估计，直到后验分布 $p(\theta \mid \boldsymbol{R}, \alpha)$ 趋于稳定。

为了方便起见，定义 $\theta = \{U, V\}, \alpha = \sigma^2$，$\sigma$ 表示零均值高斯分布的标准

差。利用上述定义改写上式可得：

$$p(\boldsymbol{U},\boldsymbol{V}\mid\boldsymbol{R},\sigma^2)=p(\boldsymbol{R}\mid\boldsymbol{U},\boldsymbol{V},\sigma^2)p(\boldsymbol{U},\boldsymbol{V}\mid\sigma_{\boldsymbol{U}}^2,\sigma_{\boldsymbol{V}}^2) \tag{2-37}$$

由于 $\boldsymbol{U}$、$\boldsymbol{V}$ 之间相互独立，上式可以改写：

$$p(\boldsymbol{U},\boldsymbol{V}\mid\boldsymbol{R},\sigma^2)=p(\boldsymbol{R}\mid\boldsymbol{U},\boldsymbol{V},\sigma^2)p(\boldsymbol{U}\mid\sigma_{\boldsymbol{U}}^2)p(\boldsymbol{V}\mid\sigma_{\boldsymbol{V}}^2) \tag{2-38}$$

上式中，$p(\boldsymbol{R}\mid\boldsymbol{U},\boldsymbol{V},\sigma^2)$ 是似然函数，定义：

$$p(\boldsymbol{R}\mid\boldsymbol{U},\boldsymbol{V},\sigma^2)=\prod_{i=1}^{N}\prod_{j=1}^{M}[\mathcal{N}(\boldsymbol{R}_{ij}\mid\boldsymbol{U}_i^\top\boldsymbol{V}_j,\sigma^2)]^{I_{ij}} \tag{2-39}$$

式中，I_{ij} 是示性函数，即如果 $\boldsymbol{R}_{ij}!=0$，则 I_{ij} 为 1，否则为 0；$\boldsymbol{U}_i^\top\boldsymbol{V}_j$ 为高斯分布的均值；σ^2 为高斯分布的方差。

另外，$p(\boldsymbol{U}\mid\sigma_{\boldsymbol{U}}^2)$ 和 $p(\boldsymbol{V}\mid\sigma_{\boldsymbol{V}}^2)$ 是先验分布，定义：

$$p(\boldsymbol{U}\mid\sigma_{\boldsymbol{U}}^2)=\prod_{i=1}^{N}\mathcal{N}(\boldsymbol{U}_i\mid0,\sigma_{\boldsymbol{U}}^2) \tag{2-40}$$

$$p(\boldsymbol{V}\mid\sigma_{\boldsymbol{V}}^2)=\prod_{j=1}^{M}\mathcal{N}(\boldsymbol{V}_j\mid0,\sigma_{\boldsymbol{V}}^2) \tag{2-41}$$

即两个均值为 0 的高斯分布，综合上述定义可得：

$$p(\boldsymbol{U},\boldsymbol{V}\mid\boldsymbol{R},\sigma^2)=\prod_{i=1}^{N}\prod_{j=1}^{M}[\mathcal{N}(\boldsymbol{R}_{ij}\mid\boldsymbol{U}_i^\top\boldsymbol{V}_j,\sigma^2)]^{I_{ij}}$$

$$\prod_{i=1}^{N}\mathcal{N}(\boldsymbol{U}_i\mid0,\sigma_{\boldsymbol{U}}^2)\prod_{j=1}^{M}\mathcal{N}(\boldsymbol{V}_j\mid0,\sigma_{\boldsymbol{V}}^2) \tag{2-42}$$

为了求解概率矩阵分解模型的优化问题，需要极大化上式得到最优的参数 $\boldsymbol{U}$、$\boldsymbol{V}$。对于连乘形式的优化目标难以求导，所以直接对 $p(\boldsymbol{U},\boldsymbol{V}\mid\boldsymbol{R},\sigma^2)$ 求解存在一定的困难。这里考虑对上式的等号两边同取对数函数，可得：

$$\ln p(\boldsymbol{U},\boldsymbol{V}\mid\boldsymbol{R},\sigma^2)=\sum_{i=1}^{N}\sum_{j=1}^{M}I_{ij}\ln[\mathcal{N}(\boldsymbol{R}_{ij}\mid\boldsymbol{U}_i^\top\boldsymbol{V}_j,\sigma^2)]$$

$$+\sum_{i=1}^{N}\ln\mathcal{N}(\boldsymbol{U}_i\mid0,\sigma_{\boldsymbol{U}}^2)+\sum_{j=1}^{M}\ln\mathcal{N}(\boldsymbol{V}_j\mid0,\sigma_{\boldsymbol{V}}^2) \tag{2-43}$$

上式中的高斯概率密度函数被定义：

$$\mathcal{N}(X\mid\mu,\sigma^2)=\frac{1}{\sigma\sqrt{2\pi}}\exp\left(-\frac{(X-\mu)^2}{2\sigma^2}\right) \tag{2-44}$$

联合上述两个公式，可得：

$$\ln p(\boldsymbol{U}, \boldsymbol{V} \mid \boldsymbol{R}, \sigma^2) = -\frac{1}{2\sigma^2} \sum_{i=1}^{N} \sum_{j=1}^{M} I_{ij}(\boldsymbol{R}_{ij} - \boldsymbol{U}_i^\top \boldsymbol{V}_j)^2$$

$$-\frac{1}{2\sigma_U^2} \sum_{i=1}^{N} \boldsymbol{U}_i^2 - \frac{1}{2\sigma_V^2} \sum_{j=1}^{M} \boldsymbol{V}_j^2 \qquad (2\text{-}45)$$

上述等式是方便求导的，最后为了方便处理等式，定义超参数 $\lambda_U = \frac{\sigma_U^2}{\sigma^2}$，$\lambda_V = \frac{\sigma_V^2}{\sigma^2}$ 并提取相关公因式可得：

$$\mathcal{L} = -\frac{1}{2} \left(\sum_{i=1}^{N} \sum_{j=1}^{M} (\boldsymbol{R}_{ij} - \boldsymbol{U}_i^\top \boldsymbol{V}_j)^2_{(i,j)\in\Omega_{\boldsymbol{R}_{ij}}} + \lambda_U \sum_{i=1}^{N} \boldsymbol{U}_i^2 + \lambda_V \sum_{j=1}^{M} \boldsymbol{V}_j^2 \right) \quad (2\text{-}46)$$

分别求 $\mathcal{L}$ 对 $\boldsymbol{U}_i, \boldsymbol{V}_j$ 的偏导数，并令偏导数结果为 0，可得如下方程：

$$\nabla_{\boldsymbol{U}_i} \mathcal{L} = \left[\sum_{j=1}^{M} (\boldsymbol{R}_{ij} - \boldsymbol{U}_i^\top \boldsymbol{V}_j) \boldsymbol{V}_j^\top \right]_{(i,j)\in\Omega_{\boldsymbol{R}_{ij}}} - \lambda_U \boldsymbol{U}_i = 0 \qquad (2\text{-}47)$$

$$\nabla_{\boldsymbol{V}_j} \mathcal{L} = \left[\sum_{i=1}^{N} (\boldsymbol{R}_{ij} - \boldsymbol{U}_i^\top \boldsymbol{V}_j) \boldsymbol{U}_i^\top \right]_{(i,j)\in\Omega_{\boldsymbol{R}_{ij}}} - \lambda_V \boldsymbol{V}_j = 0 \qquad (2\text{-}48)$$

对上述两个方程求解可得：

$$\boldsymbol{U}_i = [(\boldsymbol{V}_j \boldsymbol{V}_j^\top)_{j\in\Omega_{\boldsymbol{U}_i}} + \lambda_U \boldsymbol{I}]^{-1} (\boldsymbol{R}_{ij} \boldsymbol{V}_j^\top)_{j\in\Omega_{\boldsymbol{U}_i}} \qquad (2\text{-}49)$$

$$\boldsymbol{V}_j = [(\boldsymbol{U}_i \boldsymbol{U}_i^\top)_{i\in\Omega_{\boldsymbol{V}_j}} + \lambda_V \boldsymbol{I}]^{-1} (\boldsymbol{R}_{ij} \boldsymbol{U}_i^\top)_{i\in\Omega_{\boldsymbol{V}_j}} \qquad (2\text{-}50)$$

即得到了 $\boldsymbol{U}$、$\boldsymbol{V}$ 的迭代求解公式。通过计算上述迭代公式，收敛之后得到的 $\boldsymbol{U}$、$\boldsymbol{V}$ 即可用于计算推荐结果。

（3）贝叶斯概率矩阵分解

概率矩阵分解模型涉及的参数较少且参数的估计都是点估计，很容易在模型训练过程中产生过拟合的问题。因此，Ruslan Salakhutdinov 与 Andriy Mnih 对概率矩阵分解模型进行了全贝叶斯推断改进，保证模型容量由参数与超参数两部分控制，也即贝叶斯概率矩阵分解模型[73]。

在贝叶斯概率矩阵分解模型中，模型参数的后验概率、似然函数、先验概率与概率矩阵分解模型形式上基本一致，也即：

后验概率：

$$p(\theta \mid \boldsymbol{R}, \alpha) = \frac{p(\boldsymbol{R} \mid \theta, \alpha) p(\theta \mid \alpha)}{p(\boldsymbol{R} \mid \alpha)} \propto p(\boldsymbol{R} \mid \theta, \alpha) p(\theta \mid \alpha) \qquad (2\text{-}51)$$

似然函数：

$$p(\boldsymbol{R} \mid \boldsymbol{U}, \boldsymbol{V}, \sigma^2) = \prod_{i=1}^{N} \prod_{j=1}^{M} [\mathcal{N}(\boldsymbol{R}_{ij} \mid \boldsymbol{U}_i^\top \boldsymbol{V}_j, \sigma^2)]^{I_{ij}} \tag{2-52}$$

先验概率：

$$p(\boldsymbol{U} \mid \mu_{\boldsymbol{U}}, \Lambda_{\boldsymbol{U}}) = \prod_{i=1}^{N} \mathcal{N}(\boldsymbol{U}_i \mid \mu_{\boldsymbol{U}}, \Lambda_{\boldsymbol{U}}^{-1}) \tag{2-53}$$

$$p(\boldsymbol{V} \mid \mu_{\boldsymbol{V}}, \Lambda_{\boldsymbol{V}}) = \prod_{i=1}^{M} \mathcal{N}(\boldsymbol{V}_i \mid \mu_{\boldsymbol{V}}, \Lambda_{\boldsymbol{V}}^{-1}) \tag{2-54}$$

贝叶斯概率矩阵分解模型在先验概率的基础上，对参数 $\Theta_U = \{\mu_{\boldsymbol{U}}, \Lambda_{\boldsymbol{U}}\}$，$\Theta_V = \{\mu_{\boldsymbol{V}}, \Lambda_{\boldsymbol{V}}\}$ 进一步引入 Gaussian-Wishart 先验信息，即：

$$p(\Theta_U \mid \Theta_0) = p(\mu_{\boldsymbol{U}} \mid \Lambda_{\boldsymbol{U}})p(\Lambda_{\boldsymbol{U}}) = \mathcal{N}(\mu_{\boldsymbol{U}} \mid \mu_0, (\beta_0 \Lambda_{\boldsymbol{U}})^{-1})\mathcal{W}(\Lambda_{\boldsymbol{U}} \mid \boldsymbol{W}_0, \nu_0)$$

$$p(\Theta_V \mid \Theta_0) = p(\mu_{\boldsymbol{V}} \mid \Lambda_{\boldsymbol{V}})p(\Lambda_{\boldsymbol{V}}) = \mathcal{N}(\mu_{\boldsymbol{V}} \mid \mu_0, (\beta_0 \Lambda_{\boldsymbol{V}})^{-1})\mathcal{W}(\Lambda_{\boldsymbol{V}} \mid \boldsymbol{W}_0, \nu_0)$$

$$\tag{2-55}$$

式中，$\mathcal{W}$ 表示 Wishart 分布，该分布自由度为 ν_0，范围矩阵 $\boldsymbol{W}_0 \in \mathbb{R}^{d \times d}$，另外：

$$\mathcal{W}(\Lambda \mid \boldsymbol{W}_0, \nu_0) = \frac{1}{C} |\Lambda|^{(\nu_0 - D - 1)/2} \exp\left(-\frac{1}{2}\mathrm{Tr}(\boldsymbol{W}_0^{-1}\Lambda)\right) \tag{2-56}$$

式中，C 表示归一化常数。

在进行如上定义之后，基于贝叶斯概率矩阵分解模型的评分预测规则可以被给定：

$$p(R_{ij}^* \mid \boldsymbol{R}, \Theta_0) = \iint p(R_{ij}^* \mid \boldsymbol{U}_i, \boldsymbol{V}_j)p(\boldsymbol{U}, \boldsymbol{V} \mid \boldsymbol{R}, \Theta_U, \Theta_V)$$

$$p(\Theta_U, \Theta_V \mid \Theta_0)\mathrm{d}\{\boldsymbol{U}, \boldsymbol{V}\}\mathrm{d}\{\Theta_U, \Theta_V\} \tag{2-57}$$

由于后验分布的复杂性，上式是不可解的。因此，这里利用马尔可夫链蒙特卡洛（Markov Chain Monte Carlo，MCMC）的方式逼近评分预测过程，即：

$$p(R_{ij}^* \mid \boldsymbol{R}, \Theta_0) \approx \frac{1}{K} \sum_{k=1}^{K} p(R_{ij}^* \mid \boldsymbol{U}_i^{(k)}, \boldsymbol{V}_j^{(k)}) \tag{2-58}$$

式中，$\boldsymbol{U}_i^{(k)}, \boldsymbol{V}_j^{(k)}$ 分别表示基于模型参数和超参数 $\{\boldsymbol{U}, \boldsymbol{V}, \Theta_U, \Theta_V\}$ 的一个平稳分布，通过马尔可夫链生成。考虑一个简单的 MCMC 算法，也即 Gibbs 采样算法，由于贝叶斯概率矩阵分解模型中对参数与超参数使用了共轭先验分布，所以从后验分布中得到的条件分布很容易采样。基于评分矩阵 R，商品嵌入表征向量 V，参数 Θ_U，超参数 α，用户嵌入表征向量 U_i 的条件分布：

$$p(U_i \mid R, V, \Theta_U, \alpha) = \mathcal{N}(U_i \mid \mu_i^*, [\Lambda_i^*]^{-1}) \sim$$

$$\prod_{j=1}^{M} [\mathcal{N}(R_{ij} \mid U_i^\top V_j, \alpha^{-1})]^{I_{ij}} p(U_i \mid \mu_U, \Lambda_U) \quad (2\text{-}59)$$

其中，

$$\Lambda_i^* = \Lambda_U + \alpha \sum_{j=1}^{M} [V_j V_j^\top]^{I_{ij}} \quad (2\text{-}60)$$

$$\mu_i^* = [\Lambda_i^*]^{-1} \left(\alpha \sum_{j=1}^{M} [V_j R_{ij}]^{I_{ij}} + \Lambda_U \mu_U \right) \quad (2\text{-}61)$$

另外，超参数 μ_U, Λ_U 是通过一个 Wishart-Gaussian 分布采样生成的：

$$p(\mu_U, \Lambda_U \mid U, \Theta_0) = \mathcal{N}(\mu_U \mid \mu_0^*, (\beta_0^* \Lambda_U)^{-1}) \mathcal{W}(\Lambda_U \mid W_0^*, \nu_0^*) \quad (2\text{-}62)$$

其中：

$$\mu_0^* = \frac{\beta_0 \mu_0 + N\bar{U}}{\beta_0 + N}, \beta_0^* = \beta_0 + N, \nu_0^* = \nu_0 + N \quad (2\text{-}63)$$

$$[W_0^*]^{-1} = W_0^{-1} + N\bar{S} + \frac{\beta_0 N}{\beta_0 + N}(\mu_0 - \bar{U})(\mu_0 - \bar{U})^\top \quad (2\text{-}64)$$

$$\bar{U} = \frac{1}{N} \sum_{i=1}^{N} U_i, \bar{S} = \frac{1}{N} \sum_{i=1}^{N} U_i U_i^\top \quad (2\text{-}65)$$

基于上式，可以得到用户嵌入表征向量的更新过程，而商品嵌入表征向量的更新过程类似于用户的过程，不再赘述。

2. 因子分解机

因子分解机（Factorization Machine，FM）[71] 是一种通过多项式建模用户与物品间关系的方法，由 Steffen Rendle 于 2010 年提出。FM 的多项式模型融合了矩阵分解的思想，即对二阶交叉特征的系数以矩阵分解的方式调整，让系数不再是独立无关的，同时解决数据稀疏导致的无法训练参数的问题。二阶的 FM 模型表达式如下：

$$y(x) = w_0 + \sum_{i=1}^{n} w_i x_i + \sum_{i=1}^{n} \sum_{j=i+1}^{n} w_{ij} x_i x_j \quad (2\text{-}66)$$

式中，n 表示样本的特征数量；x_i 表示第 i 个特征的值；w_0、w_i、w_{ij} 表示模型的参数。在实际推荐系统中，通常存在严重的数据稀疏性问题，为 FM 模型的训练带来了较大的挑战。数据稀疏会导致交叉项的训练样本不充足，因此训练得到的参数 w_{ij} 就不满足充分统计量的特性，导致参数 w_{ij} 不准确，进而影响模型预测的效果。为了解决上述训练难题，FM 借鉴了矩阵分解的思想，将所有二次项参数 w_{ij} 组成一个对称矩阵 $\boldsymbol{W}$。那么这个矩阵就可以分解为 $\boldsymbol{W} = \boldsymbol{V}^\top \boldsymbol{V}$，$\boldsymbol{V}$ 的第 j 列便是第 j 维特征的隐向量 $\boldsymbol{v}_j$，每个参数 $w_{ij} = <\boldsymbol{v}_i, \boldsymbol{v}_j>$，所以原 FM 表达式可以写成：

$$y(x) = w_0 + \sum_{i=1}^{n} w_i x_i + \sum_{i=1}^{n} \sum_{j=i+1}^{n} <\boldsymbol{v}_i, \boldsymbol{v}_j> x_i x_j \tag{2-67}$$

式中，$\boldsymbol{v}_i$ 是第 i 维特征隐向量；$< \cdot, \cdot >$ 代表向量点积。隐向量的长度为 $k(k \ll n)$，表示用 k 维向量描述用户特征。二阶 FM 表达式的第一项表示全局偏置，第二项表示输入与输出之间的一次线性关系，第三项是二阶交叉项，表示模型将两个不同特征之间的交互关系考虑进来，从而建立输入与输出之间的双线性关系。如果交叉项系数为 0，则表示对应的两个特征没有关联关系。这样的设计可以降低模型的冗余，提升模型的预测能力。

3. 矩阵分解和因子分解机之间的联系与区别

因子分解机可以认为是矩阵分解的一种扩展。如果在因子分解机模型中仅保留二次项，那么因子分解机与矩阵分解的模型是等价的。并且，因子分解机的模型优化也遵循概率矩阵分解或贝叶斯概率矩阵分解的优化方法。例如，因子分解机中使用随机梯度下降法来求解模型的方式与经典矩阵分解的模型求解方式相同，因子分解机使用马尔可夫链蒙特卡洛方法来求解模型的方式与贝叶斯概率矩阵分解模型的求解方式相同。

两种算法的主要区别有两点。一是因子分解机能够利用更多信息，它不仅能够利用用户对物品的评分信息，还可以利用很多附加信息，如用户属性、物品特征、社交网络和上下文信息等。利用这些信息，即使面临新用户或者新条目，因子分解机也能够提供有效的推荐。而多数矩阵分解方法难以直接利用这些附加信息，也无法解决冷启动的问题。二是因子分解机能够建模更复杂的特征关系。除了与矩阵分解相同的二次项，因子分解机包含常数项和线性项，甚至可以包含三次项、四次项等更高阶的特征交互项。相比于矩阵分解模型，因子分解机能够显著提升模型的容量和表达能力，有助于提升预测的准确性。

2.3 小结

　　本章介绍了四类经典的推荐算法，包括基于内容的推荐算法、经典的协同过滤算法、矩阵分解方法和因子分解机。在深度学习出现之前，这些方法是推荐系统最主流的技术，得到了学术界和工业界的广泛认可。虽然在深度学习出现之后，这些技术不再是工业界的第一选择，但从这些技术中提炼出的基本思想和实践经验仍旧影响着后续的技术研究，因此在很多基于深度学习的推荐算法中，会经常看到上述方法的影子。

第 3 章

深度学习基础

本章首先介绍神经网络的前馈计算与反向传播算法，帮助读者更好地掌握深度学习的知识，理解其优化操作，以辅助设计适用于各类推荐场景的推荐模型。然后，本章介绍多种不同的深度学习模型，包括多层神经网络、卷积神经网络、循环神经网络、注意力机制、序列建模与预训练。这些模型在推荐场景的各种任务中发挥了非常重要的作用。

3.1　神经网络与前馈计算

本节首先介绍神经网络（Neural Network，NN）的基本结构，然后举例说明神经网络的前馈计算过程。神经网络或称人工神经网络（Artificial Neural Network，ANN），是一种模仿生物神经网络的计算模型。在神经网络中，每个神经元作为基本的计算单元，接收一定数量的神经元传入的信号，将其处理后，传输给另一些神经元。

在通常情况下，神经元之间传输的信号为实数。每个神经元会首先计算上一层神经元传入信号的加权之和，其权重表示为 $w_0, \cdots, w_{n-1}$，并加上一个偏置项 b，再经过一个非线性的激活函数（Activation Function）$f(\cdot)$ 处理，最后将其传递给下一层的神经元。这个过程可以用图 3-1 表示。

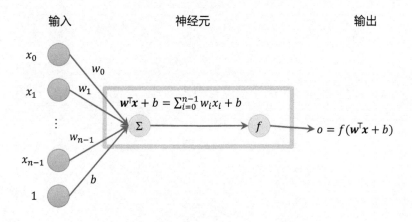

图 3-1　神经网络中的神经元结构示例

前馈神经网络（Feedforward Neural Network，FNN）是指神经元连接形成无环路的神经网络。最常见的前馈神经网络模型是感知器（Perceptron）模型，最早由 Frank Rosenblatt 于 1958 年提出[74]。单层感知器是一种最简单的前馈神经网络模型，其结构与图 3-1 相同。一个常见的单层感知器模型的例子是单层神经网络结合 Logistic 函数（也称 Sigmoid 函数），即：

$$f(x) = \frac{1}{1 + \mathrm{e}^{-x}} \tag{3-1}$$

使用这种函数作为神经网络激活函数时，这个单层感知器就变成了一个 Logistic 模型。常见的激活函数还有 ReLU、tanh 函数等。

神经网络的前馈计算则是指给定神经网络的输入，计算其对应输出的过程。比如在 Logistic 模型中，给定输入 $\boldsymbol{x}$，计算其对应输出：

$$y = \frac{1}{1 + \mathrm{e}^{-(\boldsymbol{w}^\top \boldsymbol{x} + b)}} \tag{3-2}$$

的过程即称为神经网络的前馈计算。

　　接下来介绍两层感知器的模型结构、参数及其前馈计算的过程。如图 3-2 所示，该模型中间包含了一层神经元组成的隐藏层（Hidden Layer）。模型的输出可以表示为

$$\boldsymbol{h} = f_1(\boldsymbol{W}_1 \boldsymbol{x} + \boldsymbol{b}_1) \tag{3-3}$$

$$\boldsymbol{y} = f_2(\boldsymbol{W}_2 \boldsymbol{h} + \boldsymbol{b}_2)$$

$$= f_2(\boldsymbol{W}_2 f_1(\boldsymbol{W}_1 \boldsymbol{x} + \boldsymbol{b}_1) + \boldsymbol{b}_2) \tag{3-4}$$

式中，$\boldsymbol{W}_1 \in \mathbb{R}^{k \times n}, \boldsymbol{b}_1 \in \mathbb{R}^k$ 为输入层到隐藏层的权重矩阵和偏置项；$\boldsymbol{W}_2 \in \mathbb{R}^{m \times k}, \boldsymbol{b}_2 \in \mathbb{R}^m$ 为隐藏层到输出层的权重矩阵和偏置项；f_1, f_2 是两层分别对应的激活函数。模型的前馈计算过程即输入 $\boldsymbol{x}$ 计算隐藏层输出 $\boldsymbol{h}$，再计算模型输出 $\boldsymbol{o}$ 的过程。

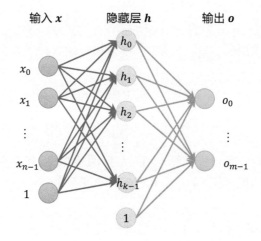

图 3-2　两层感知器模型结构

3.2 反向传播算法

　　本章接下来介绍如何优化神经网络模型。这里会以图 3-2 中的模型为例，介绍神经网络优化中的反向传播（Back-Propagation，BP）算法[75]。反向传播算法是一个广泛用于前馈神经网络训练的算法。在神经网络的拟合过程中，反

向传播算法能够高效地计算损失函数（Loss Function）关于神经网络各个参数的梯度，并使用梯度下降（Gradient Descent）法等方法更新神经网络的参数以使得神经网络的损失函数最小化。

所谓反向传播，是指从损失函数开始反向计算各层的梯度，用于梯度更新优化。在上面的两层神经网络的例子中，首先计算损失函数关于参数 $\boldsymbol{W}_2, \boldsymbol{b}_2$ 的梯度。如图 3-2 的模型所示，假设输入 $\boldsymbol{x}$ 对应的真实标签为 $\boldsymbol{y}$，输出为 $\boldsymbol{o}$，其损失函数为 $L(\boldsymbol{y}, \boldsymbol{o})$，记 $\boldsymbol{z}_2 = \boldsymbol{W}_2 \boldsymbol{h} + \boldsymbol{b}_2$，则损失函数关于权重矩阵 $\boldsymbol{W}_2$ 的第 (i, j) 个元素 $\boldsymbol{W}_{2,ij}$ 的梯度可以通过链式法则（Chain Rule）计算：

$$\frac{\partial L}{\partial \boldsymbol{W}_{2,ij}} = \frac{\partial L}{\partial \boldsymbol{o}_i} \cdot \frac{\partial \boldsymbol{o}_i}{\partial \boldsymbol{W}_{2,ij}} = \frac{\partial L}{\partial \boldsymbol{o}_i} \cdot \frac{\partial f_2(\boldsymbol{z}_{2,i})}{\partial \boldsymbol{z}_{2,i}} \cdot \frac{\partial \boldsymbol{z}_{2,i}}{\partial \boldsymbol{W}_{2,ij}} = \frac{\partial L}{\partial \boldsymbol{o}_i} \cdot f_2'(\boldsymbol{z}_{2,i}) \cdot \boldsymbol{h}_j$$

$$(3\text{-}5)$$

式中，$\frac{\partial L}{\partial \boldsymbol{o}_i}$ 为损失函数关于输出 $\boldsymbol{o}_i$ 的梯度；$f_2'(\boldsymbol{z}_{2,i})$ 为激活函数的梯度；$\boldsymbol{h}_j$ 为隐藏层的输出，三者相乘即可得损失函数关于 $\boldsymbol{W}_{2,ij}$ 的梯度。这个公式可以写成矩阵乘法的形式

$$\frac{\partial L}{\partial \boldsymbol{W}_2} = \left(\frac{\partial L}{\partial \boldsymbol{o}} \odot \boldsymbol{f}_2' \right) \cdot \boldsymbol{h}^\top$$

$$(3\text{-}6)$$

式中，$\boldsymbol{h} \in \mathbb{R}^k, \frac{\partial L}{\partial \boldsymbol{o}} \in \mathbb{R}^m, \boldsymbol{f}_2' = [f_2'(\boldsymbol{z}_{2,0}), \cdots, f_2'(\boldsymbol{z}_{2,m-1})]^\top \in \mathbb{R}^m$；$\odot$ 表示逐元素相乘。最后的乘积 $\frac{\partial L}{\partial \boldsymbol{W}_2} \in \mathbb{R}^{m \times k}$ 即为损失函数关于整个权重矩阵 $\boldsymbol{W}_2$ 的梯度。

同样地，损失函数关于偏置项 $\boldsymbol{b}_2$ 的梯度也可以用链式法则求出

$$\frac{\partial L}{\partial \boldsymbol{b}_2} = \frac{\partial L}{\partial \boldsymbol{o}} \odot \boldsymbol{f}_2'$$

$$(3\text{-}7)$$

在计算过程中，可以先计算 $\frac{\partial L}{\partial \boldsymbol{o}}$ 以及 $\boldsymbol{f}_2'$ 两项梯度，接着算出 $\frac{\partial L}{\partial \boldsymbol{b}_2} = \frac{\partial L}{\partial \boldsymbol{o}} \odot \boldsymbol{f}_2'$ 项，最后直接利用隐藏层输出 $\boldsymbol{h}$ 和已经计算得到的 $\frac{\partial L}{\partial \boldsymbol{o}} \odot \boldsymbol{f}_2'$ 项计算得到 $\frac{\partial L}{\partial \boldsymbol{W}_2}$ 项。

接下来计算损失函数关于第一层神经网络的参数 $\boldsymbol{W}_1, \boldsymbol{b}_1$ 的梯度。这个过程则更复杂一些：

$$\begin{aligned}
\frac{\partial L}{\partial \boldsymbol{W}_{1,ij}} &= \left(\left(\frac{\partial L}{\partial \boldsymbol{h}} \right)^\top \frac{\partial \boldsymbol{h}}{\partial \boldsymbol{W}_{1,ij}} \right) \\
&= \left(\left(\frac{\partial L}{\partial \boldsymbol{o}} \right)^\top \cdot \frac{\partial \boldsymbol{o}}{\partial (\boldsymbol{W}_2 \boldsymbol{h} + \boldsymbol{b}_2)} \cdot \frac{\partial (\boldsymbol{W}_2 \boldsymbol{h} + \boldsymbol{b}_2)}{\partial \boldsymbol{h}} \cdot \frac{\partial \boldsymbol{h}}{\partial \boldsymbol{W}_{1,ij}} \right) \\
&= \left(\left(\frac{\partial L}{\partial \boldsymbol{o}} \odot \boldsymbol{f}_2' \right)^\top \cdot \boldsymbol{W}_2 \cdot \frac{\partial \boldsymbol{h}}{\partial (\boldsymbol{W}_1 \boldsymbol{x} + \boldsymbol{b}_1)} \cdot \frac{\partial (\boldsymbol{W}_1 \boldsymbol{x} + \boldsymbol{b}_1)}{\partial \boldsymbol{W}_{1,ij}} \right)
\end{aligned}$$

$$= \left(\left[\left(\left(\frac{\partial L}{\partial \boldsymbol{o}} \odot \boldsymbol{f}_2' \right)^\top \cdot \boldsymbol{W}_2 \right) \odot \boldsymbol{f}_1' \right]_{(i)} \cdot \boldsymbol{x}_j \right) \tag{3-8}$$

式中，$[\cdots]_{(i)}$ 表示向量的第 i 个元素。上式同样可以写成矩阵形式：

$$\frac{\partial L}{\partial \boldsymbol{W}_1} = \left(\left(\frac{\partial L}{\partial \boldsymbol{o}} \odot \boldsymbol{f}_2' \right)^\top \cdot \boldsymbol{W}_2 \right) \odot \boldsymbol{f}_1' \cdot \boldsymbol{x}^\top \tag{3-9}$$

可以看出，损失函数关于 $\boldsymbol{W}_1$ 的梯度中含有的 $\frac{\partial L}{\partial \boldsymbol{o}} \odot \boldsymbol{f}_2'$ 项已经在此前计算得到。对于损失函数关于 $\boldsymbol{b}_1$ 的梯度的求法也是相似的，此处不再赘述。

到目前为止，本节已说明如何从最末的输出层向前，一层一层地计算损失函数关于各个参数的梯度。不妨以平方误差（Mean Square Error，MSE）函数作为损失函数为例，计算损失函数关于一个 K 层的神经网络各层参数的梯度，具体流程如下。

第 1 步，先对神经网络的输入进行前馈计算，得到神经网络各层的输出：

$$\boldsymbol{z}_1 = \boldsymbol{W}_1 \boldsymbol{x} + \boldsymbol{b}_1, \boldsymbol{a}_1 = f_1(\boldsymbol{z}_1), \boldsymbol{z}_2 = \boldsymbol{W}_2 \boldsymbol{a}_1 + \boldsymbol{b}_2, \cdots, \boldsymbol{o} = f_K(\boldsymbol{z}_K) \tag{3-10}$$

第 2 步，求损失函数关于输出的梯度

$$L(\boldsymbol{y}, \boldsymbol{o}) = \frac{1}{2}(\boldsymbol{y} - \boldsymbol{o})^2, \frac{\partial L}{\partial \boldsymbol{o}} = \boldsymbol{y} - \boldsymbol{o} \tag{3-11}$$

第 3 步，求最后一层神经网络的激活函数的梯度：

$$\frac{\partial f_K(\boldsymbol{z}_K)}{\partial \boldsymbol{z}_K} = f_K'(\boldsymbol{z}_K) = f_K' \tag{3-12}$$

令

$$\boldsymbol{\delta}_K = \frac{\partial L}{\partial \boldsymbol{o}} \odot \boldsymbol{f}_K' \tag{3-13}$$

式中，$\boldsymbol{\delta}_K$ 表示这一层的误差项。接着求损失函数关于参数 $\boldsymbol{W}_K, \boldsymbol{b}_K$ 的梯度：

$$\frac{\partial L}{\partial \boldsymbol{W}_K} = \boldsymbol{\delta}_K \boldsymbol{z}_K^\top, \frac{\partial L}{\partial \boldsymbol{b}_2} = \boldsymbol{\delta}_K \tag{3-14}$$

第 4 步，求倒数第二层神经网络的激活函数的梯度：

$$\frac{\partial f_{K-1}(\boldsymbol{z}_{K-1})}{\partial \boldsymbol{z}_{K-1}} = f_{K-1}'(\boldsymbol{z}_{K-1}) = f_{K-1}' \tag{3-15}$$

令

$$\boldsymbol{\delta}_{K-1} = (\boldsymbol{\delta}_{K-1}^\top \boldsymbol{W}_K) \odot \boldsymbol{f}_{K-1}' \tag{3-16}$$

求损失函数关于参数 $\boldsymbol{W}_{K-1}, \boldsymbol{b}_{K-1}$ 的梯度：

$$\frac{\partial L}{\partial \boldsymbol{W}_{K-1}} = \delta_{K-1}\boldsymbol{z}_{K-1}^{\top}, \frac{\partial L}{\partial \boldsymbol{b}_{K-1}} = \delta_{K-1} \tag{3-17}$$

对于一个层数更多的神经网络，需重复第 3、4 步，直到误差项从输出层一直传播到第一层，即可求得损失函数关于所有参数的梯度。从输出层向输入层不断传播误差项的算法就是反向传播算法。接下来可以使用梯度下降法等最优化方法更新各个参数，以达到训练神经网络的目的。

3.3 多种深度神经网络

接下来，本章将介绍多种不同的深度神经网络。在信息检索及推荐等各个领域，这些不同类型的神经网络被用于帮助推荐系统更好地使用异构的信息源，包括待推荐项目的图像、项目评论的文本、用户的时序浏览行为，等等。这些模型会在本书的其他章节使用到，在这里做统一说明与讲解。

3.3.1 卷积神经网络

卷积神经网络（Convolutional Neural Network，CNN）[76] 是一类适用于分析格点化（Grid-like Topology）数据（例如图像数据）的深度神经网络。卷积神经网络的基本结构包括卷积层、激活层、池化层及全连接层，它们的结构如图 3-3 所示。本节将依次对卷积神经网络的组件进行介绍，并给出卷积神经网络在推荐系统中应用的例子。

在常规的前馈神经网络中，二维图像（像素值的矩阵）输入会被折叠（即扁平拼接）为一维向量，导致图像可能会失去其空间结构。此外，因为图像中的每个像素都与网络中的神经元相连，所以计算参数量较大。相较于传统的前馈神经网络，卷积神经网络至少在一个层中使用卷积运算来代替一般的矩阵乘法，以帮助捕捉数据的空间区域的依赖关系，并实现计算参数的共享，这种卷积操作层被称为卷积层。这是因为卷积神经网络的设计受到了生物过程的启发，动物视觉皮层的组织神经元连接模式类似于人工神经网络，而单个皮层神经元只对视野的有限区域内的刺激做出反应，该区域被称为感受野（Receptive Field）。不同神经元的感受野部分重叠，使其覆盖整个输入的图像或输入矩阵的视野。

数学上的卷积是一种将两个函数作为输入，并产生一个单一函数输出的线性运算。两个函数 $x(t)$ 和 $w(t)$ 的一维卷积被定义为

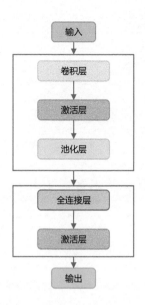

图 3-3　卷积神经网络的基本结构（组件的组合代表会被多次使用）

$$s(t) = \int x(a)w(t-a)\mathrm{d}a \tag{3-18}$$

定义：

$$s(t) = \sum_{a=-\infty}^{+\infty} x(a)w(t-a) \tag{3-19}$$

下面以一个小球掉落的例子来说明公式的意义。假设一个小球从空中落下后，它将进行一维的运动。第一次落下后，它将在离起点 a 单位的地方落地的概率为 $x(a)$，其中 x 为概率分布函数。在第一次落下后，把球捡起来，从它第一次落地的地方以上的另一个高度落下。球到达离新的起点 b 单位距离的点的概率是 $w(b)$，w 是一个不同的概率分布。如图 3-4 所示，假设已知第一次下落后达到的位置为 a，则最终到达 t 的概率值为 $w(t-a)$。为了考虑球到达 t 的所有可能性，将到达 t 划分成两次移动的所有可能结合方式，并对每种方式的概率进行求和，即 $s(t)$。

图 3-5 所示，在离散条件下，小球掉落距离为 t 的概率 $s(t)$ 的总概率的运算是将 $w(b)$ 平移，对应 $x(a)$ 相应的位置相乘并相加。

在卷积中，可以把 $x(t)$ 当作输入，$w(t)$ 则是对 $x(t)$ 进行加权的核函数（Kernel Function）。类似地，离散的二维卷积可以由一维卷积扩展：

$$s(i,j) = \sum_{i=-\infty}^{+\infty} \sum_{j=-\infty}^{+\infty} x(m,n)w(i-m,j-n) \tag{3-20}$$

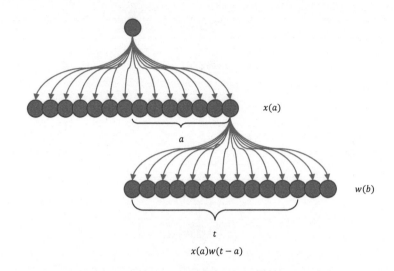

图 3-4　小球达到 t 点的一种可行性概率值计算

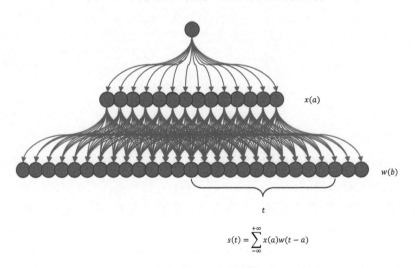

图 3-5　小球达到 t 点的总概率值计算

就像一维卷积一样，二维卷积可以被看作在另一个函数上滑动，进行乘法和加法运算。这是卷积神经网络中卷积最常见的应用，将二维矩阵（例如图像）看作二维函数，然后使用一个局部函数"卷积核"来卷积图像函数。但是卷积网络中使用的其实不是原始定义的卷积，而是互相关（cross-correlation）函数，即没有进行翻转操作的"卷积"：

$$s(i,j) = \sum_{i=-\infty}^{+\infty} \sum_{j=-\infty}^{+\infty} x(m,n)w(i+m,j+n) \tag{3-21}$$

图 3-6 展示了一个在二维矩阵输入上进行卷积操作的例子。卷积核滑动到矩阵的每个元素，并计算邻近的元素与卷积核的加权总和作为一个新的元素值。这是卷积神经网络中最基础的卷积操作，但在实际应用中，往往还会应用一些额外的操作。大于 1 的卷积核会导致生成的特征图（Feature Map）的维度小于输入矩阵的维度。若需要保留输入矩阵的维度，以帮助在矩阵的边界上保留更多的信息，一般会在输入矩阵的边缘进行填充（padding）。步幅（stride）指的是卷积核在滑动时跳过的元素数，当步幅等于 1 时，即为普通的卷积操作，当步幅等于 2 时，意味着卷积核在进行卷积操作前会跳过 2 个元素。空洞卷积（Dilated Convolution）则通过增大卷积核处理数据时各值的间距来增加卷积中的感受野。

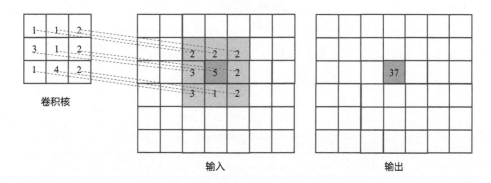

图 3-6　二维矩阵上的卷积计算示例图

图 3-7 展示了扩张率（Dilation Rate）为 2 的 3×3 卷积，其与传统的 5×5 卷积的感受视野面积相同，但空洞卷积核只有 9 个参数，少于 5×5 卷积核的 25 个参数，即可以在相同的计算成本下感知到更广泛的视野，从而提升模型的效果。

因为卷积层输出结果对输入中的特征位置较为敏感，为解决这个问题，卷积神经网络中使用池化层，通过总结特征图中一个区域内特征值来下采样特征图，以实现局部平移不变性（Translation Invariant）。图 3-8 展示了两种常见的池化方法——平均池化和最大池化，它们分别总结了一个池化窗口内所有元素的平均值及最大值。因此，池化层一般与卷积层结合使用。卷积神经网络中的激活函数和全连接层与前馈神经网络无异。

随着卷积神经网络被广泛应用于图像分析，人们对卷积神经网络在自然语言处理、推荐系统中的应用进行了研究。如图 3-9 所示，将单一时间点的用户行为特征向量（例如，观看的电影或购买的物品的嵌入向量）按时间顺序从左往右拼接为一个二维矩阵，则可以通过在该矩阵时间维度上的滑动卷积提取用户的短期行为特征，用于用户序列行为的建模与特征提取。详细的推荐算法请参考本书第 4 章关于序列推荐系统的内容。

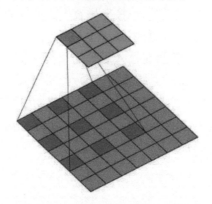

图 3-7　扩张率为 2 的空洞卷积

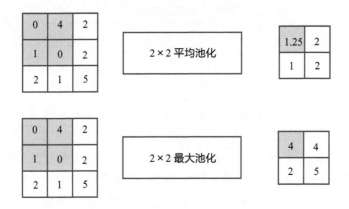

图 3-8　平均池化及最大池化

3.3.2 循环神经网络

循环神经网络（Recurrent Neural Network，RNN）是一种用于处理序列数据的神经网络。本节会介绍三种循环神经网络，分别是传统循环神经网络、长短期记忆网络（Long-Short Term Memory，LSTM）[77] 和门控循环单元（Gate Recurrent Unit，GRU）[78]。

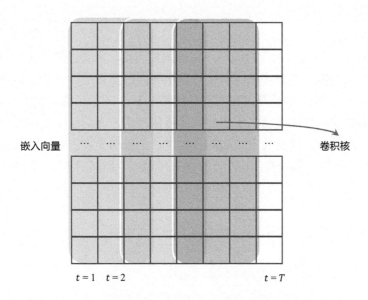

图 3-9 利用卷积神经网络对时序信息进行特征提取

循环神经网络的特点在于其接受序列 $\boldsymbol{x}^1, \boldsymbol{x}^2, \cdots, \boldsymbol{x}^T$ 作为输入，并按照顺序处理序列中的每个数据 $\boldsymbol{x}^t$。在处理 $\boldsymbol{x}^t$ 时，循环神经网络会一并考虑前一步的隐状态 $\boldsymbol{h}^{t-1}$，从而计算得到当前的隐状态 $\boldsymbol{h}^t$ 及输出 $\boldsymbol{o}^t$，具体流程如图 3-10 所示。

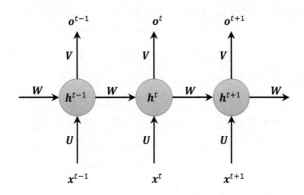

图 3-10 传统循环神经网络

传统循环神经网络的计算过程如下：

$$\boldsymbol{a}^t = \boldsymbol{b} + \boldsymbol{W}\boldsymbol{h}^{t-1} + \boldsymbol{U}\boldsymbol{x}^t \tag{3-22}$$

$$\boldsymbol{h}^t = \tanh(\boldsymbol{a}^t) \tag{3-23}$$

$$o^t = c + Vh^t \tag{3-24}$$

式中，b、c 分别表示相应神经网络层的偏置向量。需要注意的是，针对序列中不同时刻的输入，循环神经网络均采用相同的参数进行计算，即不同时间步的输入 x^t 所需要的计算过程共享参数 U、V、W、b 和 c。由于每步都用相同的参数，根据本章前文所述的反向传播链式法则的定义，循环神经网络的梯度在随着时间维度反向传播的过程中，会倾向于发生梯度消失或者梯度爆炸。具体来说，假设在时间步 t 有损失函数 L，则其对 h^t 的梯度：

$$\frac{\partial L}{\partial h^t} = V^\top \frac{\partial L}{\partial o^t} \tag{3-25}$$

进一步，考虑梯度往 $t - 1$ 时间步回传，则梯度：

$$\frac{\partial L}{\partial h^{t-1}} = \left(\frac{\partial h^t}{\partial h^{t-1}} \right)^\top \frac{\partial L}{\partial h^t} = W^\top \frac{\partial L}{\partial h^t} \tanh'(a^t) \tag{3-26}$$

由上式容易发现，继续沿着时间维度向前求导，式中第一项里会出现多项 $W^\top$ 的连乘，而同一个矩阵的连乘会造成结果过分大或者过分小，这两种情形分别对应于循环神经网络中的梯度爆炸、梯度消失现象。梯度爆炸现象可以通过梯度裁剪等方式进行缓解。梯度裁剪是将梯度矩阵或梯度向量的范数（norm）控制在预设的区间内。然而，梯度消失现象的解决则相对更为棘手，这也成了循环神经网络需要重点处理的问题。由于梯度消失现象的广泛存在，某一时间步的梯度难以回传到多步之前，这也就使得传统循环神经网络难以捕获距离较远的两个时间步的数据之间的依赖关系（即长期依赖）。为了处理长期依赖问题，研究者提出了长短期记忆网络和门控循环单元这两种新颖的神经网络结构。

长短期记忆网络相比于传统的循环神经网络，在每步的更新上增加了三个门控单元，分别是遗忘门 f^t、记忆门 i^t 和输出门 o^t。同时，除了存储隐状态 h^t，长短期记忆网络还新引入了一个记忆单元 c^t，如图 3-11 所示。

图 3-11 中带圆圈的乘号 $\odot$ 表示哈达玛积，即矩阵的对位相乘，记 A、B 是维度相同的两个矩阵，则其经过哈达玛积所得结果 C 的维度和 A、B 相同，且 $C_{i,j} = A_{i,j} \times B_{i,j}$。图中，带 σ 的方形表示 Sigmoid 函数。具体地，长短期记忆网络的计算流程如下：

$$f^t = \sigma(W_f[h_{t-1}, x^t] + b_f) \tag{3-27}$$

$$i^t = \sigma(W_i[h_{t-1}, x^t] + b_i) \tag{3-28}$$

$$o^t = \sigma(W_o[h_{t-1}, x^t] + b_o) \tag{3-29}$$

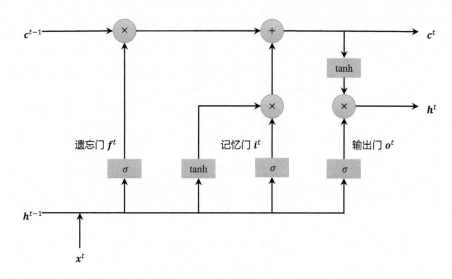

图 3-11　长短期记忆网络

$$\overline{c}^t = \tanh(W_c[h_{t-1}, x^t] + b_c) \tag{3-30}$$

$$c^t = f^t \odot c^{t-1} + i^t \odot \overline{c}^t \tag{3-31}$$

$$h^t = o^t \odot \tanh(c^t) \tag{3-32}$$

式中，$\odot$ 代表哈达玛积，中括号代表拼接操作。长短期记忆网络能够缓解梯度消失问题的关键就在于记忆单元 c^t。观察上述第五个式子，c^t 对 c^{t-1} 求导的结果中存在一项为 f^t，其是一个 Sigmoid 函数的输出，而 Sigmoid 函数在双侧都具有饱和区。若神经网络认为 c^{t-1} 中的某些信息是重要的，那么相应的 f^t 会处于 Sigmoid 右侧的饱和区，其数值将会非常接近于 1。即使多项连乘，即进行多步的梯度回传，也不会造成梯度消失的问题。

　　门控循环单元与长短期记忆网络采取类似的思路来解决梯度消失的问题，不过门控循环单元具有更简单的结构，也更易于实现，它可以被看作简化版的长短期记忆网络。考虑到长短期记忆网络中的记忆门和遗忘门功能的相似性，门控循环单元对这两个门进行了合并。合并后，门控循环单元便只剩下两个门，分别称为更新门 z^t 和重置门 r^t。同时，门控循环单元也抛弃了长短期记忆网络中的记忆单元 c^t，使得隐状态 h^t 同时承担记忆单元的责任。其具体更新模式如图 3-12 所示。

　　门控循环单元的计算流程如下：

$$z^t = \sigma(W_z[h_{t-1}, x^t] + b_z) \tag{3-33}$$

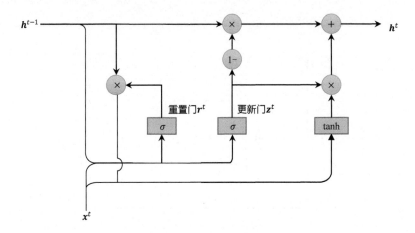

图 3-12　门控循环单元

$$r^t = \sigma(\boldsymbol{W}_r[\boldsymbol{h}_{t-1}, \boldsymbol{x}^t] + \boldsymbol{b}_r) \tag{3-34}$$

$$\tilde{\boldsymbol{h}}^t = \tanh(\boldsymbol{W}_h\boldsymbol{x}^t + \boldsymbol{U}_h(\boldsymbol{r}^t \odot \boldsymbol{h}^{t-1}) + \boldsymbol{b}_h) \tag{3-35}$$

$$\boldsymbol{h}^t = \boldsymbol{z}^t \odot \tilde{\boldsymbol{h}}^t + (\boldsymbol{1} - \boldsymbol{z}^t) \odot \boldsymbol{h}^{t-1} \tag{3-36}$$

　　以电商平台的推荐场景为例，在进行当前时间步的推荐时，用户之前或许已经浏览了多种商品，故而电商平台的推荐策略需要根据用户的浏览历史（一个序列）来进行当前的推荐。由于不同的用户的历史浏览商品的数目不一定一致，电商平台的推荐策略需要对变长的序列进行处理，所以此时传统的全连接神经网络就难以处理这样的问题，这也就使得循环神经网络被广泛应用于推荐场景中的各种任务。

3.3.3 注意力机制

　　注意力（Attention）机制是深度学习领域中的一种常用机制，用于自动学习输入的数据对输出的贡献度。在某些场景下，输入的数据带有很多无效的信息，先通过注意力机制判别出输入数据中各个特征的重要性，而后根据重要的特征进行后续任务，很多时候能取得更好的表现。

　　简而言之，一个注意力机制模块就是将一个查询（Query）以及一组键值对（Key-Value pair）映射到一个输出，其中该输出是输入数值的加权之和，而对应的权重是通过键和查询计算而得的。将查询、键、值分别记为 $\boldsymbol{Q}$、$\boldsymbol{K}$、$\boldsymbol{V}$，则一个注意力机制模块可以被表示：

$$\text{Output} = \boldsymbol{F}(\boldsymbol{Q}, \boldsymbol{K})\boldsymbol{V} \tag{3-37}$$

式中，$F(Q, K)$ 表示根据查询和键计算相应的权值，一般可以令 $F(Q, K) =$ Softmax($QK^\top$)。

注意力机制最早在机器翻译中被提出[79]，其中的翻译模型是由一个编码器（Encoder）和一个解码器（Decoder）组成的序列到序列模型（Sequence to Sequence，Seq2Seq），其中编码器和解码器均由循环神经网络组成。序列到序列模型在运行时，编码器首先接受输入数据，并将其编码成一个向量 c，而后解码器将该向量作为初始隐向量 $h^0 = c$ 进行解码操作。为了更好地捕获原文和译文之间的依赖关系，该方法在编码器和解码器之间增加了一层注意力机制，如图 3-13 所示。在图 3-13 中，注意力权重 $\alpha^{t,i}$ 是根据查询 h_d^{t-1} 与键 $(\overleftarrow{h_e^i}, \overrightarrow{h_e^i})$ 计算得到的，具体是通过一个最后带 Softmax 函数的神经网络计算得到的。计算完成权值之后，便可以计算针对隐状态（值）的加权和 $s^t = \sum_{i=1}^{T} \alpha^{t,i}[\overleftarrow{h_e^i}, \overrightarrow{h_e^i}]$。进而根据上一步的隐状态 h_d^{t-1}、当前输入 x^t、加权和 s^t 来进行当前的预测。值得注意的是，这里的键与值是同样的内容，均为 $(\overleftarrow{h_e^i}, \overrightarrow{h_e^i})$。

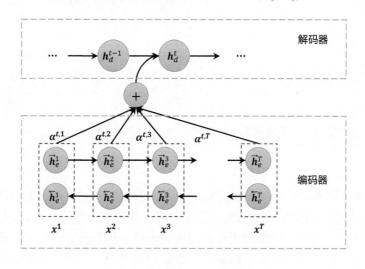

图 3-13　机器翻译中的注意力机制

近年来，自注意力机制（Self-attention）[80] 受到广泛关注，究其根本，其逻辑和传统的注意力机制是一致的。不同的是，自注意力机制是在同一组数据之间进行注意力机制的操作，而传统的注意力机制是在两组数据之间进行注意力机制的操作。比如在图 3-13 中，其是在解码器的隐状态和编码器的隐状态之间进行注意力机制的操作。同时，在自注意力机制中，相关研究还提出了几种特别的注意力机制的结构，即缩放点乘注意力机制（Scaled Dot-product Attention）和多头注意力机制（Multi-head Attention），具体结构如图

3-14 所示。其中，缩放点乘注意力机制其实是一种计算权重的方式，即 $F =$ Softmax $\left(\frac{QK^\top}{\sqrt{d_k}}\right)$，其中 d_k 代表查询的维度。多头注意力机制同时采用多个不同的注意力机制模块（参数不同、结构相同），最后将不同注意力模块的输出进行拼接，以更好地挖掘数据中的信息，用于后续的任务。

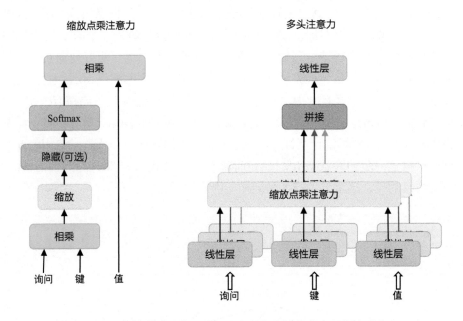

图 3-14　缩放点乘注意力机制（左）与多头注意力机制（右）

本节仍以电商平台的推荐场景为例，展示注意力机制的应用。为了更好地完成推荐任务，根据用户的浏览记录对用户的兴趣进行准确的建模是十分必要的。然而，由于用户在浏览过程中会有一些随机的浏览行为，即用户的浏览历史中存在噪声，直接利用所有的数据未必能取得最好的结果。而且用户的浏览历史有可能非常长，即便是长短期记忆网络，也难以对其进行有效的编码。并且用户的行为之间存在长期的依赖，故而单纯用最近的浏览历史对用户的兴趣进行建模也是不合理的。因此，研究者提出采用注意力机制对用户的兴趣进行建模[81]。给定当前商品，算法将在商品和用户历史浏览记录之间进行注意力机制操作，而后根据注意力机制的输出判断当前用户对商品的喜好程度，即用户兴趣，具体流程如图 3-15 所示。得益于注意力机制的使用，该模型在线上显著提升了推荐系统的效果。

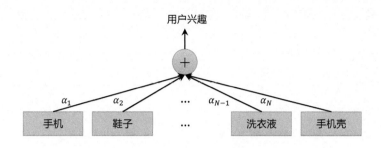

图 3-15　用户兴趣建模

3.3.4 序列建模与预训练

在推荐场景中，大部分任务的输入数据都是以序列数据呈现的，故而人们可以把可推荐的项目看作一个单词，将用户的行为看作单词序列组成的句子，进而在推荐场景中采用自然语言处理中前沿的序列建模算法。另一方面，在新闻推荐等场景中，输入数据是以自然语言的形式呈现的。考虑到推荐领域与自然语言处理领域的这些相关性，本节会依次介绍自然语言处理领域的 Word2Vec、Transformer 与 BERT 三种序列建模与预训练技术。

1. Word2Vec

Word2Vec 模型[82] 旨在对单词进行表征学习，本质上是通过神经元网络的隐藏层，实现离散数据在隐空间中的表征分布式化，将单词从离散的空间映射到多维的实值隐空间。Word2Vec 的输入和输出均为独热编码的词汇表向量，它使用所有的自然语言语料样本进行训练，待收敛之后，从输入层到隐藏层的向量，便是对应词的分布式表示——词向量。

Word2Vec 采用无监督训练模式，有 CBOW 和 Skip-Gram 两种模型，CBOW 适合于数据集较小的情况，而 Skip-Gram 在大型语料库中表现更好。CBOW 模型如图 3-16（a）所示，其使用目标单词的上下文（语料库中的相邻单词）作为输入，并在映射层做加权求和处理后，以正确输出目标单词作为优化目标。相反，Skip-Gram 模型将当前单词作为输入，以正确预测上下文单词作为目标，如图 3-16（b）所示。

2. Transformer

Transformer[80] 使用了带有自注意力机制和位置嵌入（Position Embedding）的全连接网络取代了循环神经网络，突破了后者必须按照语句输入的时间步顺序串行进行计算的限制，其衍生出的预训练文本表征模型 BERT 在多种下

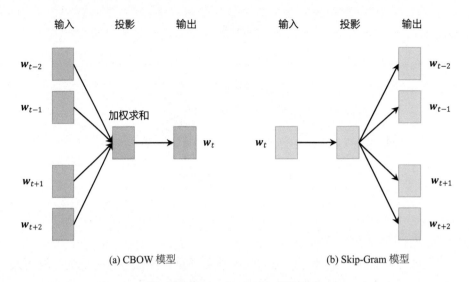

图 3-16　Word2Vec 模型

游任务中表现出色，已成为自然语言处理的主流框架之一。

如图 3-17 所示，Transformer 主要包含编码器和解码器两个部分，分别对应上下游两个分任务：上游任务训练文本表征模型，下游执行分类、生成等具体任务。

Transformer 在运行时，首先要进行输入表征初始化，即将该部分的文本数据编码为初始表征，理论上前文中提到的方法均可以在此处使用。此外，由于 Transformer 采用全连接网络替换了循环神经网络，舍弃了句子的序列信息，故而需要对输入的数据添加其位置的编码，从而将数据的序列信息纳入考虑。在位置编码部分，三角函数被用于对单词在整句中的位置信息进行叠加编码，公式如下：

$$PE_{pos,2i} = \sin(pos/10000^{2i/d_{model}}) \tag{3-38}$$

$$PE_{pos,2i+1} = \cos(pos/10000^{2i/d_{model}}) \tag{3-39}$$

式中，pos 表示单词在整句中的位置；i 表示词向量的维度索引；d_{model} 表示注意力机制隐向量的维度。对于词向量维度 i，编码值随着位置索引的递增呈现出三角曲线波动，且波动周期随着维度索引 i 的递增呈指数延长。

Transformer 的核心是前文阐述的自注意力机制，其编码器和解码器中的主要模块均为多头自注意力机制，即独立对多组询问、键、值进行自注意力机制操作，而后将提取的信息组合起来。

在 Transformer 中，为了规避循环神经网络带来的时序性依赖问题，加快模型训练速度，其摒弃了循环神经网络的串行计算方式，而直接采用全连接层作为主要的模块，进而可以对句子中所有的单词独立计算两两之间的注意力。通过这种机制，Transformer 能够更好地处理长期依赖的问题。另一方面，该机制也舍弃了句子的序列信息，不过位置编码的加入弥补了这一点。自注意力机制和位置嵌入的组合正是 Transformer 设计的精妙所在。

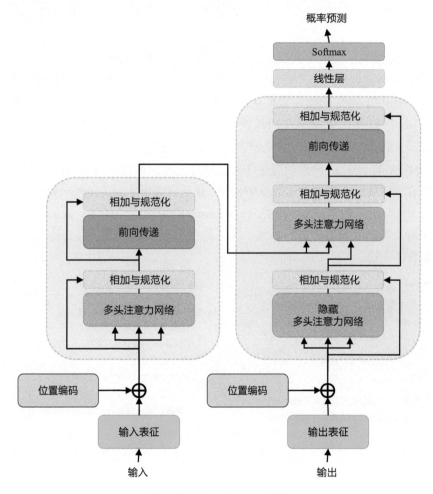

图 3-17　Transformer 模型

3. BERT

BERT[83] 是当前自然语言处理领域最为流行的框架之一。BERT 其实就是 Transformer 的编码器部分，用于为下游任务生成一段话的文本表示。BERT 的训练是一个无监督的过程，可以通过构建 MLM（Masked Language Model）和

NSP（Next Sentence Prediction）两种预训练任务来实现无监督训练的过程。

MLM 首先随机遮盖或替换一句话里的单词，然后让下游模型通过上下文预测被遮盖或替换的单词，最后构建只针对预测部分的损失函数用以训练 BERT 模型。为防止过拟合并提高模型对文本本身的理解能力，MLM 在遮盖或替换单词时，采用混合方式进行，即大部分（80%）单词被遮盖为 "[mask]"，小部分（10%）单词被随机替换为其他单词，还有小部分（10%）单词保持不变。

MLM 倾向于抽取单词层次的表征，当任务需要句子层级的表征时，则需要 NSP 任务预训练的模型。NSP 任务的目标为预测两个句子是否相连，具体来讲，NSP 以 50% 的相连概率从语料库中抽取 N 对句子，加入 [cls] 预测标记和 [sep] 分句标记后输入 BERT 模型，使用 [cls] 预测标记收集到的全局表征进行二分类预测，并使用分类损失优化 BERT 模型。

MLM 与 NSP 两种预训练任务可以同时进行，如图 3-18 所示。两项任务所需数据均从无标签的文本数据中构建，属于自监督（Self-supervision）训练，这极大地降低了数据成本，加之 Transformer 的可并行训练性，故而 BERT 可以在超大规模语料库上进行训练，为下游任务提供高质量、可迁移的预训练文本表征支持。

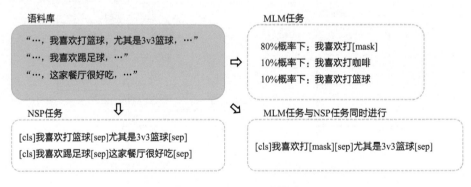

图 3-18   BERT 训练模式

3.4 小结

本章介绍了深度学习的基础知识，包括深度神经网络的前馈计算与反向传播算法，以及多种不同的经典神经网络。读者在学习过程中，可以结合本书其他章节的内容，对于推荐场景中的数据特点与任务性质，针对性地理解、设计不同种类的神经网络模型，用于更好地提升推荐效果。

第 4 章

基于深度学习的推荐算法

深度学习自出现以来,不断改变着人工智能领域的技术发展,推荐系统领域的研究同样也受到了深远的影响。一方面,研究人员利用深度学习技术提升传统推荐算法的能力;另一方面,研究人员尝试用深度学习的思想来设计新的推荐算法。基于深度学习的推荐算法研究不仅在学术界百花齐放,目前也受到了工业界的重视和广泛采用。深度学习具有强大的表征学习和函数拟合能力,它能在众多方面改革传统的推荐算法。本章将围绕推荐系统中最为重要的六个方向来介绍,包括协同过滤、特征交互、图表示学习、序列推荐、知识融合及深度强化学习。

4.1 深度学习与协同过滤

协同过滤是推荐系统中最经典的思想，它不需要收集用户或者物品的属性、内容等信息，而是通过用户–物品的历史交互记录，学习出基于行为模式的相似用户（物品），并给用户推荐与其相似的用户所喜好的物品。通常，协同过滤有两大类实现方法：基于矩阵分解的方法和基于邻域的方法。随着深度学习技术的发展，人们逐渐发现经典的协同过滤方法依旧停留在浅层模型上，其表达能力可以进一步提高。本节讨论协同过滤算法在深度学习背景下的演变。

4.1.1 基于受限玻尔兹曼机的协同过滤

在 2006 年的"Netflix Prize"竞赛中，有两个经典的算法因其优雅的数学理论和精准的实验效果而备受关注。其中一个是奇异值分解（Singular Value Decomposition，SVD），而另一个便是受限玻尔兹曼机（Restricted Boltzmann Machine，RBM）。RBM 是一个生成随机神经网络，Ruslan Salakhutdinov 等人[84] 将其改进成一个协同过滤模型，发表在了 ICML 2007 会议上。该模型的结构如图 4-1 所示，主要包含隐变量层、可见层和模型参数。可见层输入的是单个用户已经观测到的数据，每个节点代表一个物品，内容由一个独热编码表示。以电影评分预测为例，用户对每部电影的评分，都会在对应的输入物品位置转化成该评分对应的独热编码，而用户没有给过分的电影则会视为缺失值。隐变量层的每个神经元都是一个二值单元，即只有激活（1）和未激活（0）两种状态，代表一种内在的规律，例如与它相连的电影是否同属于某种

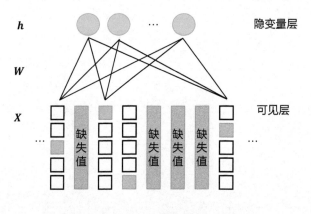

图 4-1　受限玻尔兹曼机模型的结构

类别。$\boldsymbol{W}$ 是连接隐变量层和可见层的参数，对于一个用户，每个隐变量层的节点都会与可见层的非缺失值节点相连，但是隐变量层内部的节点之间并不会相连。此外，每个节点还有一个标量参数代表它的偏差，为了区分隐变量节点和观测节点的偏差，这里分别用 a 和 b 表示。

RBM 用一个多项式分布来建模一个用户已经观测到的每条评分数据。多项式分布的概率值是由评分对应的预测值经过 Softmax 函数归一化得到的：

$$p(\boldsymbol{x}_i^k = 1 \mid \boldsymbol{h}) = \frac{\exp\left(\boldsymbol{b}_i^k + \sum_{j=1}^F \boldsymbol{h}_j \boldsymbol{W}_{ij}^k\right)}{\sum_{l=1}^K \exp\left(\boldsymbol{b}_i^l + \sum_{j=1}^F \boldsymbol{h}_j \boldsymbol{W}_{ij}^l\right)} \tag{4-1}$$

而每个隐变量单元的激活概率：

$$p(\boldsymbol{h}_j = 1 \mid \boldsymbol{X}) = \sigma\left(\boldsymbol{a}_j + \sum_{i=1}^m \sum_{k=1}^K \boldsymbol{x}_i^k \boldsymbol{W}_{ij}^k\right) \tag{4-2}$$

式中，σ 代表 Sigmoid 函数。RBM 模型的能量函数：

$$E(\boldsymbol{X}, \boldsymbol{h}) = -\sum_{i=1}^m \sum_{j=1}^F \sum_{k=1}^K \boldsymbol{W}_{ij}^k \boldsymbol{h}_j \boldsymbol{x}_i^k - \sum_{i=1}^m \sum_{k=1}^K \boldsymbol{x}_i^k \boldsymbol{b}_i^k - \sum_{j=1}^F \boldsymbol{h}_j \boldsymbol{a}_j \tag{4-3}$$

而边缘概率分布：

$$p(\boldsymbol{X}) = \sum_{\boldsymbol{h}} \frac{\exp(-E(\boldsymbol{X}, \boldsymbol{h}))}{\sum_{\boldsymbol{X}', \boldsymbol{h}'} \exp(-E(\boldsymbol{X}', \boldsymbol{h}'))} \tag{4-4}$$

理论上，RBM 的优化需要最大化边缘概率分布 $p(\boldsymbol{X})$，而它的导数中包含一项需要对可见层神经元遍历所有可能值来求积分的过程，这使得计算开销非常大。因此，Ruslan Salakhutdinov 等人利用对比离散度（Contrastive Divergence，CD）[85] 来快速求解模型的参数。实际的参数更新步骤：

$$\Delta \boldsymbol{W}_{ij}^k = \varepsilon(< \boldsymbol{x}_i^k \boldsymbol{h}_j >_{\text{data}} - < \boldsymbol{x}_i^k \boldsymbol{h}_j >_T) \tag{4-5}$$

$$\Delta \boldsymbol{b}_i^k = \varepsilon(< \boldsymbol{v}_i^k >_{\text{data}} - < \boldsymbol{v}_i^k >_T) \tag{4-6}$$

$$\Delta \boldsymbol{a}_j = \varepsilon(< \boldsymbol{h}_j >_{\text{data}} - < \boldsymbol{h}_j >_T) \tag{4-7}$$

式中，$< \cdot >_{\text{data}}$ 表示在训练数据中共现的频率；$< \cdot >_T$ 表示执行 T 步 CD 之后采样得到的共现频率。CD 的计算过程十分简单，是一个 Gibbs 采样过程：基于式 (4-2)，得到隐变量的激活概率，执行一次伯努利试验，确定该节点是否被激活；紧接着利用式 (4-1) 计算可见层中非缺失值节点的激活概率，执行一次多项式分布采样，得到采样评分值。将这个过程重复 T 次。通常，T 只需取较小的值，例如 1，就能得到较好的结果。最后，取第 T 次的采样结果，根据上述方程更新模型参数。

4.1.2 基于自编码器的协同过滤

其实 RBM 的结构和自编码器（AutoEncoder，AE）非常类似：从可见层到隐变量层的运算可以视为信息压缩的编码过程；从隐变量层到可见层的运算可以视为解码过程。RBM 和 AE 最大的不同点在于，RBM 是一个概率生成神经网络，因此其求解过程基于 Gibbs 采样算法，而不是端到端的随机梯度下降法。AE 是一个确定性的神经网络，训练过程相对简明并且速度快，因此更受人们青睐。Suvash Sedhain 等人[86] 提出了基于 AE 技术的 CF 算法 AutoRec，并在 MovieLens 和 Netflix 数据集上展示出比 RBM 更好的效果。AutoRec 的模型结构如图 4-2 所示，它是一个包含一个隐藏层的神经网络。输入是一个长向量，表示一个用户对所有物品的评分：$r^{(i)} = (R_{i1}, R_{i2}, R_{i3}, \cdots, R_{im})$。$r^{(i)}$ 中的非缺失值经过一个隐藏层压缩成一个低维向量，这个向量代表了用户在隐状态空间的兴趣表示，由它可以重构出用户的评分记录。

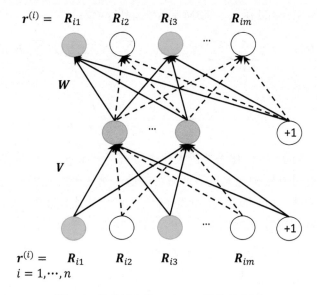

图 4-2　基于用户的 AutoRec 结构示意图

整个过程用计算公式可以表示：

$$\hat{r}^{(i)} = f(\boldsymbol{W} \cdot g(\boldsymbol{V}r^{(i)} + \boldsymbol{b}_v) + \boldsymbol{b}_w) \tag{4-8}$$

式中，$f(\cdot)$ 和 $g(\cdot)$ 是可选的激活函数，为了引入非线性功能，可以根据不同的数据集适当地选用 Sigmoid、tanh 等激活函数。AutoRec 的优化目标是最小化真实评分数据和重构评分数据的 RMSE，整个过程可以用梯度下降法求解。因为输入的向量是一个用户的数据，此时的模型称为基于用户的

AutoRec。同理，输入向量也可换成所有用户对一个物品的评分数据：$r^{(i)} = (R_{1i}, R_{2i}, R_{3i}, \cdots, R_{ni})$，该模型称为基于物品的 AutoRec。

AutoRec 是一种自监督的训练模式，在理想情况下，模型希望完全重构输入的向量。这个特点对信息压缩的应用场景来说是极好的，但是在推荐领域，用户的评分历史是极度稀疏的，导致 AutoRec 容易过拟合，即它能很好地还原用户的历史数据，但是对未知的用户评分预测得不准。因此，人们把降噪自编码器（Denoising AutoEncoders，DAE）的思想用在了推荐领域，以一定的概率抹除输入向量中的内容（或者加入噪声扰动），并让解码器重构原来的正确值。这样，编码得到的隐向量有较好的泛化能力。经典的模型有 Yao Wu 等人提出的 CDAE[87]。

AutoRec 和 CDAE 都是将输入的向量确定性地编码为一个隐向量。变分自编码器（Variational AutoEncoder，VAE）也是一种自编码器，它的特别之处在于编码器是一个生成模型。VAE 假设输入向量对应的隐状态不是一个确定性的向量，而是服从正态分布 $N(\boldsymbol{\mu}, \boldsymbol{\sigma}^2)$，编码器从输入向量编码得到均值 $\boldsymbol{\mu}$ 和标准差 $\boldsymbol{\sigma}$ 向量，再从这个正态分布中采样出一个隐状态向量，交给解码器完成确定性的解码过程。通过在编码器中引入生成模型，VAE 有更自由的表达能力，同时还能增加结果的多样性。VAE 的结构如图 4-3 所示。Dawen Liang 等人受 VAE 的启发，提出一种新的协同过滤模型 Multi-VAE[88]，并指出对于推荐系统的任务，采用 Multinomial 似然函数对预测数据的建模，要优于 Gaussian 似然函数和 Logistic 似然函数。由于隐向量是从正态分布 $N(\boldsymbol{\mu}, \boldsymbol{\sigma}^2)$ 中采样得到的，采样的过程是不可导的，这使得 VAE 模型不能像普通的 AE 模型一样端到端地求导优化。为此，人们引入了重参数技巧（reparameterization trick）：从 $N(\boldsymbol{\mu}, \boldsymbol{\sigma}^2)$ 中采样出一个向量 $\boldsymbol{h}$，等价于从 $N(\boldsymbol{0}, \boldsymbol{I}^2)$ 中采样一个向量 $\boldsymbol{\varepsilon}$，然后缩放成想要的向量 $\boldsymbol{h} = \boldsymbol{\mu} + \boldsymbol{\varepsilon} \cdot \boldsymbol{\sigma}$。这样采样 $\boldsymbol{\varepsilon}$ 的过程不需要求导，目标函数的导数依旧可以通过 $\boldsymbol{\mu}$ 和 $\boldsymbol{\sigma}$ 回传给编码器。此外，VAE 的目标函数除了重构误差，还有一个额外的 KL divergence 损失函数，用来约束隐向量的分布服从标准正态分布，这里直接给出计算结果：

$$L_{\boldsymbol{\mu}, \boldsymbol{\sigma}^2} = \frac{1}{2} \sum_{i=1}^{d} \boldsymbol{\mu}_{(i)}^2 + \boldsymbol{\sigma}_{(i)}^2 - \log \boldsymbol{\sigma}_{(i)}^2 - 1 \tag{4-9}$$

式中，$\boldsymbol{\mu}_{(i)}$ 表示向量 $\boldsymbol{\mu}$ 的第 i 维。

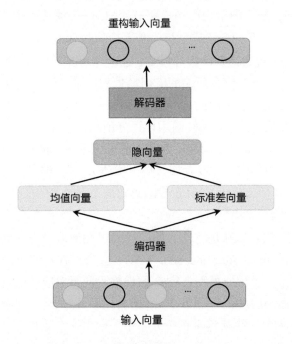

图 4-3　变分自编码器的模型结构

4.1.3 深度学习与矩阵分解

1. 神经协同过滤

Xiangnan He 等人[89] 指出，传统的矩阵分解方式实现的协同过滤，用户和条目之间的交互关系仅仅通过两个隐向量的点积运算得到，这一点约束了模型的表达能力。考虑到神经网络具有拟合任意函数的潜力，Xiangnan He 等人提出了神经矩阵分解（Neural Matrix Factorization，NeuMF）模型，引入了多层感知机来提升非线性建模能力和泛化能力。NeuMF 的模型结构如图 4-4所示，它由两个分支构成。左半分支是对传统矩阵分解的泛化，称为 GMF（Generalized Matrix Factorization）层。GMF 旨在区分隐向量的不同维度之间的重要性，因此它用一个线性回归层去融合用户向量和条目向量做点积运算后得到的向量。右半部分是多层感知机（MLP）层，不同于两个向量之间做点积运算，它将用户向量和条目向量拼接起来，输送给多层感知机，从而自动学习到用户和条目的深度交互关系。GMF 和 MLP 得到的结果会经过一层线性融合和 Sigmoid 激活函数，得到最终的预测分数。整个模型基于最小化二值交叉熵（binary cross-entropy）来优化。值得一提的是两个细节：一是 GMF 层和MLP 层并不是共享用户/物品的隐向量，而是对应有两套不同的用户/物品隐向量，这样的设置能让模型表现更好，也更加灵活，例如 GMF 层和 MLP 层对应的隐向量的维度可以不一样；二是为了避免模型陷入局部最优值，需要先分别预训练好 GMF 和 MLP，然后再用预训练好的模型参数去初始化 NeuMF 对应的模块。

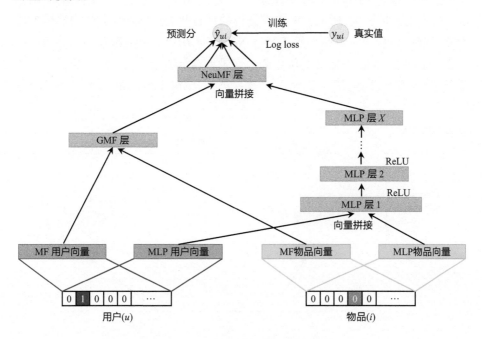

图 4-4　神经矩阵分解模型的结构

NeuMF 的提出引发了业内学者对基于神经协同过滤（Neural Collabo Filtering，NCF）方法的广泛兴趣，如今它也成了协同过滤方法研究中的不可或缺的基线方法之一。有趣的是，这个研究方向后续有许多相关的文章问世，虽然它们的结构类似，但是却能从不同的角度给人们带来新的启发。例如，Zhi-Hong Deng 等人在 DeepCF[90] 一文中指出，基于隐向量的协同过滤方法可以归结为两种：一种旨在把用户和物品映射到相同的低维空间内，通过向量之间的关系（例如点积或者余弦相似度）来表示用户对物品的偏好；另一种则旨在学习一种复杂的匹配函数，能基于用户和物品各自的特征表示推断出偏好关系，而不用要求用户和物品的表示对齐到同一空间内。本质上，NeuMF 的 GMF 层也正是分别对应了这两种不同的协同过滤范式。

2. 深度矩阵分解

Hong-Jian Xue 等人[91] 受到 DSSM[92] 模型能够有效地建模文档和搜索查询词之间的相关性的启发，提出了类似的基于 MLP 的双塔结构，命名为深度矩阵分解（Deep Matrix Factorization，DMF），用来改进传统的矩阵分解算法。DMF 的结构如图 4-5 所示，该双塔结构的左右两边分别对应着用户建模模块和物品建模模块。它的输入端不同于 NeuMF（用户和物品都是用独热编码表示），而是取一个用户所有的历史评分记录来表示该用户（同理，物品端用该物品收到的所有用户评分来表示），这一点与 RBM 和 AutoRec 比较类似。

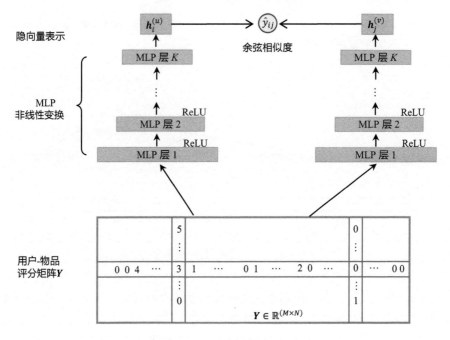

图 4-5　深度矩阵分解模型的结构

假设数集中用户–物品形成的评分矩阵为 $Y \in \mathbb{R}^{(M \times N)}$，那么用户端的输入就是 Y 中的一行 $u_i = Y_{i*}$，物品端的输入就是 Y 中的一列 $v_j = Y_{*j}$，输入向量经过如下 MLP 操作，映射成低维向量表示：

$$l_1 = W_1 x \tag{4-10}$$

$$l_i = f(W_{i-1} l_{i-1} + b_i),\ i = 2, \cdots, N - 1 \tag{4-11}$$

$$h = f(W_N l_{N-1} + b_N) \tag{4-12}$$

式中，x 指代 u 或者 v 向量，注意用户端和物品端对应两套不同的 MLP 参数。最后，DMF 用余弦相似度来表示用户 i 对物品 j 的评分预测：

$$\hat{Y}_{ij} = \text{cosine}(\boldsymbol{h}_i^{(u)}, \boldsymbol{h}_j^{(v)}) = \frac{\boldsymbol{h}_i^{(u)\top}\boldsymbol{h}_j^{(v)}}{\|\boldsymbol{h}_i^{(u)}\| \cdot \|\boldsymbol{h}_j^{(v)}\|} \tag{4-13}$$

此外，DMF 对损失函数做了适当调整。考虑到均方根误差适用于显示反馈场景下评分拟合的预测，二值交叉熵适用于隐式反馈场景下二分类任务的学习，Hong-Jian Xue 等人提出一种称为归一化交叉熵（Normalized Cross Entropy）的损失函数，用来兼顾显示反馈和隐式反馈的作用，其公式如下：

$$L = -\sum_{(i,j)\in\boldsymbol{Y}^+\cup\boldsymbol{Y}^-}\left(\frac{\boldsymbol{Y}_{ij}}{\max(\boldsymbol{Y})}\log\hat{\boldsymbol{Y}}_{ij} + \left(1 - \frac{\boldsymbol{Y}_{ij}}{\max(\boldsymbol{Y})}\right)\log(1 - \hat{\boldsymbol{Y}}_{ij})\right) \tag{4-14}$$

式中，$\boldsymbol{Y}^+$ 和 $\boldsymbol{Y}^-$ 分别表示正负样本；$\max(\boldsymbol{Y})$ 表示评分范围中的最大值（例如 5 分）。不难看出，normalized cross entropy 本质上是在二值交叉熵的基础上，对样本做了加权处理。

4.1.4　基于邻域的深度协同过滤

目前为止介绍的几个深度协同过滤模型，都是针对基于隐向量的方法（latent factor-based method）的协同过滤方法的改进。而另一种经典的协同过滤方法，即基于邻域的方法（neighborhood-based method，也叫作 memory-based method），是否也能和深度学习技术相结合呢? 为了回答这个问题，Travis Ebesu 等人提出了协同记忆网络（Collaborative Memory Network，CMN）算法[93]。文中指出，而基于邻域的方法，例如 KNN，通过显式构建相似偏好的用户群体，把和用户关系最紧密的群体的偏好传播给该用户，缺点是关注面不够广（例如只局限在最相似的 k 个邻居上），所以它捕捉的是局部偏好信息；基于隐向量方法把用户和条目建模到低维空间表示，这种抽象的表示适合捕捉用户全局的偏好信息，缺点是没有去侧重关注与用户关系最紧密的群体（例如 Top-K 邻居）的偏好。因此，CMN 旨在兼顾基于隐向量的方法和基于邻域的方法的优点，并借用了记忆网络，把这种协同过滤的方法统一在一个框架内。具体而言，CMN 的基于隐向量的协同过滤模块是和普通的矩阵分解是一致的，即有一个用户表示矩阵 $\boldsymbol{U} \in \mathbb{R}^{(M\times d)}$ 和一个条目表示矩阵 $\boldsymbol{V} \in \mathbb{R}^{(N\times d)}$。CMN 的特别之处在于一个额外的用户矩阵 $\boldsymbol{C} \in \mathbb{R}^{(M\times d)}$，用来表示处在邻域的用户和目标用户的关系。令 $N(i)$ 表示历史上交互过条目 i 的用户集合。首先，根据如下公式计算出目标用户 u 和邻域内用户 $v \in N(i)$ 在条目 i 上的兴趣匹配度：

$$q_{uiv} = (\boldsymbol{U}_u + \boldsymbol{V}_i)^\top\boldsymbol{U}_v \tag{4-15}$$

接着，对邻域内用户的匹配分数执行 Softmax 操作，得到归一化后的邻域内用户权重分：

$$p_{uiv} = \frac{\exp(q_{uiv})}{\sum_{k \in N(i)} \exp(q_{uik})}, \ \forall v \in N(i) \tag{4-16}$$

得到了邻域用户的权重分后，便可以合成用户基于邻域的向量表示：

$$o_{ui} = \sum_{v \in N(i)} p_{uiv} C_v \tag{4-17}$$

用户 u 对物品 i 的预测分，则是由两种用户向量拼接起来，经过一层神经网络融合得到的：

$$\hat{y}_{ui} = w_3^\top \phi(W_1(U_u \odot V_i) + W_2 o_{ui} + b) \tag{4-18}$$

式中，$W_1, W_2 \in \mathbb{R}^{d \times d}, w_3, b \in \mathbb{R}^d$ 是神经网络的参数；ϕ 是激活函数，通常取 ReLU 的效果最好。CMN 中的邻域查找模块可以很容易地拓展到多跳查询（multiple hops），从而得到更全面的基于邻域的用户向量。令第 0 跳的查询向量为 $z_{ui}^0 = U_u + V_i$。第 $k+1$ 跳的查询向量，由第 k 跳的查询向量和输出向量组合而成：

$$z_{ui}^k = \phi(W^k z_{ui}^{k-1} + o_{ui}^k + b^k) \tag{4-19}$$

而目标用户对邻域用户的匹配分数则替换成了 $q_{uiv}^{k+1} = (z_{ui}^k)^\top U_v$。Travis Ebesu 等人通过实验证明，适当增加跳数能有效地提高模型的准确度。

4.2 深度学习与特征交互

基于隐向量的协同过滤的方法将用户和物品独立地映射到低维空间，计算简单，很适合作为召回模型或者粗排模型。而推荐系统在精排阶段为了能够更准确地刻画用户对物品的兴趣，往往会考虑更丰富的情景特征，例如时间、地点等上下文信息，以及捕捉更细粒度的特征交互，例如用户画像和物品属性之间的交互作用。在过去，人们通过手动设计交互特征，或者利用梯度提升树自动提取和选择一些有用的交互特征[94]，但这样终究只能覆盖到训练集里面出现过的特征模式，不能泛化到未在训练集中出现过的特征组合。随着深度学习技术的快速发展，自动特征交互方式也迎来了新的思路。

4.2.1 AFM 模型

因子分解机（Factorization Machine，FM）模型的特点是考虑了所有可能的二阶特征组合。当数据集中存在大量不必要做特征交互的组合时，这些特征的交互产生的噪声可能会影响模型的性能。因此，Jun Xiao 等人[95] 提出了基于注意力网络调整的因子分解机（Attentional Factorization Machines，AFM）。特别地，对于 FM 模型中二阶特征交互模块 $f_{\mathrm{PI}}(\mathcal{E})$，不是直接无差别地累加所有两两特征交互的结果，而是采用加权融合的方式：

$$f_{\mathrm{Att}}(f_{\mathrm{PI}}(\mathcal{E})) = \sum_{(i,j)\in\mathcal{R}_x} \alpha_{ij}(\boldsymbol{v}_i \cdot \boldsymbol{v}_j)\boldsymbol{x}_i\boldsymbol{x}_j \tag{4-20}$$

式中，α_{ij} 是注意力网络输出的用来表示特征对 (i,j) 的重要程度的标量值，计算方式如下：

$$\alpha_{ij}' = \boldsymbol{h}^{\top}\mathrm{ReLU}(\boldsymbol{W}(\boldsymbol{v}_i \cdot \boldsymbol{v}_j)\boldsymbol{x}_i\boldsymbol{x}_j + \boldsymbol{b}) \tag{4-21}$$

$$\alpha_{ij} = \frac{\exp(\alpha_{ij})}{\sum_{(t,c)\in\mathcal{R}_x}\exp(\alpha_{tc}')} \tag{4-22}$$

式中，$\boldsymbol{W} \in \mathbb{R}^{k\times d}$；$\boldsymbol{b} \in \mathbb{R}^k$；$\boldsymbol{h} \in \mathbb{R}^k$ 是注意力网络的模型参数。AFM 模型的二阶特征交互模块 $f_{\mathrm{Att}}(f_{\mathrm{PI}}(\mathcal{E}))$ 输出的是一个 d 维的向量，表示加权压缩后的二阶特征交互信息。AFM 模型的最终预测值：

$$\hat{y}_{\mathrm{AFM}}(\boldsymbol{x}) = \boldsymbol{w}_0 + \sum_{i=1}^{n}\boldsymbol{w}_i\boldsymbol{x}_i + \boldsymbol{p}^{\top}\sum_{(i,j)\in\mathcal{R}_x}\alpha_{ij}(\boldsymbol{v}_i \cdot \boldsymbol{v}_j)\boldsymbol{x}_i\boldsymbol{x}_j \tag{4-23}$$

AFM 模型的整体结构如图 4-6 所示。

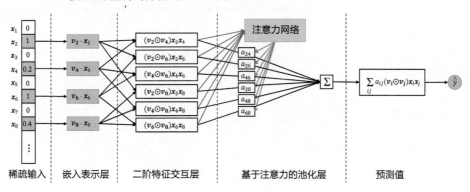

图 4-6　AFM 模型的整体结构

4.2.2　PNN 模型

在推荐系统的精排模型或者广告点击率预估模型中，输入的样本往往有一个特点：特征是高维稀疏的。例如，用户和物品的 ID、离散化的时间、类别类型的属性，都可以作为有用的特征出现在样本数据中。这种高维稀疏的特征可以归到不同的特征域（field），每个特征域用独热编码或者多热编码表示。这样做的好处是，虽然每个样本的特征数量是可变的，所有样本的特征域的数量却是固定的，因此，可以很方便地把所有特征域对应的隐向量拼接起来，输入到 MLP 进行下一步的操作。一个简单的样本示例如下：

$$\underbrace{[0,1,0,0,0,0,0]}_{\text{日期}=\text{周}} \quad \underbrace{[0,1]}_{\text{性别}=\text{男}} \quad \underbrace{[0,0,1,0,\cdots,0,0]}_{\text{地点}=\text{伦敦}} \tag{4-24}$$

这个样本有三个特征域：日期、性别和地点。每个特征域内用一个独热编码表示。一种简单的做法是，通过特征嵌入查找（Embedding Lookup）得到每个特征域的低维表示向量，然后将所有特征域的表示向量拼接起来，输入MLP 计算高阶特征交互[96]。这样的做法本质上是通过求和的形式把各个特征域的表示向量组合到 MLP 中。为了引入更有效的特征交互，Yanru Qu 等人提出 PNN[97]（Product-based Neural Networks）模型，创新性地引入了一个特征域之间的显式二阶交互层，作用在特征嵌入层和 MLP 层之间，具体模型框架如图 4-7 所示。

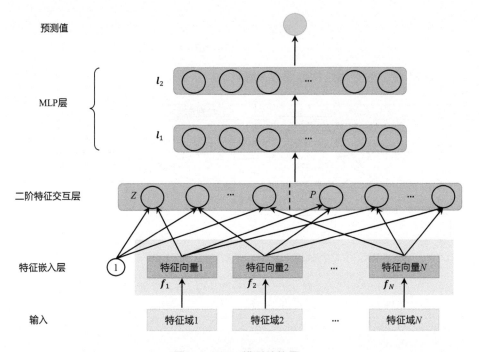

图 4-7　PNN 模型结构图

这里重点讨论其中的二阶特征交互层。从图 4-7 中可以看到，二阶特征交互层由两部分组成，分别用 Z 和 P 指代。Z 表示每个特征域和一个全 1 值向量的交互，P 表示所有特征域两两之间的交互。Z 和 P 的结果会分别经过一个线性变换，投射到固定长度的隐向量上：

$$l_z = (l_z^1, l_z^2, \cdots, l_z^k, \cdots, l_z^{D_1}), l_z^k = W_z^k \odot Z \tag{4-25}$$

$$l_p = (l_p^1, l_p^2, \cdots, l_p^k, \cdots, l_p^{D_1}), l_p^k = W_p^k \odot P \tag{4-26}$$

而 MLP 层的第一层的操作是：

$$l_1 = \mathrm{ReLU}(l_z + l_p + b_1) \tag{4-27}$$

式中，b_1 是 D_1 维度的偏移向量。可以直观地认为，l_z 和 l_p 是把 Z 和 P 输入了一层 D_1 个神经元的线性全连接层。为了得到 Z 和 P，Yanru Qu 等人定义了两种不同的交互方式：内积交互和外积交互。

1. 内积交互

此时，Z 中的内容等价于把所有特征域的向量拼接起来，因此 l_z 层的参数复杂度为 $O(D_1 NM)$，M 代表特征嵌入的维度。P 的内容是 N 个域两两内积（inner product）的标量结果的集合，共计 N^2 个值，因此 l_p 层的参数复杂度为 $O(D_1 N^2)$。这里有个小技巧，如果参数量太大，可以假设参数矩阵 W_z^k 是低秩的，用矩阵分解 $W_z^k = \theta^k \theta^{k\top}, \theta^k \in \mathbb{R}^N$ 来近似，这样参数量就不再是 N 的平方级了。

2. 外积交互

两个向量的内积的结果是一个标量，然而外积的结果是一个矩阵，即：

$$p_{ij} = g(f_i, f_j) = f_i f_j^\top \in \mathbb{R}^{M \times M} \tag{4-28}$$

而 P 的内容是所有 N 个域两两外积（outer product）的结果，因此，l_1 层的参数量为 $O(D_1 N^2 M^2)$，这显然是很庞大的。为了减少计算量和参数量，Yanru Qu 等人提出先把所有特征域求和池化到一个向量上：$f_\Sigma = \sum_{i=1}^{N} f_i$，其中，$f_\Sigma \in \mathbb{R}^M$。再基于这个池化向量做一次外积操作：$p = f_\Sigma (f_\Sigma)^\top$，这样，$l_p$ 的参数规模变为 $O(D_1 M^2)$，l_1 层的总参数规模为 $O(D_1 M^2 + D_1 NM)$。

4.2.3 Wide & Deep 模型

Wide & Deep 模型[98] 是谷歌公司于 2016 年推出的结合深度学习的推荐模型，一经问世便广受好评，目前也成了工业界主流的推荐模型之一。Wide &

Deep 模型强调一个好的推荐系统应该兼顾记忆性（memorization）和泛化性（generalization）。记忆性是指模型能够捕捉数据集中频繁共现的特征规律，并建立它们和标签直接的关系。这一能力可以通过枚举交叉特征（cross-product feature），并用一个逻辑回归模型去学习这些交叉特征的关联系数来实现。例如，如果在训练数据集中，用户经常点击某个主题、名人相关的新闻，那么 < 用户 ID，主题 ID，名人 ID> 就是一个有效的交叉特征。泛化性是指模型有能力通过已有模式的传递性来完成未出现过的（或者数据集中不常出现的）特征关联模式的推导。这一能力可以通过特征隐向量嵌入 + 神经网络学习的方法实现。例如，如果用户很喜欢周杰伦的音乐，那么他/她很有可能是 85 后或者 90 后，可以推导出这些用户可能也会喜欢五月天的音乐。

记忆性和泛化性对推荐系统来说都是不可或缺的。如果模型只具备记忆性，则推荐系统总是会给用户推送与用户历史行为相关的条目，不仅推荐结果的多样性非常差，整个系统也会很快陷入严重的马太效应。另一方面，如果模型只具备泛化性，则由于一些长尾的特征的隐向量表示不能被精准地学习出来，而这些隐向量的存在导致模型依旧会基于它们给出非零的预测值，因此系统很可能面临过度泛化的危机，导致推荐的结果列表中包含很多与用户兴趣不相关的条目。Wide & Deep 模型通过联合训练一个线性模型和一个神经网络模型的方式，来兼顾记忆性和泛化性，并用在了谷歌公司的手机应用商城推荐系统中的精排阶段。

如图 4-8 所示，模型分为左右两个部分。左边是宽度模块，负责记忆性，是一个线性回归模型：$y = \boldsymbol{w}_{\text{wide}}^{\top} \boldsymbol{x} + b$，输入内容是原始的特征和若干交叉特征：$\boldsymbol{x} = [\boldsymbol{x}_1, \boldsymbol{x}_2, \cdots, \boldsymbol{x}_d]$。右边是深度模块，负责泛化性，输入内容是稀疏特征，经过特征隐向量嵌入查找得到低维的稠密向量表示 $\boldsymbol{a}^{(0)}$（谷歌公司的实际应用案例里面，$\boldsymbol{a}^{(0)}$ 既包含了稀疏特征的隐向量，也拼接上了原始的稠密特征，例如年龄、活跃行为数量等），紧接着输入深度神经网络模块（MLP 层，以下简称为 DNN 模块）进行特征交互学习：$\boldsymbol{a}^{(l+1)} = f(\boldsymbol{W}^{(l)} \boldsymbol{a}^{(l)} + \boldsymbol{b}^{(l)})$，其中 l 代表 DNN 的层数，f 是 ReLU 激活函数。宽度模块和深度模块的输入会拼接在一起进行联合学习：

$$y = \sigma \left(\boldsymbol{w}_{\text{wide}}^{\top} \boldsymbol{x} + \boldsymbol{w}_{\text{deep}}^{\top} \boldsymbol{a}^{l_f} + b \right) \tag{4-29}$$

式中，$\boldsymbol{a}^{l_f}$ 表示深度模块的最后一层的激活值；σ 是 Sigmoid 激活函数。当进行联合训练时，对于宽度模块，建议用 FTRL[99] 算法作为优化器，而对于深度模块，建议用 AdaGrad[100] 作为优化器。

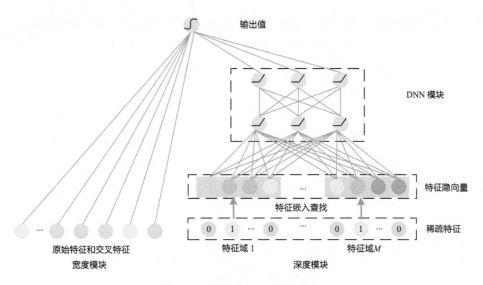

图 4-8　Wide & Deep 模型结构

4.2.4 DeepFM 模型

在 Wide & Deep 模型的深度模块中，DNN 模块可以自动学习特征之间的高阶交互关系。然而，它并不能保证学习到良好的低阶特征交互。同时，宽度模块可以通过人工提取交叉特征的方式引入部分的低阶特征交互关系，但是人们依旧不能期望能通过手工枚举的形式罗列所有有效的特征组合。而经典的因子分解机模型，旨在显式地建模特征之间的二阶交互关系，能自动捕捉所有的二阶特征交互关系。为了弥补现有的模型要么太偏向于学习高阶特征交互，要么太偏向于学习线性特征，或者依赖于人工经验来提取低阶特征交互的缺点，Huifeng Guo 等人[101] 提出了 DeepFM 模型，将因子分解机和多层感知机融合到一个模型中，使得新的模型能同时拥有良好的建模低阶特征交互（来自 FM 模块）和高阶特征交互（来自 DNN 模块）的能力。DeepFM 模型的结构如图 4-9 所示。与 Wide & Deep 模型类似，DeepFM 的最终输出值是两个模块的组合：

$$\hat{y} = \text{Sigmoid}(\hat{y}_{\text{FM}} + \hat{y}_{\text{DNN}}) \tag{4-30}$$

有趣的是，Huifeng Guo 等人通过实验证明，DeepFM 中让 FM 模块和 DNN 模块共享特征隐向量，会比让它们采用两套特征隐向量的设计更加有效。也就是说，推荐系统中的高维稀疏离散特征会经过 Embedding-Lookup 操作得到对应的隐向量表示，该隐向量既会送入 FM 模块计算二阶特征交互，也会按特征域顺序拼接起来，送入 DNN 模块，学习高阶特征交互。两个模块是端到端一起训练的，因此，DeepFM 不需要像 FNN 模型[96] 一样用预训练的 FM 向量作为 DNN 输入向量的初始化。这表明，共享特征隐向量，让它们兼顾低阶交互信息和高阶交互信息是有益的。

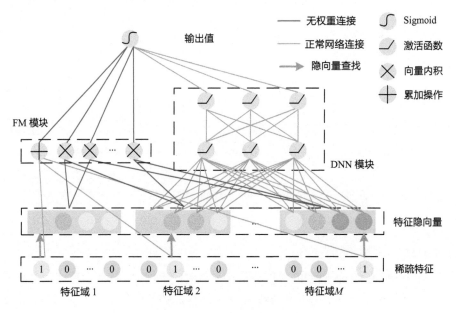

图 4-9　DeepFM 模型结构

4.2.5　DCN 模型

人们普遍认识到，线性模型虽然简单方便，有高扩展性且易于解释，但是它的表达能力有限，依赖于工程师手工设计交叉特征，并且不能泛化到训练数据中未曾出现过的特征组合。到目前为止，自动学习高阶特征交互的能力还是依赖于 DNN。因此，学者们对 DNN 在特征交互上的进一步改进颇为感兴趣。考虑到 DNN 的特点是只能隐式地对潜在的高阶特征交互进行建模，而其建模过程和结果都是一个黑盒，并不能保证能够学习到全面的高阶特征交互。是否能够通过设计一种新的深度神经网络，使得它在高阶特征交互的学习上有某种良好的特性呢？带着这种问题，Ruoxi Wang 等人[102] 提出了 DCN 模型，它具有非常优异的特点：能够显式地捕捉高阶特征交互，并且阶数可控。整个模型的框架和 Wide&Deep、DeepFM 类似，也是分成左右两个部分，本节只讨论 DCN 的特殊部分——交叉网络（Cross Network），结构如图 4-10 所示。它的设计初衷是让交叉网络的第 k 层能覆盖高达 $k+1$ 阶的特征交互。

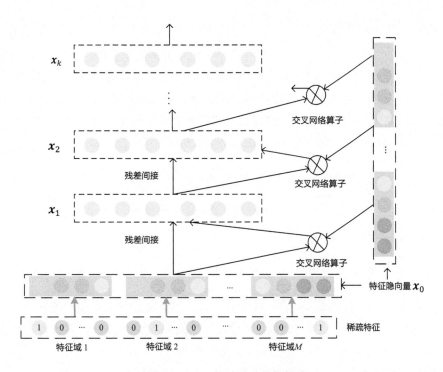

图 4-10　DCN 中的交叉网络模块

　　交叉网络的每层都是由前一层的隐藏层状态和原始输入的特征隐向量之间经过交叉网络算子得到的，所以交叉网络每加深一层，能够达到的特征交互阶数就递进了一层。交叉网络算子 $f(\cdot)$ 的定义如下：

$$\boldsymbol{x}_{l+1} = f(\boldsymbol{x}_l, \boldsymbol{w}_l, \boldsymbol{b}_l) + \boldsymbol{x}_l = \boldsymbol{x}_0 \boldsymbol{x}_l^\top \boldsymbol{w}_l + \boldsymbol{b}_l + \boldsymbol{x}_l \tag{4-31}$$

式中，$\boldsymbol{x}_0 \in \mathbb{R}^d$ 是原始的拼接后的特征隐向量；$\boldsymbol{x}_l$ 表示交叉网络中第 l 层的隐状态；$\boldsymbol{w}_l, \boldsymbol{b}_l \in \mathbb{R}^d$ 表示交叉网络中第 l 层的可学习参数。交叉网络的优点是计算量和参数量都特别少，具有高度可拓展性。例如，交叉网络中的每层都仅有 $2d$ 个参数。同时，交叉网络的层数严格控制着最高的特征交互阶数。Ruoxi Wang 等人提供了这方面的数学证明，感兴趣的读者可以查阅原文[102]。类似 Wide&Deep 模型，DCN 模型的最终输出也融合了交叉网络和全连接网络两个模块各自的输出：

$$\hat{y} = \text{Sigmoid}(\boldsymbol{w}^\top[\boldsymbol{x}_{\text{LC}}, \boldsymbol{x}_{\text{DNN}}]) \tag{4-32}$$

式中，x_{LC} 表示交叉网络输出的特征；x_{DNN} 为全连接网络输出的特征。

4.2.6　xDeepFM 模型

DCN 的发表很快吸引了许多业内学者的浓厚兴趣。其中，Jianxun Lian 等人[103] 发现，虽然 DCN 中的交叉网络具有简洁、计算高效的优点，但同时也有一个明显的缺点，即交叉网络最终的隐状态的形式有很大的局限性，它只能是原始特征隐向量 x_0 的一种缩放形式。为了简单起见，假设交叉网络算子中的激活函数是一个恒等函数（identity function），则有：

$$x_1 = x_0(x_0^\top w_1) + x_0 = x_0(x_0^\top w_1 + 1) \triangleq \alpha_1 x_0 \tag{4-33}$$

式中，$\alpha_1 = (x_0^\top w_1 + 1)$ 是一个标量。利用数学归纳法。假设 $x_k = \alpha_k x_0$ 对所有 $k \leqslant i$ 成立。当 $k = i + 1$ 时，有：

$$x_{i+1} = x_0(x_i^\top w_{i+1}) + x_i = x_0((\alpha_i x_0)^\top w_1 + \alpha_i) \triangleq \alpha_{i+1} x_0 \tag{4-34}$$

因此，x_{i+1} 依旧是 x_0 的一种缩放形式。但是需要注意的是，这并不意味着交叉网络的结果和原始特征隐向量之间呈简单的线性关系，因为每个样本对应的标量 α_{i+1} 都是和样本数据 x_0 动态相关的，只能说 x_{i+1} 的形态是很有局限性的。

为了探索更自由的显式高阶特征交互，Jianxun Lian 等人[103] 提出了一种新的网络结构——压缩交互网络（Compressed Interaction Network，CIN）。压缩交互网络的灵感来自两个方面。第一，用了向量级别（vector-wise）的交互取代原素级别（bit-wise）的交互。既然用隐向量来表示一个特征域，那么不同的特征域之间的交互是有意义的，而同一个特征内的元素之间的交互是无意义的。同时，DNN 采用的是元素级别的全连接操作，它虽然在理论上能建模任意复杂的函数，但是要学好它并不容易。尤其是在推荐场景中特征交互明显的数据集上，DNN 是否真的能高效地刻画高阶特征交互仍然是一个未知数。无独有偶，Alex Beutel 等人[104] 在 Latent Cross 一文中也提倡向量级别的交互，并且通过一个模拟数据经验性地证明了，要训练好一个 DNN 去捕捉特征交互并不容易。第二，既然深度神经网络的优势在于自动抽取复杂的特征，例如从图像、文本和语音等复杂的原始数据中自动提取抽象的特征，那么是否可以把所有的特征组合看成散乱无章的原始数据，期望利用神经网络去从中自动提取到有用的特征交互呢？答案是可能的，这便是压缩交互网络中"压缩"一词的由来。

具体而言，压缩交互网络的输入不再是向量，而是组织成矩阵：$X^0 \in \mathbb{R}^{M \times D}$，其中，$M$ 表示特征域的个数，D 表示特征嵌入的维度，X^0 中的第 i

行代表第 i 个特征域的嵌入表示：$\boldsymbol{X}^0_{i,*} = \boldsymbol{e}_i \in \mathbb{R}^D$。压缩交互网络中第 k 层的隐状态同样也是一个矩阵 $\boldsymbol{X}^k \in \mathbb{R}^{H_k \times D}$，其中，$H_k$ 表示第 k 层的抽象特征向量数目，而 $H_0 = M$。$\boldsymbol{X}^0$ 和 $\boldsymbol{X}^k$ 的组织结构如图 4-11（a）所示，根据第 k 层的隐状态矩阵和原始特征矩阵，得到中间计算结果 $\boldsymbol{Z}^{k+1}$，该过程没有参数，$\boldsymbol{Z}^{k+1}$ 是所有特征交互得到的原始内容，可以类比成一幅"图像"的原始数据。如图 4-11（b）所示，从中间计算结果 $\boldsymbol{Z}^{k+1}$ 中提取出 H_{k+1} 个有效的特征图，作为第 $k+1$ 层隐状态矩阵。

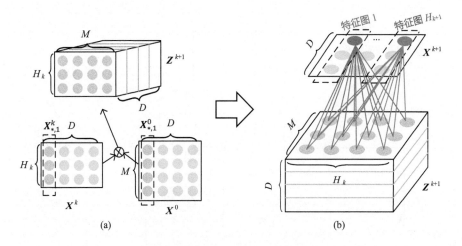

图 4-11 压缩交互算子的计算过程

压缩交互内发生的操作可以形式化地描述：

$$\boldsymbol{X}^k_{h,*} = \sum_{i=1}^{H_{k-1}} \sum_{j=1}^{M} \boldsymbol{W}^{k,h}_{ij} (\boldsymbol{X}^{k-1}_{i,*} \odot \boldsymbol{X}^0_{j,*}) \tag{4-35}$$

式中，$\odot$ 表示两个向量的哈达玛积（Hadamard product），即 $a_1, a_2, a_3 \odot b_1, b_2, b_3 = a_1b_1, a_2b_2, a_3b_3$；$\boldsymbol{W}^{k,h}_{*,*} \in \mathbb{R}^{H_{k-1} \times M}$ 是第 k 层的第 h 个特征图的参数。这个计算过程可以形象地通过图 4-11 来描述。

图 4-12 展示了压缩交互网络的整体结构。因为每层都是前一层和输入特征嵌入矩阵的交互操作，因此网络每增加一层，能够达到的特征交互阶数就增加了一层。为了让模型从低阶到高阶的特征交互都能充分地捕捉到，每层的特征图都会历经一个求和池化操作并输送给最终的预测单元。值得一提的是，压缩交互网络的结构与循环神经网络（RNN）和卷积神经网络（CNN）都颇有渊源。与循环神经网络相同的是，压缩交互网络的每次计算都取决于前一层网络的激活值和一个输入值；不同的是，循环神经网络每次输入的内容是

新的（例如，一个句子里面的不同单词），每层神经元的参数是共享的；而压缩交互网络的每次输入的内容是固定的（总是原始的特征嵌入矩阵），而每层神经元的参数是新的。与卷积神经网络异曲同工之处是，压缩交互网络的中间计算结果 $\boldsymbol{Z}^{k+1}$（如图 4-11 所示）可以类比为一幅图像，需要从中学出 H_{k+1} 个特征图，每个特征图配置一个参数量为 $H_k \times M$ 的卷积核，特征图的维度为 D。

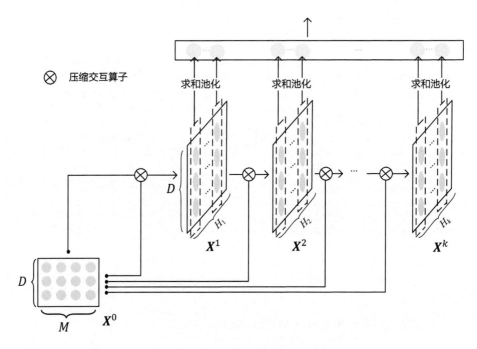

图 4-12　压缩交互网络的整体结构

最终，类似于 Wide & Deep 模型，Jianxun Lian 等人[103] 把线性模块、压缩特征交互模块、DNN 模块的输出组合起来，"喂给"输出预测单元：

$$\hat{y} = \text{Sigmoid}(\boldsymbol{w}^\top [\boldsymbol{a}, \boldsymbol{x}_{\text{DNN}}, \boldsymbol{x}_{\text{CIN}}]) \tag{4-36}$$

式中，$\boldsymbol{a}$ 表示原始特征值；$\boldsymbol{x}_{\text{DNN}}$ 表示 DNN 模块的最后一层隐状态；$\boldsymbol{x}_{\text{CIN}}$ 表示压缩交互网络求和池化操作后的向量。该模型称为极深因子分解机（eXtreme Deep Factorization Machine，xDeepFM）。

4.2.7 AutoInt 模型

随着 Transformer 模型在自然语言处理任务上的成功应用，学者们也逐渐探索 Transformer 的结构如何应用在学习特征交互上。Weiping Song 等人[105]将 Transformer 中的核心模块 Multi-head Self-Attention（MSA）——作用在推荐任务的特征嵌入表示层，用来自动学习高阶的特征交互。假设一个样本的特征嵌入表示为 $e_x = [e_1; e_2; \cdots; e_M]$，其中，$e_m = v_m x_m$。MSA 中有两个重要单元——自注意力机制（self-attention）和多头映射（multi-head）。自注意力机制旨在改善特征的隐向量表示，使得新的向量可以适量包含其他特征的信息（称为上下文感知的向量表示），而不再是独自的 ID 表示。它本质上是一种以 < 查询词，索引键，内容值 > 为形式的特征交互过程。每个特征以自己的向量表示作为查询词（Query），和其他特征的向量为索引键（Key）计算相似度，再以相似度为权重，把其他特征的向量（作为内容值 Value）作用在自身向量上。以第 m 个特征为例，它和特征 k 的相似度由如下方程计算得来：

$$\alpha_{m,k}^{(h)} = \frac{\exp(\psi^{(h)}(e_m, e_k))}{\sum_{l=1}^{M} \exp(\psi^{(h)}(e_m, e_l))} \tag{4-37}$$

$$\psi^{(h)}(e_m, e_k) = \langle W_{\text{Query}}^{(h)} e_m, W_{\text{Key}}^{(h)} e_k \rangle \tag{4-38}$$

式中，$< \cdot >$ 是点积（可以适当加一个缩放因子）；$W_{\text{Query}}^{(h)}$，$W_{\text{Key}}^{(h)} \in \mathbb{R}^{d' \times d}$ 是线性变换矩阵。接着，特征 m 的向量表示被更新：

$$\bar{e}_m^{(h)} = \sum_{k=1}^{M} \alpha_{m,k}^{(h)} (W_{\text{Value}}^{(h)} e_k) \tag{4-39}$$

因为向量表示 $\bar{e}_m^{(h)} \in \mathbb{R}^{d'}$ 是组合了特征 m 自身和其他特征的信息，因此它能包含一次特征交互的过程。此外，多头映射指该操作会以不同的参数同时执行多次，每次代表一个注意力头，专注于在不同的角度学习特征关系。特征 m 的综合表示向量是所有 H 个注意力头上的结果向量的拼接：

$$\bar{e}_m = \bar{e}_m^{(1)} \oplus \bar{e}_m^{(2)} \oplus \cdots \oplus \bar{e}_m^{(H)} \tag{4-40}$$

为了良好地保持特征 m 原有的隐向量，最终的表示向量是利用残差网络，把本次得到的新向量 $\bar{e}_m$ 和原来的表示向量 e_m 融合在一起：

$$e_m^{\text{Res}} = \text{ReLU}(\bar{e}_m + W_{\text{Res}} e_m) \tag{4-41}$$

这个 MSA 过程可以堆叠多次，从而得到更高阶的特征交互信息。因为经过了多次 MSA 变换操作之后，每个特征都已经融合了其他特征的表示信息，所以最后只需要把最终的各个特征向量拼接起来，经过一层逻辑回归操作就能得到该样本的预测值：

$$\hat{y} = \sigma(\boldsymbol{w}^{\top}(\boldsymbol{e}_1^{\mathrm{Res}} \oplus \boldsymbol{e}_2^{\mathrm{Res}} \oplus \cdots \oplus \boldsymbol{e}_M^{\mathrm{Res}}) + b) \tag{4-42}$$

4.2.8 特征交互的其他思路

如何有效地学习特征交互是推荐系统精排、广告点击率等阶段中十分重要的一个难点。这方面的研究工作还有很多，受篇幅所限，本节不能一一列举。感兴趣的读者可以继续延伸阅读。例如，新浪微博 AI Lab 团队提出的 FiBiNet 模型[106]，从两个方面改进了现有特征交互方法：将传统的两个向量点积或者哈达玛积操作替换成双线性乘法操作，用来捕捉更细粒度的特征交互关系；引入了 SENET 模块，动态地调整特征向量的重要程度。华为诺亚方舟实验室提出的两阶段训练模型 AutoFIS[107]，能够自动捕捉到有意义的特征交互，摒弃无意义的甚至会带来噪声的特征交互，最终能同时在效果和效率上改进已有模型。阿里妈妈团队基于 DIN 模型的框架，提出 CAN 模型[108]，把特征交互形式化成一种基于 DNN 的特征变换，例如，要得到特征 A 相对于目标特征 B 的隐向量表示，只需要为特征 B 专门引入一组 DNN 的参数，当把特征 A 的原始隐向量输入给这个 DNN 时，这个 DNN 的输出向量就是特征 A 和特征 B 交互过后的隐向量。

4.3 图表示学习与推荐系统

卷积神经网络、循环神经网络等模型假设输入的数据处于一个位置有序的空间状态。例如，卷积神经网络处理的是一幅图像，图像里面的像素点是符合欧几里得空间关系的，像素点具有密切的上下左右位置关系；循环神经网络处理的是一句话，句子中的词语之间是有严格的前后顺序关系的。但是，现实中有一种很常见的数据模型（Data Model）——图结构——不满足这样的有序空间状态，例如社交网络、知识图谱、化学分子、DNA 结构，等等。图上不同的节点可以有不同数量的邻居，一个节点的众多邻居之间并没有很强的位置关系，在大部分情况下，对邻居做位置交换并不会影响图的物理含义。因此，图数据挖掘是具有新挑战的任务。但是因为图结构反映了数据之间原始的、未经简化的复杂关系，只要能够设计出有效的模型直接处理这些复杂数据，许多领域都可能获得巨大的进步。

推荐系统中的许多数据都可以用图结构来表示。用户与物品的交互数据可以描述成一个由用户–物品边构成的二分图。经典的基于邻域的协同过滤方法就是在这种二分图上根据邻居相似度来计算用户–用户之间的相似度的。物品之间的共现关系可以构成一个物品–物品关系图，例如，边代表两个物品会经常被用户同时点击或者购买。物品之间也可以被丰富的属性连接起来形成一个物品知识图谱，全面描述物品之间、物品和属性之间的内容关系。此外，用户和用户之间也可以通过某种社交关系连接起来，朋友之间往往会共享许多相似的兴趣，同时，社交网络中的权威节点也往往会影响其粉丝的兴趣爱好。

鉴于深度学习强大的抽象表征学习能力，如何利用它学习图结构的数据，毫无意外地吸引了众多学者的研究兴趣。本节重点介绍图神经网络模型在推荐系统中的应用。为了更好地梳理这方面的内容，将从早期的图嵌入技术方法开始介绍，进而介绍图神经网络在推荐系统中的应用，帮助读者在这方面有全面、系统的认识。

4.3.1　图嵌入和图神经网络基础

1. 图嵌入方法

图是一种复杂的结构，如何高效地表示图中节点的信息是一个富有挑战的任务。受到自然语言计算中 Word2Vec[109] 算法的启发，人们发现用低维向量表示图上的节点是一种有效的做法。本质上，这是一种基于图结构数据的自监督（self-supervised）的做法：给定一个图，模型旨在对每个节点 ID 学习得到一个低维的隐向量表示，使得两个节点间在图上的邻近关系（proximity）可以通过两个对应的隐向量的点积或余弦相似度反映出来。其中，如何设计监督信号来反映节点间在图上的邻近关系是最重要的部分。本小结介绍 DeepWalk、Node2Vec、LINE 和 SDNE 四种比较具有代表性的算法。其中，DeepWalk 和 Node2Vec 属于通过随机游走来产生监督信号的算法，而 LINE 和 SDNE 是直接拟合一阶节点和二阶节点邻近关系，而不是基于随机游走的策略。

DeepWalk[110] 是一个两阶段模型，其思想非常简单：第一阶段，以每个节点为起始点，在图上执行随机游走算法，得到一个长度为 n 的游走轨迹 $p =< v_1, v_2, \cdots, v_n >$；第二阶段，模仿自然语言计算中的 Word2Vec 模型，把每条轨迹当作一个句子，节点当作单词，对一个限定窗口内的共现节点用 Skip-gram 方法即可得到节点的隐向量表示。人们通常会直接调用 Gensim 包中的 Word2Vec 模块，来实现第二个阶段。

在自然语言中，同一个句子内部的单词之间是有密切的语义关系的；然而，DeepWalk 算法中的轨迹毕竟是从图上简单游走出来的，轨迹内部的节点之间的关系并不一定很好地反映了图结构的规律。Aditya 等人因此提出了 Node2Vec[111] 模型。考虑到图遍历的算法主要有深度优先搜索（DFS）和广度优先搜索（BFS），DeepWalk 可以认为是 DFS 的方法，但这种做法并不是最优的。在产生图遍历轨迹的过程中，兼顾 DFS 和 BFS 的方法才能够更好地体现图结构规律。如图 4-13 所示，假设前一步游走是从节点 t 转移到了节点 V，现在需要从节点 V 出发游走到下一个节点。DeepWalk 是简单地从节点 V 的所有邻居中随机挑选出一个。Node2Vec 把节点 V 的邻居节点分成了 3 类，每类设置了不同的概率值：第一类是节点 t，表示节点 V 从回退到节点 t；第二类是节点 X_1，这类节点既和节点 V 相连，也和节点 t 相连；第三类节点是 X_2 和 X_3，它们是节点 V 的邻居，但不是节点 t 的邻居。转移到这三类节点的概率分别是 $1/p$、1、$1/q$。在完成了图上的游走过程后，Node2Vec 的第二阶段和 DeepWalk 是一样的。

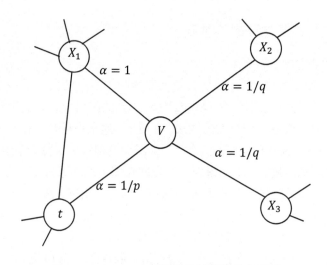

图 4-13　Node2Vec 随机游走的概率分布示例

LINE[112] 的风格与 DeepWalk 和 Node2Vec 不同，它不期望通过随机游走得到节点的共现关系来反映图的结构规律，而是期望节点的低维隐向量表示能直接蕴含节点之间的一阶和二阶邻近关系。其中，一阶关系指的是两个节点直接相连，它们的向量表示自然要比较相似；二阶关系指的是如果两个节点的邻居集合很相似，那么即使这两个节点没有直接相连，它们的向量表示也应该比较相似。建模一阶关系是很简单的，只需让两个节点的隐向量 u_i, u_j 的点积最大化（当向量的模长归一化为 1 之后，余弦相似度等价于点积）；直接建模二阶关系是比较难的，因为一个节点的邻居的邻居往往会涉及很多节点，基于枚举的方法会带来很高的计算开销。LINE 算法巧妙地利用环境向量（context vector）来解决这个问题，每个节点 i 有一个内容向量 $\boldsymbol{u}_i$ 和环境向量 $\boldsymbol{c}_i$，二阶关系可以转化为只需要枚举所有边 $<i,j>$，让节点 i 的内容向量和节点 j 的环境向量点积值尽量大。本质上，这是一种关系传导过程。如果两个节点的邻居集合重合度很高，意味着这两个向量和同一批环境向量的点积值都很高，那么这两个向量的内容向量自然就会比较相似。

SDNE[113] 和 LINE 的思想非常类似。不同的是，SDNE 采用了神经网络来学习节点的隐向量表示，而 LINE、DeepWalk 和 Node2Vec 都是根据节点 ID 查表得到一个隐向量表示。SDNE 的做法借鉴了 AutoEncoder 的结构，把一个节点的所有邻居作为输入，利用多层神经网络压缩成一个低维向量表示，节点之间的一阶关系可以通过它们的低维向量表示来反映。同时，SDNE 还有一个解码器的模块，期望通过这个低维隐向量表示，反向解码出这个节点的邻居关系，这个任务的思想就好比是 LINE 模型中的用内容向量和环境向量建模邻域的关系。值得一提的是，SDNE 的做法已经很类似图神经网络的思想了。

图嵌入应用案例：Jizhe Wang 等人[114] 在 KDD'18 会议上介绍了他们基于 DeepWalk 方法做的商品嵌入模型 EGES，并应用在了淘宝首页推荐上。他们首先利用用户的行为序列构建出一个商品–商品的有向图：对于用户在一个会话（会话指一个小时内用户的连续行为）周期内的行为，枚举两两相邻的商品对，连一条有向边。最终形成的商品有向图的边是带权重的，权重值即为这两个商品对在所有用户的行为历史中相邻出现的次数。在这个商品图上，执行按边的归一化权重为概率的随机游走，得到一系列的轨迹，再执行 Skip-gram 算法，得到商品的隐向量。这其实就是 DeepWalk 的思想。但是这样做的缺点是不能学习到冷启动的商品的表示。考虑到商品带有丰富的属性，例如类别、商家和价格等。融合商品的属性信息得到嵌入表示，能够很好地解决冷启动问题。假设商品 v 总共有 n 种属性，对应的隐向量用 $\boldsymbol{W}_v^s$ 表示，$\boldsymbol{W}_v^s$ 对应的是商品 ID 的隐向量。为了区分不同属性间的重要程度，还引入了一个权重参数向量 $\boldsymbol{a}_v \in \mathbb{R}^{n+1}$，商品的最终表示是各属性间隐向量的加权平均：

$$\boldsymbol{H}_v = \frac{\sum_{i=0}^{n} \mathrm{e}^{\boldsymbol{a}_v^i} \boldsymbol{W}_v^i}{\sum_{j=0}^{n} \mathrm{e}^{\boldsymbol{a}_v^j}} \tag{4-43}$$

接着便是套用 Skip-gram 算法，对于每条轨迹中的商品 v，让它的内容向量 $\boldsymbol{H}_v$ 与窗口内的其他商品 u 的环境向量 $\boldsymbol{Z}_u$ 尽可能相似。训练得到了商品的隐向量表示 $\boldsymbol{H}_v$ 后，通常在推荐系统中有两种常见的用法：用它作 item-to-item

的商品召回；作为商品特征，提高下游精排模型的准确度。

2. 图神经网络

Thomas N. Kipf 和 Max Welling 提出的 GCN[115] 掀起了图神经网络的研究热潮。GCN 将卷积神经网络的思想直接用在了图结构上，使得节点可以融合邻居的信息。卷积操作可以递归地叠加，使得每个节点可以融合多跳之外的邻居的信息。GCN 产生节点隐向量的方式如下：

$$H^{(l+1)} = \sigma(\tilde{A}H^{(l)}W^{(l)}) \tag{4-44}$$

式中，$\tilde{A} = D^{-\frac{1}{2}}AD^{-\frac{1}{2}}$ 是归一化后的邻接矩阵；A 是邻接矩阵，并且每个节点有一条连接自己的边；D 是 A 中每个节点的度形成的对角矩阵；$W^{(l)}$ 表示第 l 层的神经网络参数；$H^{(l)}$ 是每个节点的特征。GCN 有一个严重的扩展性问题：随着层数增加，节点的邻居数量是呈指数级增长的，这对计算和内存都是一个挑战。为此，人们设计出不同的方法来提高图神经网络的拓展性。本小节介绍三种最具代表性的方法。

（1）GraphSage 模型[116]

William L. Hamilton 等人提出了一种基于邻居采样的方法——GraphSage——控制每层卷积操作里面包含的邻居数量。该方法第二年被成功用在了 Pinterest 的推荐系统中，并用分布式系统实现，命名为 PinSage。GraphSage 重新调整了卷积操作，主要包含两步，首先，聚合一个节点的邻居向量，合成一个邻居向量 n_u：

$$n_u = \gamma(\text{ReLU}(Qh_v + q)|v \in N(u)\}, \alpha) \tag{4-45}$$

式中，$Qh_v + q$ 表示先把邻居向量用一层神经网络进行线性变换；γ 是一个面向向量的池化操作，例如把所有邻居向量的每维直接求平均，或者加权平均。接着，将邻居向量 n_u 和自身向量 z_u 拼接起来，经过一层神经网络得到一个新的向量：

$$z_u^{\text{NEW}} = \text{ReLU}(W \cdot \text{CONCAT}(z_u, n_u) + w) \tag{4-46}$$

$$z_u^{\text{NEW}} = \frac{z_u^{\text{NEW}}}{\|z_u^{\text{NEW}}\|_2} \tag{4-47}$$

类似于 GCN，这个卷积操作可以叠加，用于融合高阶邻居的信息。另一方面，GraphSage 严格控制卷积操作中邻居 $N(u)$ 的数量，对于每个节点 u，将从它的所有邻居中采样出 k 个节点形成 $N(u)$。这样做的好处是，可以防止邻居数量过快膨胀，既固定邻居的大小，也简化了模型的实现难度，提高了内存利用率，使得 GraphSage 能够很方便地采用小批量随机梯度下降的方法来训练，解决 GCN 无法直接在大规模的图上训练的问题。

（2）ClusterGCN 模型[117]

既然在全图上直接训练 GCN 比较困难，那么是否可以先将全图用社区发现的技术（例如 METIS[118]）拆成很多子图，然后在小图上训练 GCN 呢？这便是 ClusterGCN 的思想，虽然朴素直观，却简洁实用。Cluster GCN 的主要优点：内存需求小，在每个批量训练中，只需要加载当前批次所涉及的小图，而不用加载完整的大图；计算高效，所有节点的计算得到的隐层状态都可以用来帮助更新该节点的目标函数，而在 GraphSage 中，只有少数样本节点具有训练目标函数的能力，为了得到它们的隐状态，需要往外拓展 k 阶邻居，但是它们的 k 阶邻居并没有梯度更新的过程，因此训练效率低。

（3）PPRGo 模型[119]

图神经网络的拓展性瓶颈在于其叠加邻居层的操作。既然叠加多层邻居的初衷是为了能够吸收更大范围的有用信息，那么能否先把每个节点各自在图上最重要的 k 个节点（不限于直接相连的邻居）找出来，作为固定的邻域，使得在卷积操作中，就不再需要邻居扩展的过程了？受此想法启发，Aleksandar Bojchevski 等人经过多次模型迭代，提出了 PPRGo 模型。该模型分为两个步骤：第一步，先对节点 u 执行个性化 PageRank[120]（Personalized PageRank，PPR）算法，找到节点 u 最重要的 k 个节点作为邻域；第二步，将 PPR 分数作为邻域中节点的权重，把邻居的隐向量加权平均，得到节点 u 的新的隐向量表示。PPRGo 的两个步骤是互相独立的，可以一次性先把所有待训练的节点的 PPR 邻居算出来固定住，再执行第二步随机优化过程，直到收敛。

图神经网络应用案例：Rex Ying 等人[121] 将 GraphSage 模型成功应用在了 Pinterest 的推荐系统上，成为当时史上最大规模的图神经网络应用案例 PinSage，包含 30 亿个节点和 180 亿条边。相对 GraphSage，PinSage 有两点微创新：对邻居的采样，是基于图随机游走算法的，并且得到的 Top-K 邻居对应有 k 个游走分数，进行邻居池化操作时，可以用来作为权重分；采用课程学习（curriculum training）的思想，随着训练过程的进行，逐渐增大负样本的难度。同时，为了高效地训练如此大规模的图，PinSage 主要有三处工程优化。第一，采用小批量随机梯度下降法训练模型。对于一个小批量样本中涉及的节点，在图上递归地采样出训练一个 k 层网络所需要的局部邻居集合（例如，训练一个 2 层的图神经网络，需要目标节点的 2 阶范围的邻居）。当前训练批次仅需要这个集合内节点的属性和边，不需要全图的信息。第二，利用生产者-消费者的设计逻辑，准备小批量训练数据的过程只需要 CPU 的计算，这一步视为生产者；数据准备好后，送入 GPU 进行图卷积操作，这一步视为消费者。由于 CUP 和 GPU 可以并行计算，因此生产者和消费者的执行可以变成流水线过程，提高效率。第三，其实 GraphSage 模型的参数只有网络权重，而每个节点自身是没有 ID 对应的参数的。因此，可以在小范围内训练好一个图神经网络，然后对全图做节点隐向量推理，这一步可以借助 MapReduce 框架实现分布式计算。

4.3.2 图神经网络与协同过滤

1. GCMC 模型

如果把用户与物品的交互关系看成一条边，那么用户与物品可以形成一个二分图。于是，给用户推荐物品的任务就可以形式化成一个二分图上的链路预测问题，图模型可以很直观地应用在这里。Rianne van den Berg 等人[122] 观察到，目前的图嵌入模型都是先用无监督的方式训练得到节点特征，然后再训练一个下游的链路预测模型，这两步是独立进行的，缺乏一种端到端的训练方式让节点的特征抽取直接朝着链路预测的目标优化。于是，他们提出了图卷积矩阵补全（Graph Convolutional Matrix Completion，GCMC）模型，用图卷积网络作为节点的特征提取器，端到端地训练评分预测任务。如图 4-14 所示，给定用户-物品的评分矩阵，GCMC 模型首先构建一个二分图，边是带有类别标签的，表示用户对物品的评分。图 4-14（a）所示为用户-物品的原始评分矩阵；图 4-14（b）所示为基于评分矩阵构建的二分图，边的标签是评分；图 4-14（c）所示为每个节点都会把自身的信息沿着边传播给邻居。每个节点会把自己的信息沿着边传播给所有的邻居节点：

$$\boldsymbol{\mu}_{j \to i,r} = \frac{1}{c_{ij}} \boldsymbol{W}_r \boldsymbol{X}_j^v \tag{4-48}$$

式中，$\boldsymbol{X}_j^v$ 表示物品节点 v_j 的属性向量；$\boldsymbol{W}_r$ 是标签为 r 的数据变换参数矩阵；c_{ij} 是正则化项，例如，可以设成接收端的度数 $|N(u_i)|$，或者边的两端节点的度数乘积平方根 $\sqrt{|N(u_i)||N(v_j)|}$；$\boldsymbol{\mu}_{j \to i,r}$ 表示从物品节点 j 沿着标签为 r 的边往用户节点 i 传播的消息。用户节点 i 则会把从所有邻居传播过来的信息聚合成一个向量：

$$\boldsymbol{h}_i^u = \sigma \left(\operatorname{accum} \left(\sum_{j \in N_1(u_i)} \boldsymbol{\mu}_{j \to i,1}, \cdots, \sum_{j \in N_R(u_i)} \boldsymbol{\mu}_{j \to i,R} \right) \right) \tag{4-49}$$

式中，accum() 表示聚合方式，例如向量拼接，或者按位求和。在得到来自邻居的向量后，再经过一层神经网络变换，便得到了用户节点的隐向量表示：

$$z_i^u = \sigma(\boldsymbol{W}\boldsymbol{h}_i^u) \tag{4-50}$$

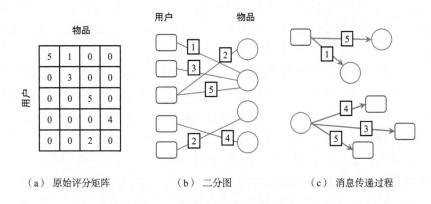

| （a）原始评分矩阵 | （b）二分图 | （c）消息传递过程 |

图 4-14　GCMC 模型的图构造和消息传递示例

物品节点的隐向量可以经过类似的操作得到。接着，用一个双线性函数刻画用户对物品在每个评分维度的偏好，并做 Softmax 归一化：

$$p(y_{ij} = r) = \frac{\mathrm{e}^{(z_i^u)^\top \boldsymbol{Q}_r z_j^v}}{\sum_{s=1}^{R} \mathrm{e}^{(z_i^u)^\top \boldsymbol{Q}_s z_j^v}} \tag{4-51}$$

式中，$\boldsymbol{Q}_r$ 是评分 r 对应的双线性函数参数。用户对物品的最终预测分数为各评分预测的期望值：

$$\hat{y}_{ij} = \mathbb{E}_{p(y_{ij}=r)}[r] = \sum_{s=1}^{R} r \cdot p(y_{ij} = r) \tag{4-52}$$

考虑每种评分值 r 各自对应一套模型参数 $\boldsymbol{W}_r$、$\boldsymbol{Q}_r$，当用户的数据比较稀疏时，部分参数不能充分地被优化。因此，引入一个参数共享的技巧，对 $\boldsymbol{W}_r$ 参数，让它从低层次的评分参数 $\boldsymbol{T}_s$ 上复合而来：

$$\boldsymbol{W}_r = \sum_{s=1}^{r} \boldsymbol{T}_s \tag{4-53}$$

而对于 $\boldsymbol{Q}_r$，让它从 n_b 个基础参数矩阵 $\boldsymbol{P}_s$ 经过可学习的参数系数 a_{rs} 线性组合得到：

$$\boldsymbol{Q}_r = \sum_{s=1}^{n_b} a_{rs} \boldsymbol{P}_s \tag{4-54}$$

2. NGCF 模型

Xiang Wang 等人在 SIGIR'19 会议上提出了 NGCF[123] 模型，一种利用图神经网络增强的协同过滤算法。传统的基于模型的协同过滤，例如矩阵分解算法，用户或者物品的隐向量是基于自身的 ID（或者属性特征）编码得来的，这个编码的过程没有融合能反映用户–物品交互协同信号，因此编码出来的隐向量未必能完全刻画协同过滤的效果。一个节点的高阶邻域可以反映出协同信号，例如，图上的一条路径 < 用户 a，物品 b，用户 c> 可以反映用户 a 和用户 c 之间是相似的，因为他们共同喜欢物品 b；一条 < 用户 a，物品 b，用户 c，物品 d> 的路径可以反映物品 d 可能也是用户 a 喜欢的，因为和用户 a 相似的用户 c 也喜欢物品 d，这其实就是协同过滤的思想。因此，NGCF 模型尝试用图神经网络，将节点的（高阶）邻域引入编码过程中，从而得到更强大的隐向量表示。整个框架和 GCMC 模型有些类似，也是一个通过边将信息传递给邻居，节点聚合所有邻居传递过来的信息的过程，但是在传播操作和聚合操作上有所不同。不失一般性地，只考虑协同过滤方法，用户和物品没有属性特征，只有 ID 对应的隐向量参数，记为

$$E = [e_{u_1}, \cdots, e_{u_N}, e_{i_1}, \cdots, e_{i_M}] \tag{4-55}$$

物品 i 向用户 u 传递的消息 $\mu_{i \to u}$：

$$\mu_{i \to u} = \frac{1}{\sqrt{|N(u)\|N(i)|}}(W_1 e_i + W_2(e_i \odot e_u)) \tag{4-56}$$

式中，$\odot$ 表示两个向量对应维度相乘得到新的向量。而用户给自身传递的消息则为 $\mu_{u \to u} = W_1 e_u$。用户 u 聚合邻域信息的操作：

$$e_u^{(1)} = \text{LeakyReLU}\left(\mu_{u \to u} + \sum_{i \in N(u)} \mu_{i \to u}\right) \tag{4-57}$$

这个过程可以叠加，从而吸收更高阶邻域的信息：

$$\mu_{i \to u}^{(l)} = \frac{1}{\sqrt{|N(u)\|N(i)|}}\left(W_1^{(l)} e_i^{(l-1)} + W_2^{(l)}\left(e_i^{(l)} \odot e_u^{(l-1)}\right)\right) \tag{4-58}$$

$$\mu_{u \to u}^{l} = W_1^{(l)} e_u^{(l-1)} \tag{4-59}$$

$$e_u^{(l)} = \text{LeakyReLU}\left(\mu_{u \to u}^{(l)} + \sum_{i \in N(u)} \mu_{i \to u}^{(l)}\right) \tag{4-60}$$

物品的建模过程类似。因为不同深度的网络对应不同广度的信息量，NGCF 将它们拼接为一个长向量，作为用户和物品的隐向量表示：

$$e_u^* = e_u^{(0)} \oplus e_u^{(1)} \cdots \oplus e_u^{(L)}, e_i^* = e_i^{(0)} \oplus e_i^{(1)} \cdots \oplus e_i^{(L)} \tag{4-61}$$

它们的点积作为用户对物品的偏好预测值：

$$\hat{y}(u, i) = e_u^{*\top} e_i^* \tag{4-62}$$

模型朝着成对损失（pairwise loss）的对数函数最大化进行优化，让正样本对 (u, i) 的预测值尽可能大于负样本对 (u, i) 的预测值，损失函数：

$$\text{Loss} = \sum_{(u,i,j) \in O} -\ln \sigma(\hat{y}(u, i) - \hat{y}(u, j)) + \lambda \Theta_2^2 \tag{4-63}$$

式中，O 表示训练样本三元组；u 表示目标用户；i 和 j 分别表示两个不同的物品，其中用户 u 对物品 i 有评分，对物品 j 没有评分；σ 表示 Sigmoid 函数；Θ 表示模型参数集合。

3. LightGCN 模型

GCN 在兴起时，只是针对图上的分类任务优化设计的模型。虽然研究人员将 GCN 应用在了推荐系统领域（例如 NGCF）并取得了进步，但是 GCN 的内部结构在推荐系统的任务上起的作用并没有被深入地探索过。Xiangnan He 等人[124] 经过大量实验分析发现，GCN 中最重要的两个组件——特征变换和非线性激活函数——对推荐任务并没有起到帮助作用。于是，他们简化了 NGCF 的模型组成，删除了一些不需要的部分，将新模型命名为 LightGCN。邻居信息聚合的操作被简化为带权重的向量平均，不涉及激活函数，即

$$e_u^{(k+1)} = \sum_{i \in N(u)} \frac{1}{\sqrt{|N(u) \| N(i)|}} e_i^{(k)} \tag{4-64}$$

$$e_i^{(k+1)} = \sum_{u \in N(i)} \frac{1}{\sqrt{|N(u) \| N(i)|}} e_u^{(k)} \tag{4-65}$$

而用户节点和物品节点的最终隐向量表示不再是各层隐状态向量的拼接，而是平均向量：

$$e_u^* = \sum_{k=0}^{L} \frac{1}{L+1} e_u^{(k)}, e_i^* = \sum_{k=0}^{L} \frac{1}{L+1} e_i^{(k)} \tag{4-66}$$

Xiangnan He 等人在三个公开的数据集上做了实验对比，惊奇地发现，LightGCN 的效果比 NGCF 平均提升了 16.5% 左右。因为 LightGCN 没有特征

变换和非线性激活函数，所以它的计算过程很容易形式化地描述成图上的矩阵操作。令用户–物品的评分矩阵为 $\boldsymbol{R} \in \mathbb{R}^{M \times N}$，$M$ 和 N 分别代表用户和物品的数量。那么，用户–物品形成的二分图对应的邻接矩阵：

$$A = \begin{pmatrix} \mathbf{0} & \boldsymbol{R} \\ \boldsymbol{R}^\top & \mathbf{0} \end{pmatrix} \tag{4-67}$$

令用户和物品 ID 对应的隐向量形成的矩阵为 $\boldsymbol{E}^{(0)} \in \mathbb{R}^{(M+N) \times D}$，那么，LightGCN 中一层卷积操作可以表示：

$$\boldsymbol{E}^{(k+1)} = (\boldsymbol{D}^{-\frac{1}{2}} \boldsymbol{A} \boldsymbol{D}^{-\frac{1}{2}}) \boldsymbol{E}^{(k)} \stackrel{\text{def}}{=} \tilde{\boldsymbol{A}} \boldsymbol{E}^{(k)} \tag{4-68}$$

式中，$\boldsymbol{D}$ 是 $\boldsymbol{A}$ 的各节点度数形成的对角矩阵。则节点最终的隐向量：

$$\boldsymbol{E}^* = \alpha_0 \boldsymbol{E}^{(0)} + \alpha_1 \tilde{\boldsymbol{A}} \boldsymbol{E}^{(1)} + \alpha_2 \tilde{\boldsymbol{A}}^2 \boldsymbol{E}^{(2)} + \cdots + \alpha_L \tilde{\boldsymbol{A}}^L \boldsymbol{E}^{(L)} \tag{4-69}$$

式中，α_* 是权重系数，在 LightGCN 中设置为 $\frac{1}{L+1}$。从形式化的矩阵操作来看，LightGCN 的结构和 RandNE[125] 非常类似，但是后者的 ID 嵌入矩阵是不可学习的。

4.3.3 图神经网络与社会化推荐

社会化推荐（Social Recommendation）利用了用户的社交网络数据来增加推荐系统的准确度。用户背后的社交关系，例如朋友、同学和同事等，蕴藏了他们之间丰富而紧密的群体关系。一方面，处在同一个社交圈子内的用户，他们的兴趣趋向于类似；另一方面，用户可能会受社交圈内关系紧密或者信任度高的人的影响，从而表现出类似的行为。利用好用户的社交网络信息，不仅能更充分地推断用户的兴趣偏好，更重要的是可以帮助做好冷启动用户的物品推荐。如何有效地同时建模用户–用户形成的社交网络图和用户–物品形成的行为图，是社会化推荐的难点。

1. GraphRec 模型

Wenqi Fan[126] 等人提出 GraphRec 模型，分别基于物品空间和基于社交空间生成一个用户向量，并把这两个向量拼接起来作为最终的用户向量表示。具体而言，物品空间向量标记为 $\boldsymbol{h}_i^I$，指基于用户–物品的交互历史对用户建模生成的向量：

$$\boldsymbol{h}_i^I = \sigma \left(\boldsymbol{W} \cdot \left\{ \sum_{a \in C(i)} \alpha_{ia} \boldsymbol{x}_{ia} \right\} + \boldsymbol{b} \right) \tag{4-70}$$

式中，$C(i)$ 指用户 u_i 交互过的所有物品集合；$\boldsymbol{x}_{ia}$ 指带有用户 u_i 偏好的物品 v_a 的隐向量表示。用户对交互过的物品有评分记录。评分是离散化的数值，例如 $r \in \{1, 2, 3, 4, 5\}$，对每个评分值分配一个隐向量表示 $\boldsymbol{e}_r$，用来更新物品的原始向量表示 $\boldsymbol{q}_a$。$\boldsymbol{x}_{ia}$ 便是物品 v_a 基于用户的评分 r 修正过后的向量表示：

$$\boldsymbol{x}_{ia} = g_v([\boldsymbol{q}_a \oplus \boldsymbol{e}_r]) \tag{4-71}$$

式中，$g_v()$ 表示一个多层感知器。

α_{ia} 表示物品 v_a 在用户 u_i 的交互集合中的权重系数：

$$\alpha_{ia}^* = \boldsymbol{w}_2^\top \cdot \sigma(\boldsymbol{W}_1 \cdot [\boldsymbol{x}_{ia} \oplus \boldsymbol{p}_i] + \boldsymbol{b}_1) + b_2 \tag{4-72}$$

$$\alpha_{ia} = \frac{\exp(\alpha_{ia}^*)}{\sum_{a \in C(i)} \exp(\alpha_{ia}^*)} \tag{4-73}$$

式中，$\boldsymbol{p}_i$ 表示用户 u_i 的隐向量。而基于社交空间的用户向量，标记为 $\boldsymbol{h}_i^S$，是从用户的邻居聚合而来的：

$$\boldsymbol{h}_i^S = \sigma\left(\boldsymbol{W} \cdot \left\{\sum_{o \in N(i)} \beta_{io}\boldsymbol{h}_o^I\right\} + \boldsymbol{b}\right) \tag{4-74}$$

$$\beta_{io}^* = \boldsymbol{w}_2^\top \cdot \sigma(\boldsymbol{W}_1 \cdot [\boldsymbol{h}_o^I \oplus \boldsymbol{p}_i] + \boldsymbol{b}_1) + b_2 \tag{4-75}$$

$$\beta_{io} = \frac{\exp(\beta_{io}^*)}{\sum_{o \in N(i)} \exp(\beta_{io}^*)} \tag{4-76}$$

考虑到物品空间和社交空间反映了用户在不同方面的兴趣偏好，为了得到用户最终的向量表示 $\boldsymbol{h}_i$，需先将两个向量拼接起来，再经过多层感知器：

$$\boldsymbol{c}_1 = [\boldsymbol{h}_i^I \oplus \boldsymbol{h}_i^S]$$

$$\boldsymbol{c}_2 = \sigma(\boldsymbol{W}_2 \cdot \boldsymbol{c}_1 + \boldsymbol{b}_2)$$

$$\cdots$$

$$\boldsymbol{h}_i = \sigma(\boldsymbol{W}_l \cdot \boldsymbol{c}_{l-1} + \boldsymbol{b}_l) \tag{4-77}$$

类似于用户在物品空间的隐向量表示 $\boldsymbol{h}_i^I$，物品的表示也可以由所有交互过它的用户来表示。具体地，用户的原始表示 $\boldsymbol{p}_t$ 经过评分向量修正：

$$\boldsymbol{f}_{jt} = \text{MLP}_u([\boldsymbol{p}_t \oplus \boldsymbol{e}_r]) \tag{4-78}$$

物品 v_j 的表示从 $\boldsymbol{q}_j$ 变为 $\boldsymbol{z}_j$：

$$\boldsymbol{z}_j = \sigma\left(\boldsymbol{W} \cdot \left\{\sum_{t \in B(j)} \mu_{jt}\boldsymbol{f}_{jt}\right\} + \boldsymbol{b}\right) \tag{4-79}$$

$$\mu_{jt}^* = \boldsymbol{w}_2^\top \cdot \sigma(\boldsymbol{W}_1 \cdot [\boldsymbol{f}_{jt} \oplus \boldsymbol{q}_j] + \boldsymbol{b}_1) + b_2 \tag{4-80}$$

$$\mu_{jt} = \frac{\exp(\mu_{jt}^*)}{\sum_{t \in B(j)} \exp(\mu_{jt}^*)} \tag{4-81}$$

最后，用户对物品的评分预测，是用户向量和物品向量拼接后，经过多层感知器输出得到的：

$$\boldsymbol{g}_1 = [\boldsymbol{h}_i \oplus \boldsymbol{z}_j]$$
$$\boldsymbol{g}_2 = \sigma(\boldsymbol{W}_2 \cdot \boldsymbol{g}_1 + \boldsymbol{b}_2)$$
$$\cdots$$
$$\boldsymbol{g}_l = \sigma(\boldsymbol{W}_l \cdot \boldsymbol{g}_{l-1} + \boldsymbol{b}_l)$$
$$r_{ij}' = \boldsymbol{w}^\top \cdot \boldsymbol{g}_l \tag{4-82}$$

2. DiffNet 模型

GraphRec 将用户在社交网络上的一阶邻居信息聚合起来作为加强版的用户状态表示。Le Wu 等人[127] 借鉴了社交网络中影响力传播模型的思想，提出 DiffNet（Diffusion Neural Network），将用户兴趣建模成社交网络上的逐层信息传播过程，这样不仅可以简单地融合一阶邻居的信息，还能够学习如何递归地融合邻居的邻居信息，从而吸收显式的高阶邻居信息。具体地，令 $\boldsymbol{P} \in \mathbb{R}^{D \times M}$ 和 $\boldsymbol{Q} \in \mathbb{R}^{D \times N}$ 分别代表用户和物品的 ID 对应的隐向量表示。用户 a 和物品 i 的基本隐状态表示都是由其 ID 向量和属性特征拼接后，经过一个全连接层得到的：

$$\boldsymbol{h}_a^0 = g(\boldsymbol{W}^0 \cdot [\boldsymbol{x}_a \oplus \boldsymbol{p}_a] + \boldsymbol{b}_0) \tag{4-83}$$

$$\boldsymbol{v}_i = \sigma(\boldsymbol{F} \cdot [\boldsymbol{y}_i \oplus \boldsymbol{q}_i] + \boldsymbol{b}) \tag{4-84}$$

物品的向量表示不需要经历网络传播过程。而对于用户的向量表示，需要经过 K 次网络传播，来模拟用户被社交网络上的邻居的影响过程。令 $\boldsymbol{h}_a^k$ 表示用户 a 在信息传递了 k 次后的状态。第 $k+1$ 次信息传播过程：

$$\boldsymbol{h}_{S_a}^{k+1} = \text{Pool}(\boldsymbol{h}_b^k | b \in S_a) \tag{4-85}$$

$$\boldsymbol{h}_a^{k+1} = s^{(k+1)}(\boldsymbol{W}^k \cdot [\boldsymbol{h}_{S_a}^{k+1} \oplus \boldsymbol{h}_a^k]) \tag{4-86}$$

式中，Pool 是池化操作，可以是平均聚合操作或者按位取最大值的操作；$s^{(k+1)}$ 是一个非线性变换函数。用户最终的表示向量 $\boldsymbol{u}_a$ 是第 K 层网络聚合的输出状态和用户历史交互过的物品集合 R_a 的状态合并得到：

$$u_a = h_a^K + \sum_{i \in R_a} \frac{v_i}{|R_a|} \tag{4-87}$$

用户对物品的偏好建模为两个向量的点积：

$$\hat{r}_{ai} = v_i^\top u_a \tag{4-88}$$

优化目标为 BPR 成对损失函数：

$$L(R, \hat{R}) = \sum_{a=1}^{M} \sum_{(i,j) \in D_a} \sigma(\hat{r}_{ai} - \hat{r}_{aj}) + \lambda \theta_1^2 \tag{4-89}$$

式中，$\theta_1 = [P, Q]$ 表示只对用户和物品的 ID 隐向量参数做 L_2 正则化约束。

次年，Le Wu 等人提出了改进版模型 DiffNet++[128]，背后的主框架依旧基于 DiffNet，主要做了两点改进：同时考虑用户–用户的社交网络图和用户–物品的交互二分图，进行影响力传播，得到用户和物品的基于图的表示；当融合邻居信息时，用了注意力网络来学习带权重的池化操作。具体地，物品在用户–物品的交互二分图上强化后的表示：

$$\tilde{v}_i^{k+1} = \sum_{a \in R_i} \eta_{ia}^{k+1} u_a^k \tag{4-90}$$

$$v_i^{k+1} = \tilde{v}_i^{k+1} + v_i^k \tag{4-91}$$

式中，R_i 是交互过物品 i 的用户集合；η_{ia}^{k+1} 是权重参数，代表了用户 a 对物品 i 的重要程度，计算方式：

$$\tilde{\eta}_{ia}^{k+1} = \mathrm{MLP}_1([v_i^k \oplus u_a^k]) \tag{4-92}$$

$$\eta_{ia}^{k+1} = \frac{\exp(\tilde{\eta}_{ia}^{k+1})}{\sum_{b \in R_i} \tilde{\eta}_{ib}^{k+1}} \tag{4-93}$$

而用户的表示除了聚合了社交网络的邻居，还聚合了用户–物品的二分图上的邻居：

$$u_a^{k+1} = u_a^k + (\gamma_{a1}^{k+1} \tilde{p}_a^{k+1} + \gamma_{a2}^{k+1} \tilde{q}_a^{k+1}) \tag{4-94}$$

$$\tilde{p}_a^{k+1} = \sum_{b \in S_a} \alpha_{ab}^{k+1} u_b^k, \quad \tilde{q}_a^{k+1} = \sum_{i \in R_a} \beta_{ai}^{k+1} v_i \tag{4-95}$$

类似地，聚合权重也由多层感知器预测得到：

$$\alpha_{ab}^{k+1} = \mathrm{MLP}_2([u_a^k \oplus u_b^k]) \tag{4-96}$$

$$\beta_{ai}^{k+1} = \mathrm{MLP}_3([\boldsymbol{u}_a^k \oplus \boldsymbol{v}_i^k]) \tag{4-97}$$

最后，对于用户和物品，把它们各层的隐状态表示拼接起来，就得到了其最终向量表示：

$$\boldsymbol{u}_a^* = [\boldsymbol{u}_a^0 \oplus \boldsymbol{u}_a^1 \oplus \cdots \oplus \boldsymbol{u}_a^K], \quad \boldsymbol{v}_i^* = [\boldsymbol{v}_i^0 \oplus \boldsymbol{v}_i^1 \oplus \cdots \oplus \boldsymbol{v}_i^K] \tag{4-98}$$

4.4 序列与基于会话的推荐

序列推荐（Sequential Recommendation）是一种通过建模用户行为与项目在时间序列上的模式，以给用户推荐相关物品的一种推荐系统范式。推荐系统中的对象有两种，分别为用户（user）和物品（item），二者在时间维度上包含若干次交互行为，例如用户浏览、点击和购买转化等行为。序列推荐系统将这些交互行为按照时间次序依次排列，利用多种不同的建模方法挖掘其中的序列化模式（sequential patterns），并用于支持下一时刻的一个或多个物品的推荐。

本节首先介绍序列推荐的研究动机与数学定义，并按照相关技术与算法发表的顺序介绍序列推荐技术的三种分类；然后会重点讲解基于深度学习方法的序列推荐算法；最后介绍目前学术界与工业界重点关注的若干前沿话题。

4.4.1 序列推荐的动机、定义与分类

在平时的网上浏览过程中，用户会产生多种多样的浏览行为。如图 4-15 所示，某用户在电子商务平台的浏览记录以发生时间的先后次序排列。该用户在该平台最近的历史行为依次出现了"浏览""搜索""购买"等多种不同的交互行为，其目标物品包括"手机""耳机""手机贴膜"等物品，可见这是一位正在选购移动通信工具及相关商品的用户。根据该用户的最近历史行为序列，该电商平台在该用户下一次访问平台时，可能给他推荐"手机保护壳"等产品，会更加容易获得用户的正反馈行为，即"点击浏览"或者"转化购买"。

图 4-15　用户历史行为序列示例

通过这个例子，读者应该能够理解序列推荐出现的场景，即根据用户动

态变化的历史行为序列，针对未来时刻用户可能感兴趣的物品进行推荐。在现实生活中，人们的兴趣随着时间推进往往会产生变化，与此同时，用户兴趣驱动所呈现出的行为序列亦是多种多样的。例如，在旅游之前，用户往往对旅馆、机票、出行装备等物品比较感兴趣；在春节等节假日来临之际，节日主题的物品往往是用户当前特别感兴趣的对象。所以，在不同的时间、不同的用户、不同的场景下，用户行为序列呈现出各种不同的形态与变化。读者可以思考一下：在平时生活中，你的网上购物、网页内容浏览等行为是否也呈现出持续且动态变化的特性呢？

互联网从 20 世纪末发展到现在，已经产生了众多在线服务平台，例如电子商务领域的亚马逊、阿里巴巴，新闻媒体领域的今日头条，社交媒体中的 Meta、新浪微博，等等。这些平台往往已经经过了用户大量增长的"增量发展"时期，进入了"存量增长"时期，即新用户增长已经延缓，更多的发展机会点存在于已经在平台注册的用户群体中。如何为这些用户提供更好的服务与体验，已经成为大部分互联网在线服务平台的首要考虑要素。这些平台已有的存量用户无时无刻不在产生多种多样的交互行为。Ren 等人[129] 统计了 2018 年 4 月至 9 月期间，国内电商平台阿里巴巴旗下"淘宝网"的用户行为数据，这份数据展示了半年时间内平台不同行为数量的用户在平台所有用户中的占比，这些行为仅统计了用户"加入购物车"与最终购买之间的行为数量。从表 4-1 中可以看出，用户在"淘宝网"的交互次数数量众多，有超过一半的用户交互在 200 次以上，即这些用户在这半年的行为序列长度超过 200 次。如何建模这些用户的动态兴趣变化以帮助下一次用户访问时的推荐内容呈现，逐渐成为"淘宝网"等互联网服务平台的重要研究探索方向。

表 4-1　阿里巴巴电商平台"淘宝网"2018 年 4 月至 9 月用户行为统计数据[129]

行为序列长度	200 次以下	1,000 次以下	3,000 次以下
用户数量占比	47.57%	77.08%	92.73%

基于用户历史行为序列的推荐与排序算法已经成为各大互联网在线平台中的重要算法。根据"阿里妈妈"广告平台的论文显示，其首次采用用户历史行为序列建模的算法 Deep Interest Network（DIN）[130] 上线后获得了 10% 的用户点击率的提升，同时带来了 3.8% 的平台收益提升。此后，采用了序列建模方法的 Deep Interest Evolution Network（DIEN）[131] 在此基础上再次带来了超过 10% 的用户点击率及 9.7% 平台收益增长。如此高速的用户点击与平台收益的增长背后，不是新用户的大量涌入，仅仅只是研究人员对用户历史行为数据的建模方案改变与算法模型的改进带来的增长，可见基于用户历史行

为序列的建模与推荐算法的重要性与广阔前景。

在序列推荐场景中，数据集会按照时间顺序组织为用户 u 相对于物品 v 的评价分数[132] $\{R_t\}$ 或事件行为[133] $\{y_t\}$（例如点击、购买转化等；不失一般性地，本节将以"点击"行为作为事件举例说明）。

从数学上定义序列推荐，其本质上还是一个引入了三方面信息的推荐任务，分别为当前 t 时刻，针对给定用户 u 的用户端表征向量 $\boldsymbol{u}_t$，针对某物品 v 的物品端表征向量 $\boldsymbol{v}_t$，与上下文信息表征向量 $\boldsymbol{c}_t$ 的推荐任务。推荐系统会根据三部分信息预测用户 u 对物品 v 的评价分数：

$$r_t = f(\boldsymbol{u}_t, \boldsymbol{v}_t, \boldsymbol{c}_t; \boldsymbol{\Phi}) \tag{4-99}$$

或是点击概率 $p_t := \mathrm{Pr}(y_t = 1 | \boldsymbol{u}, \boldsymbol{v}, t)$ 如下

$$p_t = f(\boldsymbol{u}_t, \boldsymbol{v}_t, \boldsymbol{c}_t; \boldsymbol{\Phi}) \tag{4-100}$$

式中，$\boldsymbol{\Phi}$ 是预测函数 $f(\cdot)$ 的参数，一般由如下损失函数训练

$$L_{\boldsymbol{\Phi}} = \begin{cases} \frac{1}{2}(R_t - r_t)^2, & \text{若预测目标为用户评分；} \\ -y_t \log(p_t) - (1 - y_t) \log(1 - p_t), & \text{若预测目标为用户点击概率。} \end{cases}$$
$$\tag{4-101}$$

对于用户端表征 $\boldsymbol{u}_t$，序列推荐算法将会综合 t 时刻之前的用户 u 所有交互或者评价过的物品 v_j 的交互集合 $G_t(u) = \{v_j | y_j(u, v_j) = 1, j < t\}$ 进行综合建模。这里的交互集合 $G_t(u)$ 是用户 u 在 t 时刻之前的所有参与交互的物品集合。通过对用户过往交互集合的建模，序列推荐能够更加准确地建模用户兴趣的变化，刻画用户行为之间的相互关系，从而达到更加精准的推荐效果。

序列推荐的种类根据使用场景可以分为三类，如图 4-16 所示。时序推荐（Temporal Recommendation）指的是给定特定用户 u 在 t 时刻之前的历史行为序列，为其推荐下一个（next item）[134, 135] 或者下一组（next basket）[136, 137] 用户所感兴趣的物品。在前面的数学定义中，我们的推荐目标定义在"下一个"物品推荐；若推荐"下一组"物品，则需要将定义中的 v 定义为"一组物品"，其他定义保持不变。在推荐系统中，用户可能没有登录，那么根据匿名用户在短期一次会话（session）之内的序列推荐，就称为会话推荐。在会话推荐中，一般序列长度较短，且无法关联更久远之前的用户历史交互行为。第三种则是将前两种序列进行组合，系统会考虑已登录用户的当前会话中的短期浏览行为与长期历史行为，进行综合推荐。

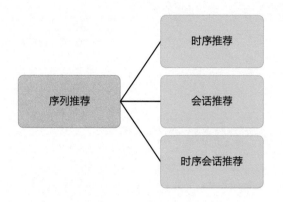

图 4-16　时序推荐的分类

　　序列推荐场景有三个难点，导致难以使用传统的推荐算法解决。首先是用户兴趣的动态变化特性，在不同时刻，用户的个人兴趣会产生变化与迁移，这就使得建模方法需要对动态性进行适应性的建模；其次是用户行为序列内，不同物品之间存在的依赖关系，例如"购买手机"与"搜索手机贴膜"往往存在前后依赖关系；最后是上下文建模，序列推荐场景中往往存在特殊的上下文关系，例如用户在不同的使用场景中会对推荐结果产生不同的反馈行为，使得序列推荐往往需要考虑上下文信息。传统的推荐算法，例如矩阵分解算法[138]、宽深网络算法[98] 一般将用户历史行为看作静态信息，即使考虑用户历史行为序列，也仅仅通过复杂的人工特征设计来达成目的，难以解决上述难点。于是，序列推荐算法的研究应运而生。

4.4.2　序列推荐算法的分类

　　如图 4-17 所示，序列推荐算法可以分为四类。接下来本节将对其分别做简略介绍。

1. 序列模式挖掘方法

　　基于序列模式挖掘（Sequential Pattern Mining）的个性化模式挖掘方法[139]由 Yap 等人在 2012 年提出。在此之前，Agrawal 等人提出了序列模式挖掘方法[140]，通过挖掘序列模式来对下一物品进行推荐。这种技术做出了一个假设：若许多用户在物品 v_i 之后浏览了 v_j，那么推荐系统的合理做法是将 v_j 推荐给浏览了 v_i 的用户。图 4-18 展示了序列模式挖掘算法的流程。Yap 等人认为传统做法难以做到个性化的推荐目的，在传统序列模式挖掘的基础上，利用系统对特定用户过去浏览历史的模式挖掘结果计算支持（support）与预测性

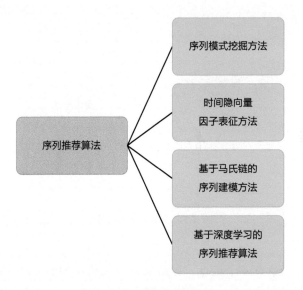

图 4-17　序列推荐算法分类

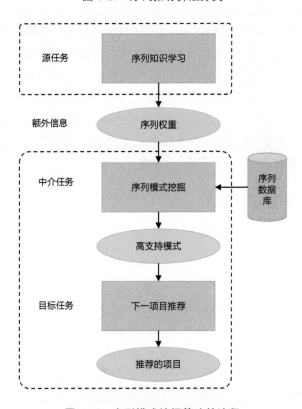

图 4-18　序列模式挖掘算法的流程

（predictive power），并用于个性化序列推荐。这类方法使用的是传统的序列模式挖掘算法，需要较多的计算资源与序列模式规则的设计，同时难以建模复杂的序列关系，但这是序列推荐算法的初期探索。

2. 时间隐向量因子表征方法

第二类方法是时间隐向量因子表征（Latent Factor Representation）方法。这类方法与传统的协同过滤算法和因子分解机算法一脉相承，通过隐式表征向量来建模用户和物品的特征，并进行一阶运算与二阶运算来预测用户的评分或者点击概率。Koren 在 2009 年[141] 首次提出了针对用户兴趣迁移变化进行建模的协同过滤算法，通过将时间因素引入因子模型，在原始 SVD++ 算法的基础上，通过线性函数与样条函数，综合建模了随时间变化的用户全局兴趣迁移，与特定时间内的兴趣迁移，形成了 timeSVD++ 算法：

$$\hat{r}_{uv}(t) = \mu + b_v(t) + b_u(t) + \boldsymbol{q}_v^\top \left[\boldsymbol{p}_u(t) + |R(u)|^{-\frac{1}{2}} \sum_{j \in R(u)} \boldsymbol{y}_j \right], \boldsymbol{q}_v \in \mathbb{R}^k$$

$$(4\text{-}102)$$

式中，μ 是平均评分；$b_u(t)$ 和 $b_v(t)$ 分别是随时间变化的用户偏置与物品偏置；q_v 是物品特征向量，可以认为其不随时间发生显著变化（因为物品与人不同的是，特征不随时间发生明显变化）；$\boldsymbol{p}_u(t)$ 则是随时间变化的用户特征；$R(u)$ 是包含了用户评分过的物品集合；$\boldsymbol{y}_j$ 则是物品因子特征。这个公式将用户评分拆解成了不同的部分，同时又考虑到随时间变化的用户特征与偏置项，具有建模时序特征的能力。

该算法由于显式建模了用户兴趣的变化，性能比传统方法获得了大幅提高。此后，将时间或者用户行为序列加入建模方案的因子表征算法也有相关文献[142, 143] 发表。Tong Chen 等人在一份研究工作[143] 中提出，传统的因子分解机一般都忽略了用户交互行为中的序列信息，即使 Rajiv Pasricha 等人在文献[142] 中已经建模了序列特征，但仅仅考虑了最新的一个物品的影响，以至于可能导致信息偏差与错误的推荐结果。Tong Chen 在文中提出了序列感知的因子分解机算法，用于预测用户下一时刻评分或点击概率。如图 4-19 所示，用户与物品端的特征被分为静态视角特征与动态视角特征两个部分，文章采用了静态视角特征交互，同时采用了类似于早期因子分解机方法的交叉视角特征交互以及动态视角特征交互，后者基于自注意力机制的神经网络结构实现。另外，文章还根据用户访问物品的顺序，针对输入的序列进行掩码，以保证用户访问序列在建模时的正确使用顺序，不至于产生信息泄露。文章在对比实验中取得了远超过传统因子分解机方法的诸多算法，充分证明了利用序列信息进行因子建模用于序列预测的优越性。

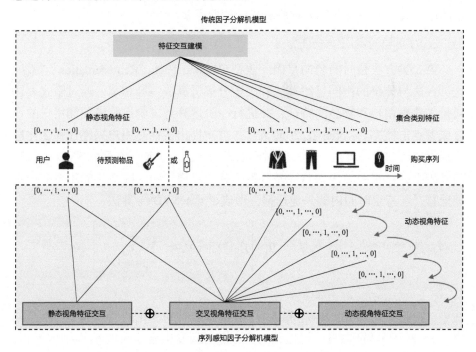

图 4-19　用于时序预测分析的序列感知因式分解机模型[143]

3. 基于马氏链的序列建模方法

第三类是基于马氏链或者马尔可夫链（Markov Chain，MC）的序列建模方法。马氏链是一种用于建模状态概率分布与状态转移概率的著名方法，它的核心思想是将用户在 t 时刻的购买或者点击行为建模为在 $(t-1)$ 时刻的购买行为下的条件发生概率：

$$p(B_t|B_{t-1}) \tag{4-103}$$

式中，$B_t \in 2^{|I|}$ 表征该时刻下的用户购买行为；I 表示所有物品的集合。在建模了用户购买物品的条件概率之后，用户购买某件物品 l 之后购买物品 i 的概率 $a_{l,i}$ 可以定义为

$$a_{l,i} = p(i \in B_t|l \in B_{t-1}) \tag{4-104}$$

Steffen 在论文[136] 中首次提出将基于马氏链的序列建模方法用于推荐系统中用户序列行为的因子分解算法 FPMC（Factorizing Personalized Markov

Chains）。根据上式的定义，Steffen 首先定义了用户 u 的个性化的条件购买概率：

$$a_{u,l,i} = p(i \in B_t^u | l \in B_{t-1}^u) \tag{4-105}$$

然后提出了基于 Tucker 张量分解的因子分解算法：

$$\hat{A} = C \times_U V^U \times_L V^L \times_I V^I \tag{4-106}$$

式中，$C \in \mathbb{R}^{k_U, k_L, k_I}$ 是核心张量；$V^U \in \mathbb{R}^{|U| \times k_U}$、$V^L \in \mathbb{R}^{|L| \times k_L}$、$V^I \in \mathbb{R}^{|I| \times k_I}$ 分别是用户特征矩阵、前次购买特征矩阵、预测物品特征矩阵，k 则是特征的长度，属于模型的超参数。文章使用预估的转移概率张量 $\hat{A}$ 来估计下一时刻用户感兴趣（更有意愿购买）的物品：

$$\hat{p}(i \in B_t^u \mid l \in B_{t-1}^u) = \frac{1}{|B_{t-1}^u|} \sum_{l \in B_{t-1}^u} \hat{a}_{u,l,t}$$

$$= \frac{1}{|B_{t-1}^u|} \sum_{l \in B_{t-1}^u} (v_u^{U,I}, v_i^{I,U} + v_i^{I,L}, v_l^{L,I} + v_u^{U,L}, v_l^{L,U}) \tag{4-107}$$

由于用户对物品 i 的兴趣与 l 无关，所以可以将 $v_u^{U,I}$、$v_i^{I,U}$ 项移到求和式外。这篇论文首次将马氏链模型用于个性化推荐，并提出了针对马氏链中转移概率矩阵的个性化因子分解，用于降低转移概率矩阵的估算复杂度问题。但是，FPMC 算法难以解决稀疏性问题，以及在很多长尾分布的数据集中表现不佳，即针对特定用户、特定物品的推荐可能存在数据量小、难以被模型准确刻画的问题。He 等人在另一篇文章[135] 中提出了一种基于物品相似度建模与高阶马氏链的时序推荐方法 Fossil，并做出了两个改进。首先，使用物品相似度矩阵代替用户对物品的全局偏好的建模，并利用用户历史行为集合 $\mathcal{I}_u^+$ 对用户偏好进行了筛选；同时，该论文引入了高阶马氏链的建模方法，同时考虑了最近 L 个用户行为对当前预测的影响。Fossil 模型中针对时序用户行为进行建模的部分基本与 FPMC 保持一致，不过加入了高阶马氏链的用户偏好加权系数，在实验对比中也表现出了相比传统基于马氏链的推荐算法 FMC 以及个性化马氏链建模方法 FPMC 更优的预测性能与推荐效果。

4. 基于深度学习的序列推荐算法

第四类方法是基于深度学习的序列推荐算法。传统的序列推荐算法主要依赖于矩阵分解或者因子分解的求解范式，即将高维、稀疏的用户–物品历史交互行为矩阵，或者是马氏链中的物品偏好转移概率矩阵分解为低秩的表达，抑或是将用户交互行为构建为独热编码，再使用因子分解机进行特征交互建模，用于用户行为预测与序列推荐。这类方法虽然在一定程度上已经支持用户行为序列的建模与优化，但是难以建模更长的用户行为序列，同时在复杂特征的建模、特征交互与表征学习上存在固有的局限性。如图 4-20 所示，从2015 年开始，随着深度学习方法在推荐系统与用户反馈预估任务中的广泛应用，序列化推荐系统也适应深度学习的浪潮，众多基于深度学习的序列化推荐算法大量出现，最近几年相关论文发表呈现井喷式增长。

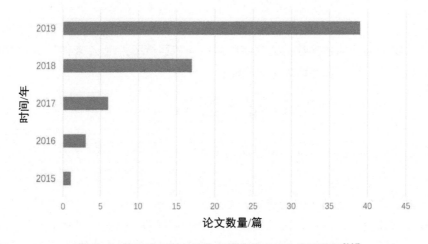

图 4-20　基于深度学习的序列推荐算法论文发展趋势[144]

　　按照深度学习模型的角度来区分，基于深度学习的序列推荐算法主要由自回归的循环神经网络或非自回归的深度学习模型构建，以及通过记忆神经网络来建模用户行为序列。同时，深度学习方法的提出主要是为了解决用户序列行为建模的难题，例如序列模式的挖掘、超长用户行为序列的建模。也有一些研究工作介绍了如何将用户端行为序列和物品端访问用户序列进行联合建模，以加强序列推荐的综合效果。接下来的内容将针对这些最新的算法进行梳理和介绍。

4.4.3　基于循环神经网络的序列推荐

　　Hidasi 等人在论文[145] 中首次提出使用一种循环神经网络来建模用户行为序列，算法名称为 GRU4Rec。本节首先介绍其使用的循环神经网络单元的结构细节，然后介绍详细的建模思路。

　　有关循环神经网络的内容请参考本书第 3 章。标准循环神经网络的更新

公式可以表述为

$$h_t = g(Ux_t + Wh_{t-1}) \tag{4-108}$$

式中，h_t 是当前 t 时刻循环神经网络的隐状态向量，在不同时刻的隐状态向量将根据前一时刻的隐状态向量 h_{t-1} 与当前时刻的输入信息向量 x_t 来更新；光滑、有界的函数 g 是循环神经网络的单元函数，它将负责更新循环神经网络的隐状态。

　　Hidasi 在文中采用了门控循环单元（Gated Recurrent Unit，GRU），这种网络结构能减轻标准循环神经网络中的梯度消失问题。GRU 的隐状态更新公式为

$$h_t = (1 - z_t)h_{t-1} + z_t\hat{h}_t \tag{4-109}$$

这里的更新门数值计算方法可由下列公式概括

$$z_t = \sigma(U_zx_t + W_zh_{t-1}) \tag{4-110}$$

同时，候补隐向量也由类似的方式计算

$$\hat{h}_t = \tanh(Ux_t + W(r_t \odot h_{t-1})) \tag{4-111}$$

$$r_t = \sigma(U_rx_t + W_rh_{t-1}) \tag{4-112}$$

　　在使用循环神经网络的建模过程中，若位于第 t 个时间步，论文作者将用户真实曾经在同一次会话中交互过的物品或物品序列作为循环神经网络单元的输入，首先经过一个嵌入层。如果是将物品作为输入，那么输入的向量为独热编码直接经过嵌入层；如果是将物品序列作为输入，论文作者将序列中所有物品的编码向量经过嵌入层之后加权求和（更近期的历史行为权重相对更高），再继续进行后续的计算。然后，信息将经过多个门控循环单元的计算，再经过一层前馈计算层（普通的全连接神经网络层），最后输出当前用户对商品的喜好分数。整个计算过程如图 4-21 所示。算法的损失函数为贝叶斯个性化排序损失与首一损失（top1 Ranking Loss）函数。

　　GRU4Rec 还使用了一系列算法创新来实现这一结构，使得训练效率更高。首先，考虑到不同的用户访问会话长短不一，论文作者将多个会话序列并行处理为一个批数据（batch data），然后使用循环神经网络单元从左往右依次并行计算；同时，在批数据中已经结束的序列末尾拼接一个其他的新会话序列，以支持灵活的计算需求。另外，考虑到推荐系统中物品的类目庞大，种类繁

多，如果最后的评分对所有商品都计算，则其计算复杂度之高难以承受。所以，论文作者还采用了一种加权的负采样策略，将用户真实交互过的物品作为预测的正例，将批数据中其他序列中包含的物品作为负例，构建出一种负采样的方案。同时，考虑到不同批数据中包含了所有用户曾经交互过的其他物品，所以这种负采样策略也是一种基于统计受欢迎程度的采样，即一种物品被越多的用户交互过，则其越容易被采样到。

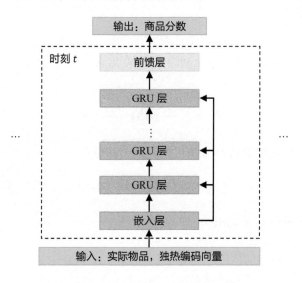

图 4-21　基于门控循环神经网络的推荐算法[145]

GRU4Rec 作为一种经典的循环神经网络用于序列推荐的算法，界定了循环神经网络用于序列推荐的基本操作逻辑，后续的方法基本沿用这一方法的构造思路，所以下文不再赘述类似算法的细节结构。这个算法的优点是使用自回归神经网络结构来建模用户兴趣与行为模式的非线性变化，同时考虑到了用户过去历史行为和最近的行为对下一时刻用户对物品的兴趣的影响。这类方法也有一些缺点，首先是计算复杂度较高，计算速度较慢，针对用户历史行为序列的建模是从时间较久的行为到最新的行为依次输入并计算一遍，每个循环神经网络单元的计算逻辑较为复杂，如果序列长度较长，计算时间将以线性复杂度上升，总体时间消耗非常高，在实时线上系统中可能无法承受。于是，有许多解决方案应运而生。

4.4.4 基于非自回归神经网络的序列建模

基于非自回归神经网络的序列建模主要包括卷积神经网络与 Transformer 模型两种，本文将依次介绍这两类方法的经典算法。

卷积神经网络最早应用于计算机视觉与图像处理领域。在序列推荐的场景中，用户访问的物品特征序列按照时间顺序依次排列，就像是形成了一张"图"，基于卷积神经网络对用户行为序列进行建模的方法就是采用了类似的想法。Tang 等人在论文[146] 中提出了 Caser（Convolutional Sequence Embedding Recommendation）算法，总共分为三个模块，即嵌入表征查表模块、卷积层模块和全连接层模块，下面将依次介绍这三个模块的具体计算流程。

嵌入表征查表模块如图 4-22 左侧所示，Caser 算法将用户 u 在 t 时刻的最近的 L 个历史行为序列组成的独热编码组合成一个大的张量，然后与嵌入字典（Embedding Dictionary）M 进行交互后，获得嵌入向量组成的新表征 $E^{(u,t)} = [Q_{S^u_{t-L}}, \cdots, Q_{S^u_{t-2}}, Q_{S^u_{t-1}}]^\top \in \mathbb{R}^{L \times d}$，其中的 $Q_{S^u_t} \in \mathbb{R}^d$ 是用户 u 在 t 时刻交互物品的 d 维实值表征向量。同时，每位用户也将得到自身的用户表征向量 $P_u \in \mathbb{R}^d$，用于后续的建模与计算。

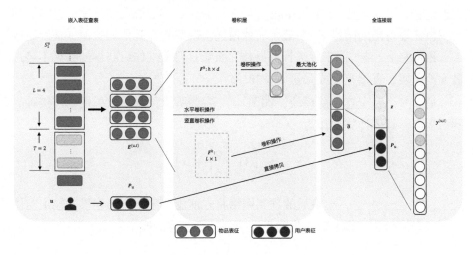

图 4-22　基于卷积神经网络的用户行为序列建模[146]

卷积层模块是将卷积操作应用于前面拿到的特征张量上。首先，Caser 算法将 $L \times d$ 维的实值矩阵 E 看作前面 L 个用户历史行为在隐空间中的表征向量组合而成的一张"图"。接下来，如图 4-22 所示中部卷积层模块，Caser 算法将采用水平卷积和竖直卷积两种操作方式，分别对用户表征张量进行卷积操作。水平卷积核是 $h \times d$ 维的矩阵，在实验中，论文作者设置了 n 个水平卷

积核 $\boldsymbol{F}^k, 1 \leqslant k \leqslant n$，每个卷积核采用了 $h=2$ 的参数，即一次卷积操作构建长为 2 的建模视野，并且按矩阵 $\boldsymbol{E}$ 的行从上往下扫描依次计算。同时，算法还采用了竖直卷积操作，采用了 $\tilde{n}$ 个 $L \times 1$ 维的卷积核 $\tilde{\boldsymbol{F}}^k, 1 \leqslant k \leqslant \tilde{n}$，沿着矩阵 $\boldsymbol{E}$ 的列从左往右扫描依次计算。通过这些操作，Caser 算法能够挖掘和建模复杂的物品序列共现关系，并更好地针对用户兴趣以及未来可能交互的物品进行预测。卷积操作的计算过程可以用下面的数学式表达为

$$c_i^k = \phi_c(\boldsymbol{E}_{i:i+h-1} \odot \boldsymbol{F}^k), \ 1 \leqslant i \leqslant L-h+1 \tag{4-113}$$

$$\boldsymbol{c}^k = [c_1^k c_2^k \cdots c_{L-h+1}^k] \tag{4-114}$$

$$\tilde{\boldsymbol{c}}^k = [\tilde{c}_1^k \tilde{c}_2^k \cdots \tilde{c}_d^k] \tag{4-115}$$

$$\tilde{\boldsymbol{c}}^k = \sum_{l=1}^{L} \tilde{\boldsymbol{F}}_l^k \cdot \boldsymbol{E}_l \tag{4-116}$$

式中，ϕ_c 是卷积层的激活函数；$\odot$ 是哈达玛积（矩阵对位乘）操作；$\boldsymbol{E}_l$ 是原始行为序列表征矩阵 $\boldsymbol{E}$ 的第 l 行；k 是不同卷积核 $\boldsymbol{F}$ 的编号；$\boldsymbol{F}$ 是水平卷积核；$\tilde{\boldsymbol{F}}$ 是竖直卷积核。另外，经过水平卷积层计算之后，计算结果会经过最大池化层，即 $\boldsymbol{o} = \{\max(\boldsymbol{c}^1), \max(\boldsymbol{c}^2), \cdots, \max(\boldsymbol{c}^n)\}$，最大池化操作会将每种卷积核计算得出的向量 $\boldsymbol{c}^k$ 中最大的数值选出来并放弃其他的数值，最终组成了 n 维向量 $\boldsymbol{o} \in \mathbb{R}^n$ 用于后续计算操作。而竖直卷积操作后获得的结果不经过最大池化层，直接组合成张量 $\tilde{\boldsymbol{o}} = [\tilde{\boldsymbol{c}}^1 \tilde{\boldsymbol{c}}^2 \cdots \tilde{\boldsymbol{c}}^{\tilde{n}}] \in \mathbb{R}^{d\tilde{n}}$。

最后一个是全连接层模块，如图 4-22 右侧所示，这里以单层全连接神经网络为例，具体计算操作为

$$\boldsymbol{z} = \phi_a \left(\boldsymbol{W} \begin{bmatrix} \boldsymbol{o} \\ \tilde{\boldsymbol{o}} \end{bmatrix} + \boldsymbol{b} \right) \tag{4-117}$$

式中，$\boldsymbol{W} \in \mathbb{R}^{d \times (n+d\tilde{n})}$。最后的预测网络将之前用户序列行为建模的输出与用户嵌入表征向量一起考虑作为输入，预测最终的点击概率：

$$\boldsymbol{y}^{(u,t)} = \boldsymbol{W}' \begin{bmatrix} \boldsymbol{z} \\ \boldsymbol{P}_u \end{bmatrix} + \boldsymbol{b}' \tag{4-118}$$

式中，预测向量 $\boldsymbol{y}^{(u,t)}$ 是用户 u 在时刻 t 对不同的物品进行交互的概率。

目前本章介绍的序列建模方法都基于一个相同的假设，即用户的兴趣与最近交互的行为有关。然而，这些方法主要聚焦于短期用户建模，受限于用户最近期的行为。现如今，用户已经在不同的网络平台上都累积了非常长的行为序列，如表 4-1 所示。如果考虑比较长的用户行为序列，现有方法可能无法

对周期性的、多变的、持续动态变化的用户兴趣做出有效建模。Zhang 等人在文献[147] 中额外利用了一个静态的用户表示向量来建模用户固有的兴趣，与用户短期兴趣不同的是，用户固有兴趣不受时间的影响，但是这类方法忽略了用户多样的兴趣特点。Ying 等人[148] 提出了基于用户行为序列特征上的多层注意力方法来建模用户长期兴趣。但是他们的模型只能获取较为简单的行为模式，没有考虑长期和多跨度的行为依赖。此外，已有研究工作几乎都没有考虑对用户终生行为序列建模，所以不能得到一个完整的、综合的用户画像。

4.4.5　基于自注意力机制的序列推荐

非自回归序列建模用于序列推荐的算法除了 Caser，还有一些基于自注意力机制的模型。这类方法最初由 Kang 等人[133] 提出，之后又有相关研究工作发表[149]。这类方法与 GRU4Rec、Caser 算法的建模思路类似，只不过在针对用户行为序列进行建模计算时，替换了不同的模型。与其他非自回归序列建模算法不同的是，Kang 等人提出的 SASRec 算法使用的是 Transformer 模型[150]。Transformer 模型的计算过程与卷积神经网络不同的地方在于，它使用的是自注意力机制（self-attention）建模用户历史行为序列。同时，在使用自注意力机制的过程中，Kang 等人加入了因果关系（causality）建模，即在 t 时刻的序列建模过程中，隐藏 t 时刻之后的序列信息，防止信息泄露。本章接下来介绍基于自注意力机制的序列推荐模型 SASRec。

SASRec 模型同其他序列推荐模型一样，首先采用了嵌入表征层，将原始用户 u 行为序列 $(S_1^u, \cdots, S_L^u)$ 经过项目嵌入字典 $\boldsymbol{M}$ 转换得到长度为 L 的表征矩阵 $\boldsymbol{E} \in \mathbb{R}^{L \times d}$，并同时将序列中项目的相对位置进行位置建模，得到位置嵌入 $\boldsymbol{P}$，并与原始行为序列嵌入矩阵进行拼接，得到序列输入矩阵：

$$\widehat{\boldsymbol{E}} = \begin{bmatrix} \boldsymbol{E}_{s_1} + \boldsymbol{P}_1 \\ \boldsymbol{E}_{s_2} + \boldsymbol{P}_2 \\ \vdots \\ \boldsymbol{E}_{s_L} + \boldsymbol{P}_L \end{bmatrix} \tag{4-119}$$

式中，$\boldsymbol{P}_l, l \in [1, L]$ 是第 l 个用户行为表征的位置嵌入向量。接下来，输入表征矩阵 $\widehat{\boldsymbol{E}}$ 将进入自注意力层进行后续计算。

本书 3.3.3 节已经介绍了注意力机制的计算方式，回顾一下注意力模块的计算方式：

$$\text{Attention}(\boldsymbol{Q}, \boldsymbol{K}, \boldsymbol{V}) = \text{Softmax}\left(\frac{\boldsymbol{Q}\boldsymbol{K}^\top}{\sqrt{d}}\right)\boldsymbol{V} \tag{4-120}$$

式中，Q 表示查询矩阵；K 表示键矩阵；V 表示值矩阵（每行代表一个项目）。这里的点乘操作将查询矩阵与键矩阵对应行进行交互操作，并计算出对值矩阵每行的加权数值。在自然语言处理领域，一般设置键矩阵与值矩阵赋值相同，即 $K = V$。表征矩阵 $\hat{E}$ 经过自注意力层时的具体计算过程为

$$X = \text{SA}(\hat{E}) = \text{Attention}(\hat{E}W^Q, \hat{E}W^K, \hat{E}W^V) \tag{4-121}$$

表征矩阵会首先分别经过三种线性映射，保持一致的映射结果，然后依次以查询、键、值矩阵输入注意力计算公式，得到综合的表征矩阵 X。

这里值得注意的一点是，用户行为序列建模与预测具有"时序性"，即预测 $(l+1)$ 时间步的用户行为时，无法知悉预测时刻之后的用户行为 $S^u_{(l+1):L}$，所以在针对序列进行自注意力层的计算操作时，必须加入因果关系（causality）的建模，即位置 i 的计算结果必须由 j 位置的结果得出，且 $(j < i)$。所以在实现注意力计算时，需要注意限制计算流程中 Q、K 和 V 的所有计算均保持时序依赖，否则会出现信息泄露。

考虑到目前为止的操作包括注意力计算均为线性操作，为了在模型中引入非线性操作，自注意力层会在接下来加入非线性层：

$$F_i = \text{FFN}(X_i) = \text{ReLU}(X_i W^{(1)} + b^{(1)})W^{(2)} + b^{(2)} \tag{4-122}$$

式中，$W^{(\cdot)} \in \mathbb{R}^{d \times d}$ 是方阵；$b^{(\cdot)} \in \mathbb{R}^d$ 是向量。

> **注意**
>
> 式中的 X_i 与 X_j 没有交互，整个过程依旧保持了序列依赖。

介绍完注意力层的计算操作后，接下来 SASRec 模型将多层自注意力层进行堆叠计算，增强模型的建模与表达能力：

$$X^{(b)} = \text{SA}(F^{(b-1)}), \tag{4-123}$$

$$F_i^{(b)} = \text{FFN}(X_i^{(b)}), \forall i \in \{1, 2, \cdots, L\} \tag{4-124}$$

对于多层神经网络来说，过多的层数与过深的网络可能会导致训练不稳定甚至出现过拟合问题，SASRec 继续引入三种机制：残差连接（Residual Connection）、层标准化（Layer Normalization）与弃置（Dropout）。残差连接主要参考了 He 等人发表的深度残差网络[133] 的实现，层标准化的公式为

$$\text{LayerNorm}(x) = \alpha \odot \frac{x - \mu}{\sqrt{\sigma^2 + \varepsilon}} + \beta \tag{4-125}$$

对于任意的输入向量 $\boldsymbol{x}$，层标准化操作首先统计均值 μ 与标准差 σ，然后进行标准化操作，并与可被优化的参数 $\boldsymbol{\alpha}$ 作对位相乘操作后，加上另一个可优化偏置项 β。弃置操作最初由 Srivastava 等人[151] 提出，其操作主要分为两步，训练时以较小的概率数值 p 使得某些神经单元计算失效（输出为 0），在推理时则关闭该操作，保持所有神经网络的单元为激活状态。

SASRec 模型在最后预测的阶段将最后一层的输出与项目嵌入字典的条目进行交互操作：

$$r_{u,v,t} = (\boldsymbol{U}_u + \boldsymbol{X}_t^{(b)})\boldsymbol{M}_v^{\top} \tag{4-126}$$

来计算用户 u 在 t 时间步时对项目 v 的偏好概率 $r_{u,v,t}$。其中，$\boldsymbol{U}_u$ 是用户 u 的用户表征向量。

模型的训练标签由用户真实行为序列 $(S_1^u, \cdots, S_{|S^u|-1}^u)$ 组成，

$$o_t = \begin{cases} S_{|S^u|}^u, & t = L \\ S_{t+1}, & 1 \leqslant t < L \\ \langle\text{pad}\rangle, & \text{otherwise} \end{cases} \tag{4-127}$$

不同时刻的真实标签是下一时刻用户的真实行为，而 $\langle\text{pad}\rangle$ 则是填充用户行为序列中不足 L 的部分，没有真实含义。最后，SASRec 模型在二分类交叉熵损失函数下进行训练与优化。

4.4.6　基于记忆神经网络的序列推荐

为了更加合理地建模较长的用户行为序列，众多研究者将目光转向了记忆神经网络。基于记忆神经网络的序列建模最初由 Chen 等人在一篇论文[152] 中提出。论文作者借鉴了自然语言处理领域的外部记忆网络（External Memory Network）[153, 154] 的设计，针对每位用户维护了一个私有的记忆矩阵 $\boldsymbol{M}^u$，在预测用户 u 对物品 i 的交互概率时，会使用物品表征 $\boldsymbol{q}_i$ 进行记忆查询，获得记忆表征向量

$$\boldsymbol{p}_u^m = \text{READ}(\boldsymbol{M}^u, \boldsymbol{q}_i) \tag{4-128}$$

接下来，算法会将记忆表征向量 $\boldsymbol{p}_u^m$ 和用户固有表征向量 $\boldsymbol{p}_u^m$ 进行拼接获得用户，其中的拼接函数在文献中以加权和的方式实现：

$$\text{MERGE}(x, y) = x + \alpha y \tag{4-129}$$

$$p_u = \mathrm{MERGE}(p_u^*, p_u^m) = p_u^* + \alpha p_u^m \tag{4-130}$$

式中，α 表示加权系数，由算法训练人员指定。在算法预测用户行为概率 $\hat{y}_{ui}$ 时，论文作者采用了和矩阵分解类似的预测函数，即：

$$\hat{y}_{ui} = \sigma(p_u^\top \cdot q_i) \tag{4-131}$$

对于用户私有记忆模块，还有一个更新函数，在用户和特定的物品进行交互以后，会利用更新函数对记忆模型中的记忆矩阵进行更新操作：

$$M^u = \mathrm{WRITE}(M^u, q_i) \tag{4-132}$$

如图 4-23 所示，用户表征向量会用于读取（READ）和写入（WRITE）用户记忆模块的操作。

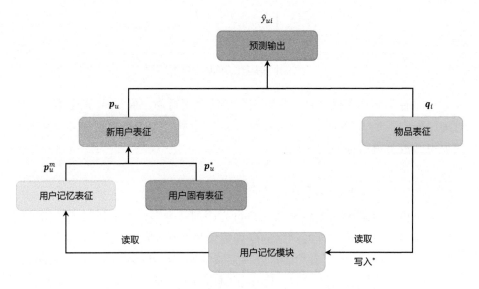

图 **4-23**　基于记忆网络的序列推荐模型 RUM 框架[152]

Chen 等人[152] 在 RUM 论文中实现了两种读写方案，本文将介绍其中一种：物品层级的记忆模块。这种记忆模块存储的是用户最近交互的物品集合 $I_u^+ = \{v_1^u, v_2^u, \cdots, v_{|I_u^+|}^u\}$，其中 v_i^u 是用户 u 访问的第 i 个物品。在整个系统中，用户表征向量 $p_u^* \in \mathbb{R}^d$ 和物品表征向量 $q_{v_i^u} \in \mathbb{R}^d$ 是 d 维实值向量。用户记忆模块 $M^u \in \mathbb{R}^{d \times K} = \{m_1^u, m_2^u, \cdots, m_K^u\}$ 总共有 K 个记忆槽，用于存储用户相关的记忆表征向量。

对于记忆模块的读取操作 READ，Chen 在文献中采用了基于注意力机制的记忆读取方式，计算当前物品 q_i 与记忆模块中的内容 M^u 的相关性：

$$w_{ik} = q_i^\top \cdot m_k^u, z_{ik} = \frac{\exp(\beta w_{ik})}{\sum_j \exp(\beta w_{ij})}, \forall k = 1, 2, \cdots, K \tag{4-133}$$

然后，RUM 通过计算得出的权值读取记忆内容用于后续预测：

$$p_u^m = \sum_{k=1}^{K} z_{ik} \cdot m_k^u \tag{4-134}$$

对于记忆模块的写入操作 WRITE，只有用户实际上真实交互过的物品 $q_{v_i^u} \in I_u^+$ 会影响记忆模块的内容，即 $M^u = \{q_{v_{i-1}^u}, q_{v_{i-2}^u}, \cdots, q_{v_{i-K}^u}\}$，当有最新的用户交互物品加入记忆模块时，内部的内容会随之更新为 $M^u = \{q_{v_i^u}, q_{v_{i-1}^u}, \cdots, q_{v_{i-K+1}^u}\}$，即 $q_{v_i^u}$ 会进入记忆模块并替换最久远的用户交互物品的条目。另外一种基于特征的记忆模块读写模式可以参考原文，总体思路类似于上述方案，这里不再赘述。

基于记忆神经网络的序列推荐算法降低了序列推荐中长序列建模的复杂度，利用外部记忆网络模块的空间来降低每次用户–物品交互概率预测时对长序列建模的线性复杂度，使预测效率得到极大提升。同时，对于过去更加久远的交互物品序列的建模，可以使用更大的记忆网络来实现。然而，基于记忆神经网络的方法的记忆模块容量有限，依旧没有解决超长用户行为序列乃至用户终身行为序列的建模难题。随着用户行为序列越来越丰富，存量用户的占比越来越多，互联网平台面临着超长序列建模的算法挑战。

Ren 等人在文献中基于记忆网络做出了改进，提出了一种用户终身行为序列建模的方案 HPMN（Hierarchical Periodic Memory Network）。作者首先将记忆模块分成了 L 层，并且在每层采用了不同的更新频率，对于第 l 层记忆模块，其更新频率为 2^{l-1}。举例来说，假设用户记忆模块分为 3 层，那么第 1 层的更新频率为 1，即用户每交互一次物品，都将更新这一层记忆模块的内容；第二、三层的更新频率分别为 $2^{2-1} = 2$，$2^{3-1} = 4$，即这两层分别在用户与 2 个、4 个物品交互后才会更新记忆内容。同时，在每层的记忆内容更新时，会同时利用下一层的记忆内容，即：

$$m_{l,i}^u = \text{WRITE}(q_i^u, m_{l,i-1}^u, m_{l-1,i}^u), l = 1, 2, \cdots, L \tag{4-135}$$

$$m_{0,i}^u = \text{WRITE}(q_i^u, m_{0,i-1}^u) \tag{4-136}$$

式中，$m_{l,i}^u$ 是当前用户记忆网络第 l 层的记忆内容；$m_{l,i-1}^u$ 是前一次更新后的记忆内容；$m_{l-1,i}^u$ 则是下一层的记忆内容。这种层级化的记忆网络更新方式能充分利用各层之间的记忆内容，将细粒度的记忆内容传入粗粒度的记忆内容层。同时，不同层的记忆内容在更新时还会利用前一次更新后的最新记忆内容，实现类似于循环神经网络的建模效果。

　　层级周期记忆网络 HPMN 在进行预测时，论文作者将其建模结果可视化后发现了非常有意思的结果。如图 4-24 所示，从上到下依次展示了三位用户对应的序列建模结果，左侧的数值可视化向量 $\boldsymbol{w} = [\cdots, w^l, \cdots] \in \mathbb{R}^6$ 展示的是 $L = 6$ 层的层级记忆网络在记忆网络 READ 操作后，不同层的记忆内容的加权系数数值，索引值 l 越大的加权系数代表的是粒度越粗的层级对应的记忆内容对预测的相关性越大。

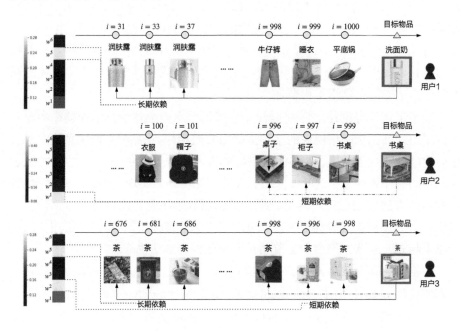

图 4-24　层级周期记忆网络建模效果可视化[129]

　　从图中可以发现，用户 1 当前希望购买洗面奶，从历史行为序列中可以发现，更加久远的历史行为主要是与洗面奶有关的护肤品，粗粒度的层级记忆网络的内容因此获得了更大的权重。反观用户 2，其感兴趣的物品"书桌"与更近的历史行为更加有关，其记忆网络读取后的权重系数在更细粒度的层级上权重更高。而用户 3 的行为序列几乎全是"茶"类相关的物品，所以 HPMN 在建模时对粗粒度和细粒度的记忆层级的利用权重处于较为均衡的状态。这三个例子生动地展示了层级化、不同周期的记忆网络能够抓住多种跨度的用户行为模式，更好地针对用户长行为序列做出建模与优化。

通过这种层级化的记忆模块设计方式，HPMN 模型能利用不同的更新频率，针对不同跨度的用户访问物品序列进行不同粒度的建模，抓住较长跨度的粗粒度时序模式与较短跨度的细粒度时序模式，更好地服务于用户行为的建模与推荐。跨度较长的记忆层可以用于记忆用户不怎么变化的兴趣模式，跨度较短的记忆层被用于建模用户频繁变化的、动态的用户兴趣与行为。

4.4.7 用户、物品双序列建模

在传统的推荐视角下，研究者一般对用户侧与物品侧都给予了相似的关注程度，例如矩阵分解、因子分解机等算法都将用户与物品各自表征为隐空间向量，然后通过二者交互来建模用户对物品的兴趣，预测交互的概率（点击率、购买转化率等）。本节之前的部分介绍了用户侧的行为序列建模，即这些算法只关注了用户浏览物品的序列，并针对这些序列进行了建模，然而对于物品侧的关注仅限于获取物品隐向量表征，一个自然的问题是：我们是否应该关注物品侧的用户访问序列？

Wu 等人在文献[132] 中首次提出了一种综合利用用户侧与物品侧双序列的建模方案——循环推荐网络（Recurrent Recommender Network，RRN）。如图 4-25 所示，用户 u 在当前时刻之前与若干物品进行过交互，组成了图中的用户历史行为序列；曾经访问过物品 v 的用户，组成了图中物品侧的用户序列。二者分别经过循环神经网络的建模，最终获得的隐向量和用户表征、物品表征一同输入预测函数，预测输出最终的交互概率 r_{uv}。

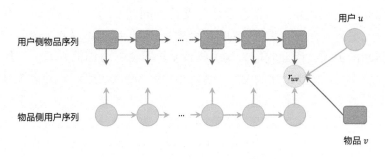

图 4-25　循环推荐网络[132] 示意图

还有其他的算法[155] 也采用了相似的思想，这类算法所依据的假设是，物品侧的用户访问序列，代表了物品的受欢迎程度与物品本身的影响模式。举例来说，很多物品具有季节性特征，例如新年贺卡只在一年中新年节日的一段时间内比较受欢迎，其他时间可能并没有特别多的用户感兴趣。所以，通过

物品侧的用户访问序列，模型就能了解到什么样的物品最近会受到哪些用户的欢迎，通过用户侧的模式挖掘与匹配，推荐算法能够更好地给对应的用户推荐物品；反过来说，也能给对应的物品推荐用户。

总的来说，随着互联网产品的广泛使用与传播，互联网平台面临着大量存量用户的服务需求，同时用户又在产生大量的历史行为，序列推荐系统与算法应运而生。从算法层面考虑，序列推荐可以分为序列模式挖掘方法、时间矩阵因子分解方法、基于马氏链的建模方法与深度学习方法四种。本节介绍了这几种方法类目下的几种典型算法，并按照用户序列的长短依赖详细介绍了几种基于深度学习神经网络模型的算法。通过这些方法的介绍，希望带给读者目前序列推荐算法的整体印象，帮助大家理解和追踪这个领域的前沿推荐算法。

4.5 结合知识图谱的推荐系统

2012 年，谷歌公司提出了"知识图谱"（Knowledge Graph）的概念，其初衷是以更智能的形式展现搜索引擎返回的结果，优化用户体验。现如今，知识图谱已经被广泛地应用在众多应用领域，例如搜索、问答、推荐、文本理解与生成等。知识图谱常用以结构化的三元组形式描述实体与实体间的关系。例如，< 比尔·盖茨，创办，微软 > 是一个知识三元组，"比尔·盖茨"和"微软"是两个实体，在知识图谱中表现为两个节点，"创办"是他们之间的关系，在知识图谱中表现为连接两个节点的边。节点和边之间可以是多对多的关系。因为微软公司是比尔·盖茨和保罗·艾伦共同创办的，所以知识图谱中还有一个三元组为 < 保罗·艾伦，创办，微软 >。知识图谱以显式的语义关系建立了实体间的关系，因此它能直接为推荐系统带来三方面的好处。一是丰富用户–物品、物品–物品之间的关联，缓解用户行为的稀疏性。在推荐系统中，用户和物品的交互行为往往是很稀疏的。通过知识图谱，可以利用不同层面的实体信息得到物品和物品背后隐藏的关系，从而建立更多的用户到物品的关系。如图 4-26 所示，已知用户看过电影《回到未来》，那么该用户很可能也会喜欢电影《阿甘正传》，因为它们同属于导演劳勃·辛密克斯的作品。二是丰富物品的属性，从而学习到更全面的物品表示，提升推荐的准确性。三是利用知识图谱的语义关系，为推荐系统提供可解释性。例如，在图 4-26 中，当为用户推荐推荐电影《阿甘正传》时，基于知识图谱可以生成多条推荐理由，包括"绿里奇迹—汤姆·汉克斯—阿甘正传"和"回到未来—劳勃·辛密克斯—阿甘正传"。本节将围绕这三个方面介绍结合知识图谱的推荐算法。

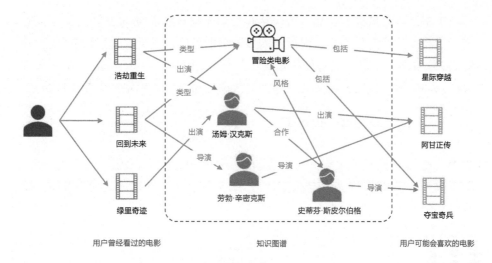

图 4-26　知识图谱增强电影推荐的示例

4.5.1 加强用户–物品交互建模

1. RippleNet 模型

在传统的 item-based 的协同过滤中，用户 u 由其所交互过的物品集合 $C(u)$ 表示，带预测的物品 v 直接和 $C(u)$ 交互得到预测值。知识图谱带来了丰富的物品之间的关系，一种直观的用法便是拓展用户的兴趣物品集合，使得待预测的物品 v 能与更多的内容交互，缓解数据稀疏性。Hongwei Wang 等人基于这种思想提出了 RippleNet[156]。通过模拟水面上荡漾起一圈一圈的波纹，RippleNet 将用户的兴趣在知识图谱上传播和扩散，拉近了用户和未知的物品之间的距离。令 $\mathcal{G} = \{(h,r,t)|\mathcal{E}, \mathcal{R}\}$ 表示知识图谱，$h, t \in \mathcal{E}$ 分别表示一个三元组中的头实体和尾实体，$r \in \mathcal{R}$ 代表联系两个实体的关系。假设推荐系统中的物品可以对应到知识图谱中的实体。为方便表示用户在知识图谱上的拓展兴趣，现定义两个术语：相关实体集和波纹集。

定义 4.1（相关实体集）. 给定用户–物品的交互矩阵 Y 和知识图谱 $\mathcal{G}$，用户 u 的 k 跳相关实体集合：

$$\mathcal{E}_u^k = \{t|(h,r,t) \in \mathcal{G}, h \in \mathcal{E}_u^{k-1}\}, k = 1, 2, \cdots, H \tag{4-137}$$

式中，$\mathcal{E}_u^0 = C(u) = \{v|y_{uv} = 1\}$ 是用户历史交互过的物品集合。

定义 4.2（波纹集）. 用户 u 的 k 跳波纹集定义为以 $\mathcal{E}_u^{k-1}$ 为头节点的知识图谱上三元组的集合：

$$\mathcal{S}_u^k = \{(h,r,t)|(h,r,t) \in \mathcal{G}, 且 h \in \mathcal{E}_u^{k-1}\}, k = 1, 2, \cdots, H \tag{4-138}$$

于是，可以借助波纹集，改善用户相对于候选物品 v 的表示。令 $v \in \mathbb{R}^d$ 表示物品 v 的隐向量表示，根据不同数据集的情况，它可以是来自 ID 的独热编码，或者结合了属性信息的特征表示。先生成用户 u 相对于物品 v 的一阶波纹集兴趣向量。为此，需要对一阶波纹集中的每个关系确定一个相关性系数：

$$p_i = \mathrm{Softmax}(\boldsymbol{v}^\top \boldsymbol{R}_i \boldsymbol{h}_i) = \frac{\exp(\boldsymbol{v}^\top \boldsymbol{R}_i \boldsymbol{h}_i)}{\sum_{(h,r,t) \in \mathcal{S}_u^1} \exp(\boldsymbol{v}^\top \boldsymbol{R} \boldsymbol{h})} \tag{4-139}$$

式中，$\boldsymbol{R}_i \in \mathbb{R}^{d \times d}$ 和 $\boldsymbol{h}_i \in \mathbb{R}^d$ 分别代表关系 r_i 和头实体 h 的嵌入表示。相关性系数 p_i 可以视作物品 v 与头实体 $\boldsymbol{h}_i$ 在关系 r_i 下的相似度。用户基于一阶波纹集的兴趣表示则变为

$$\boldsymbol{o}_u^1 = \sum_{(h_i, r_i, t_i) \in \mathcal{S}_u^1} p_i \boldsymbol{t}_i \tag{4-140}$$

类似地，将式 (4-139) 中的 $\boldsymbol{v}$ 替换为 $\boldsymbol{o}_u^1$ 进行二阶波纹集上操作，便可以得到 $\boldsymbol{o}_u^2$。用户最终的向量表示为 H 个用户兴趣向量的叠加结果：

$$\boldsymbol{u} = \boldsymbol{o}_u^1 + \boldsymbol{o}_u^2 + \cdots + \boldsymbol{o}_u^H \tag{4-141}$$

通常，H 的值不用很大，在文中的三个数据集中，其中一个的最优值设定为 $H = 2$，另外两个的最优值设定为 $H = 3$。用户对物品的偏好建模为两个向量的点积 $\hat{y}_{uv} = \sigma(\boldsymbol{u}^\top \boldsymbol{v})$。图 4-27 描述了 RippleNet 的建模过程。此外，模型同时学习用户–物品的预测效果和知识图谱的建模效果，使用户行为和知识图谱中的实体、关系表示能够在一个端到端的框架下一并优化。

2. KGAT 模型

考虑到知识图谱是组织成图结构的关系数据，如何借助图神经网络来构建基于图知识的推荐系统是一个有前景的任务。传统的有监督的学习方法，例如因子分解机，在抽取出样本的属性特征后，把每个样本视作一个独立的事件进行预测，而忽视了样本之间内在的关系。知识图谱可以把样本之间通过属性关联起来，使得样本之间不再独立预测。很自然地，利用图神经网络，不仅在生成节点的特征表示时可以吸收图结构上多跳之外的内容，还能在预测用户–物品关系时综合考虑周边关系的情况，称为标签平滑（Label Smoothness）。在这个研究方向，本小节介绍一个代表性的工作——KGAT[157]（知识图注意力网络，Knowledge Graph Attention Network）。

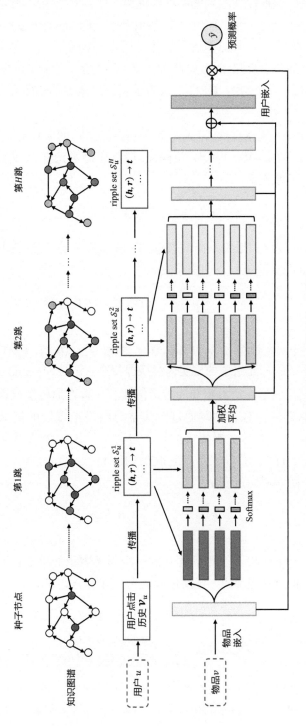

图 4-27　**RippleNet 模型的示意图**

　　为了更方便地建立端到端的训练框架，KGAT 把用户–物品的交互二分图和知识图谱融合在一起，称为"协同知识图"（Collaborative Knowledge Graph，CKG）$\mathcal{G}$。在 $\mathcal{G}$ 中，节点包含了实体、用户和物品；关系包含了原来知识图谱的关系外加一个反映用户–物品的"交互"关系。KGAT 的框架如图 4-28 所示，主要包含三层模块：CKG 嵌入表示层、注意力感知的表示传播层及预测评估层。

　　CKG 嵌入表示层旨在得到蕴藏了知识图结构的实体和关系的嵌入表示，这里采用的是 TransR[158] 模型。TransR 模型使得三元组 (h, r, t) 在关系 r 的投影平面上有平移关系：

$$g(h, r, t) = \| \boldsymbol{W}_r \boldsymbol{e}_h + \boldsymbol{e}_r - \boldsymbol{W}_r \boldsymbol{e}_t \|_2^2 \tag{4-142}$$

式中，$\boldsymbol{W}_r \in \mathbb{R}^{k \times d}$ 是关系 r 的变换矩阵；$g(h, r, t)$ 分数越小，表示三元组 (h, r, t) 成立的概率越大。训练损失函数：

$$\mathcal{L}_{\mathrm{KG}} = \sum_{(h, r, t, t') \in \mathcal{T}} -\log \sigma(g(h, r, t') - g(h, r, t)) \tag{4-143}$$

式中，$\mathcal{T} = \{(h, r, t, t') | (h, r, t) \in \mathcal{G}, (h, r, t') \notin \mathcal{G}\}$；$(h, r, t')$ 是负例三元组，可以通过把正常的三元组中的尾实体替换掉得来；σ 是 Sigmoid 函数。

　　第二个模块是注意力感知的表示传播层，旨在通过层层迭代的形式吸收图上高阶的邻域信息，同时通过图注意力网络把重要的信息保存下来，忽略噪声信息。先考虑一层传播的操作过程。给定一个头节点 h，令 $\mathcal{N}_h = \{(h, r, t) | (h, r, t) \in \mathcal{G}\}$，表示以它起始的所有三元组的集合。那么，节点 h 在图上的一阶邻域向量表示：

$$\boldsymbol{e}_{\mathcal{N}_h} = \sum_{(h, r, t) \in \mathcal{N}_h} \pi(h, r, t) \boldsymbol{e}_t \tag{4-144}$$

式中，$\pi(h, r, t)$ 反映了三元组对 h 的一阶邻域表示的重要程度，也控制了有多少程度的信息从尾节点 t 传播过来。它的计算方式如下：

$$\hat{\pi}(h, r, t) = (\boldsymbol{W}_r \boldsymbol{e}_t)^\top \tanh(\boldsymbol{W}_r \boldsymbol{e}_h + \boldsymbol{e}_r) \tag{4-145}$$

$$\pi(h, r, t) = \frac{\exp(\hat{\pi}(h, r, t))}{\sum_{(h, r', t') \in \mathcal{N}_h} \exp(\hat{\pi}(h, r', t'))} \tag{4-146}$$

　　最后，需要把实体节点 h 自身的嵌入表示 $\boldsymbol{e}_h$ 和它基于邻域的嵌入表示 $\boldsymbol{e}_{\mathcal{N}_h}$ 融合起来，得到节点 h 的新的表示 $\boldsymbol{e}_h^{(1)}$。融合的方式主要有三种选择：

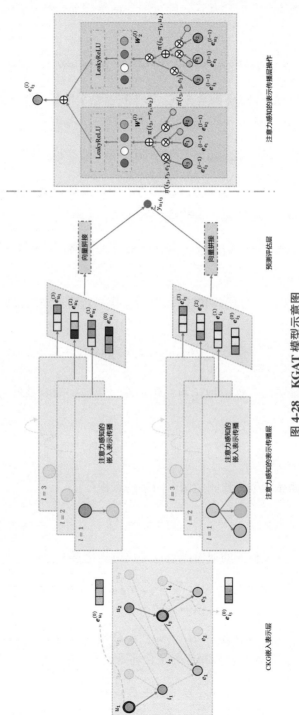

图 4-28　KGAT 模型示意图

第一种为 GCN 聚合方式，即将两个向量相加，然后经过一层非线性变换层：

$$f_{\text{GCN}} = \text{LeakyReLU}(\boldsymbol{W}(e_h + e_{\mathcal{N}_h})) \tag{4-147}$$

第二种为 GraphSage 聚合方式，即先拼接两个向量，再经过一层非线性变换层：

$$f_{\text{GraphSage}} = \text{LeakyReLU}(\boldsymbol{W}(e_h \parallel e_{\mathcal{N}_h})) \tag{4-148}$$

第三种为二重交互聚合方式，即考虑向量的两种交互方式——向量相加和向量的按位点积操作 $\odot$，再经过一层非线性变换层：

$$f_{\text{Bi-Interaction}} = \text{LeakyReLU}(\boldsymbol{W}_1(e_h + e_{\mathcal{N}_h})) + \text{LeakyReLU}(\boldsymbol{W}_2(e_h \odot e_{\mathcal{N}_h})) \tag{4-149}$$

以上是一次注意力感知的表示传播操作。若要考虑更高阶的信息，可以重复堆叠多次：

$$e_h^{(l)} = f(e_h^{(l-1)}, e_{\mathcal{N}_h}^{(l-1)}) \tag{4-150}$$

预测评估层中，需要把用户和物品在各层得到的向量拼接起来得到最终的表示：

$$e_u^* = e_u^{(0)} \parallel \cdots \parallel e_u^{(L)}, \; e_i^* = e_i^{(0)} \parallel \cdots \parallel e_i^{(L)} \tag{4-151}$$

用户对物品的偏好预测为两个向量的点积：

$$\hat{y}_{ui} = e_u^{*\top} e_i^* \tag{4-152}$$

类似地，推荐预测的损失函数也是成对优化误差：

$$\mathcal{L}_{\text{CF}} = \sum_{(u,i,j) \in \mathcal{O}} -\log \sigma(\hat{y}_{ui} - \hat{y}_{uj}) \tag{4-153}$$

式中，$\mathcal{O} = \{(u,i,j)|(u,i) \in \mathcal{R}^+, (u,j) \in \mathcal{R}^-\}$ 表示训练集；$\mathcal{R}^+$ 表示正样本；$\mathcal{R}^-$ 表示采样的负样本。KGAT 的联合训练损失函数：

$$\mathcal{L}_{\text{KGAT}} = \mathcal{L}_{\text{KG}} + \mathcal{L}_{\text{CF}} + \lambda \parallel \Theta \parallel_2^2 \tag{4-154}$$

式中，Θ 表示模型的参数集合。

4.5.2 图谱建模与物品推荐的联合学习

1. KTUP 模型

除了将用户的兴趣在知识图谱上一层层地传播，得到显式的高阶邻居信息，还有一种更简单的建模方式，便是期望学习到的隐向量能直接蕴含知识图谱中的关系信息，从而加强用户和物品的关系。同时，知识图谱包含的数据往往是不完整的，许多三元组关系是缺失的。而预测用户–物品和补全知识图谱这两个任务可以相辅相成，互相帮助。于是，Yixin Cao 等人提出了 KTUP[159] 模型，通过一个统一的基于平移变换（Translation-based Method）的框架 TransH[160]，联合训练用户–物品预测模块和知识图谱补全模块。TransH 原本是一个知识图谱嵌入表示模型，为了更好地建模多对多的关系，它假设每个关系都有一个特有的超平面，两个实体需要投射到一个关系的超平面上才能决定两者之间的关系：

$$f(e_h, e_t, r) = \|e_h^\perp + r - e_t^\perp\| \tag{4-155}$$

式中，$f(e_h, e_t, r)$ 是距离刻画函数，值越小，表明两个实体的关系越接近；$\|\cdot\|$ 是 L_1 范数；$e_h^\perp$ 和 $e_t^\perp$ 是实体在关系 r 平面上的投影向量：

$$e_h^\perp = e_h - w_r^\top e_h w_r, \tag{4-156}$$

$$e_t^\perp = e_t - w_r^\top e_t w_r \tag{4-157}$$

TransH 优化的目标为让知识图谱中正确的三元组关系的 $f(\cdot)$ 值尽量小于错误的三元组关系的 $f(\cdot)$ 值：

$$\mathcal{L}_k = \sum_{(h,r,t)\in g} \sum_{(e',r',t')\in g^-} \max(0, f(e_h, e_t, r) + \gamma - f(e_h', e_t', r')) \tag{4-158}$$

如图 4-29 所示，KTUP 也将用户–物品的关系类似地用 TransH 的框架建模。假设用户交互物品是出于某种偏好类型 p，$p \in P$ 是一系列预选设定好的用户偏好种类，于是对于观察到的用户 u–物品 i 交互记录，有 $u+p \approx i$。因此，相比于普通的只需要建模用户–物品二元关系的推荐模型，KTUP 额外需要一个偏好关系推断模块去推测用户会出于哪种偏好类型交互某个物品。通常，偏好关系推断模块有两种可选策略：单一模式（hard）和复合模式（soft）。在单一模式中，假设用户只会因为某一种偏好因素做决策。此时，需采用 Straight-Through Gumbel Softmax[161] 算法，使得离散化的采样操作能有连续可导的梯度提供端到端的训练。给定一个用户–物品对 (u,i)，决策因素为偏好类型 p，

p 的得分为 $\phi(u, i, p) = \text{dot\_product}(u + i, p)$。偏好类型 p 的选择概率为经过 $\log \text{Softmax}$ 归一化的值：

$$\phi(p) = \frac{\exp(\log(\pi_p))}{\sum_{j=1}^{P} \exp(\log(\pi_j))} \tag{4-159}$$

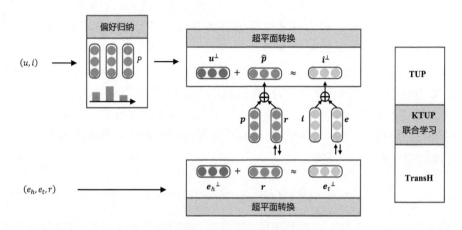

图 4-29　KTUP 模型示意图

在复合模式下，用户会出于多种不同的偏好因素交互某个物品：

$$\boldsymbol{p} = \sum_{\boldsymbol{p}' \in P} \alpha_{\boldsymbol{p}'} \boldsymbol{p}' \tag{4-160}$$

式中，$\alpha_{\boldsymbol{p}'}$ 是偏好 $\boldsymbol{p}'$ 的重要程度，与 $\phi(u, i, p)$ 呈正相关。模仿 TransH 的做法，用户和物品的关系建模：

$$g(u, i; p) = \boldsymbol{u}^{\perp} + \boldsymbol{p} - \boldsymbol{i}^{\perp} \tag{4-161}$$

同理，$\boldsymbol{u}^{\perp}$ 和 $\boldsymbol{i}^{\perp}$ 是在偏好 p 的投影平面上的向量：

$$\boldsymbol{u}^{\perp} = \boldsymbol{w}_p^{\top} \boldsymbol{u} \boldsymbol{w}_p, \; \boldsymbol{i}^{\perp} = \boldsymbol{i} - \boldsymbol{w}_p^{\top} \boldsymbol{i} \boldsymbol{w}_p \tag{4-162}$$

对于单一模式，$\boldsymbol{w}_p$ 是偏好因素 p 对应的投影向量；对于复合模式，投影向量也是通过组合得到的：

$$\boldsymbol{w}_p = \sum_{\boldsymbol{p}' \in P} \alpha_{\boldsymbol{p}'} \boldsymbol{w}_{\boldsymbol{p}'} \tag{4-163}$$

KTUP 采用联合训练的方式同时优化用户–物品的推荐模块和知识图谱补全模块，整个框架如图 4-29 所示。为了建立好两个模块的关系，需要对齐物

品 i 和实体 t，以及偏好因素 p 和关系类型 r 的嵌入表示。具体地，推荐模块
更新为

$$g(u,i;p) = \boldsymbol{u}^{\perp} + \hat{\boldsymbol{p}} - \hat{\boldsymbol{i}}^{\perp} \tag{4-164}$$

$$\hat{\boldsymbol{i}}^{\perp} = \hat{\boldsymbol{i}} - \hat{\boldsymbol{w}}_p^{\top} \hat{\boldsymbol{i}} \hat{\boldsymbol{w}}_p \tag{4-165}$$

$$\hat{\boldsymbol{i}} = \boldsymbol{i} + \boldsymbol{e}, (i,e) \in \mathcal{A} \tag{4-166}$$

式中，$\mathcal{A} = \{(i,e)\}$ 是已知的物品和实体一一对应的集合。同时，需要知识图
谱的关系到用户偏好因素的一一对应 $\mathcal{R} \to \mathcal{P}$，更新过的偏好向量：

$$\hat{\boldsymbol{p}} = \boldsymbol{p} + \boldsymbol{r}, \ \hat{\boldsymbol{w}}_p = \boldsymbol{w}_p + \boldsymbol{w}_r \tag{4-167}$$

推荐模块的损失函数：

$$\mathcal{L}_p = \sum_{(u,i)\in\mathcal{Y}} \sum_{(u,i')\in\mathcal{Y}^-} -\log\sigma[g(u,i';p') - g(u,i;p)] \tag{4-168}$$

最终的损失函数同时考虑了知识图谱补全和推荐预测的误差：

$$\mathcal{L} = \lambda\mathcal{L}_p + (1-\lambda)\mathcal{L}_k \tag{4-169}$$

式中，$\mathcal{L}_p$ 是推荐预测误差；$\mathcal{L}_k$ 是知识图谱补全误差。

2. MKR 模型

联合训练两个任务——物品推荐和知识图谱嵌入表示——能起到互相促
进的作用。众多用户在不同物品之间的协同行为暗示着这些物品背后存在强
关联性，可以作为辅助知识嵌入的依据；同时，知识图谱带来的丰富物品之间
的关系可以很好地缓解协同过滤中的数据稀疏性问题，帮助提升推荐的准确
性。尽管这两个任务之间关联性很强，但仍存在差异点，如何在端到端的联合
训练框架中权衡两个任务之间的信息共享和差异化，使得效果最优，是一个
值得深思的问题。Hongwei Wang 等人提出了 MKR[162] 框架，通过深度神经网
络来自动学习推荐系统中的物品和知识图谱中的实体的信息共享和交互问题。
其核心组件是交叉 & 压缩单元（Cross & Compress Unit），它能够显式地建模
物品和实体的高阶交互关系，自动控制两个任务之间的信息共享和交互程度。
如图 4-30 所示，MKR 主要包含三个模块：推荐模块、知识图谱嵌入模块及交
叉 & 压缩单元。其中，前两个模块是通过交叉 & 压缩单元 C 桥接在一起的。
令第 l 层中，物品和它对应的实体的嵌入表示分别为 $\boldsymbol{v}_l \in \mathbb{R}^d$ 和 $\boldsymbol{e}_l \in \mathbb{R}^d$，那
么 C_l 为一个 $d \times d$ 的外积矩阵：

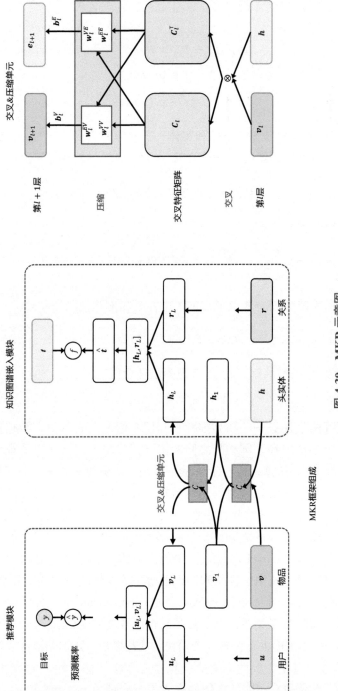

图 4-30 MKR 示意图

$$C_l = v_l e_l^\top = \begin{bmatrix} v_l^{(1)} e_l^{(1)} & \cdots & v_l^{(1)} e_l^{(2)} \\ \vdots & \ddots & \vdots \\ v_l^{(d)} e_l^{(1)} & \cdots & v_l^{(d)} e_l^{(d)} \end{bmatrix} \tag{4-170}$$

式中，C_l 是物品向量和实体向量在第 l 层网络中交互的结果。下一步，需要将交互矩阵压缩成两个向量，分别代表物品向量和实体向量经过了第 l 层网络的输出，同时也是第 $l+1$ 层网络的输入：

$$v_{l+1} = C_l w_l^{VV} + C_l^\top w_l^{EV} + b_l^V = v_l e_l^\top w_l^{VV} + e_l v_l^\top w_l^{EV} + b_l^V \tag{4-171}$$

$$e_{l+1} = C_l w_l^{VE} + C_l^\top w_l^{EE} + b_l^E = v_l e_l^\top w_l^{VE} + e_l v_l^\top w_l^{EE} + b_l^E \tag{4-172}$$

式中，$w_l^* \in \mathbb{R}^d$ 和 $b_l^* \in \mathbb{R}^d$ 是可训练的压缩单元的参数，它们旨在将 $\mathbb{R}^{d \times d}$ 的 C_l 矩阵压缩成 $\mathbb{R}^d$ 的向量。各层的压缩单元的参数是不同的，旨在通过 L 层的交互和变换，捕捉不同程度的任务间信息共享。比如，低层网络需要学习较为通用、泛化的知识，这部分知识在不同的任务间共享的程度较大；而在高层网络中，需要逐渐为不同的任务提取任务特有的知识表达，因此在高层网络中，不同任务间的知识共享程度就相对少一些。为简化表达，令 $C(v_l, e_l)$ 表示一次交互 & 压缩操作。

对于图 4-30 中的推荐模块，其输入为用户向量 u 和物品向量 v，它们既可以是来自 ID 的独热编码，也可以是属性特征，视不同数据集的情况而定。用户向量 u 会经过 L 层 MLP 变换，提取稠密向量表示：

$$u_L = \text{MLP}^L(u) \tag{4-173}$$

物品向量 v 会和它所关联的实体集合 $\mathcal{S}(v)$ 经过 L 层的交互 & 压缩单元提取隐向量：

$$v_L = \mathbb{E}_{e \sim \mathcal{S}(v)}[C^L(v, e)[v]] \tag{4-174}$$

接着，将提取的用户向量 u_L 和物品向量 v_L 经过点积操作，或者拼接起来，经过一个 H 层的 MLP 得到预测值：

$$\hat{y}_{uv} = \sigma(f_{\text{RS}}(u_L, v_L)) \tag{4-175}$$

类似地，对于知识图谱嵌入模块，头实体 h 会经由 L 层的交互 & 压缩单元提取隐向量，关系 r 会经过 L 层的 MLP 层得到隐向量：

$$h_L = \mathbb{E}_{v \sim \mathcal{S}(h)}[C^L(v, h)[h]] \tag{4-176}$$

$$r_L = \mathrm{MLP}^L(\boldsymbol{r}) \tag{4-177}$$

随后，将 $\boldsymbol{h}_L$ 和 $\boldsymbol{r}_L$ 拼接起来，送入一个 K 层 MLP 网络，得到最终的尾实体的预测表示：

$$\hat{\boldsymbol{t}} = \mathrm{MLP}^K([\boldsymbol{h}_L, \boldsymbol{r}_L]) \tag{4-178}$$

知识图谱三元组 (h, r, t) 成立的预测值为尾实体的预测向量和自身向量的相似度，可以经过点积操作或者求余弦相似度：

$$\mathrm{score}(h, r, t) = f_{\mathrm{KG}}(\hat{\boldsymbol{t}}, \boldsymbol{t}) \tag{4-179}$$

模型最终的训练损失函数是推荐函数、知识图谱嵌入函数和正则项三者的累计。

4.5.3　知识图谱增强物品的表示

1. DKN 模型

在新闻推荐场景中，物品是新闻文档，它有两大特点：一是新闻文章的生命周期往往很短，例如，在必应新闻数据上，大约 90% 的新闻在两天之后就不会被用户点击了[163]。因此，传统的基于 ID 的协同过滤算法不能有效地用在新闻推荐上，从文本内容上理解物品的信息是十分关键的；二是新闻文章中往往包含了多个知识实体，它们浓缩了文章的内容，从另一个角度丰富了文章的信息。而传统的自然语言理解模型，例如 Kim CNN[164]，不能很好地捕捉知识实体的信息。因此，Hongwei Wang 等人提出了 DKN[163]，借助知识图谱，把实体信息融入自然语言表示模型中，生成更好的文档表示，从而提高推荐的准确度。其核心模块主要是 KCNN（Knowledge-aware CNN），其结构如图 4-31（a）所示，它是 Kim CNN 的一种拓展，把新闻标题中单词的嵌入表示和它对应的实体嵌入表示、实体一阶邻居的嵌入表示对齐摆放，形成一个 3 维通道的 $d \times n$ 的输入数据。其中，实体的原始嵌入表示是由一个独立的知识图谱嵌入模型，例如 TransE 或者 TransH，训练得到的，因此知识图谱嵌入学习的过程和推荐模型的学习过程不是一个端到端的统一过程。为此，DKN 在原始实体嵌入表示之上，采用了一层非线性投影层，旨在将实体的表示投影到单词的表示空间内：

$$g(e) = \tanh(\boldsymbol{M}e + \boldsymbol{b}) \tag{4-180}$$

然后，在这个三维通道数据上，应用 Kim CNN 模型，得到新闻文档 t 的向量嵌入表示 $e(t)$。

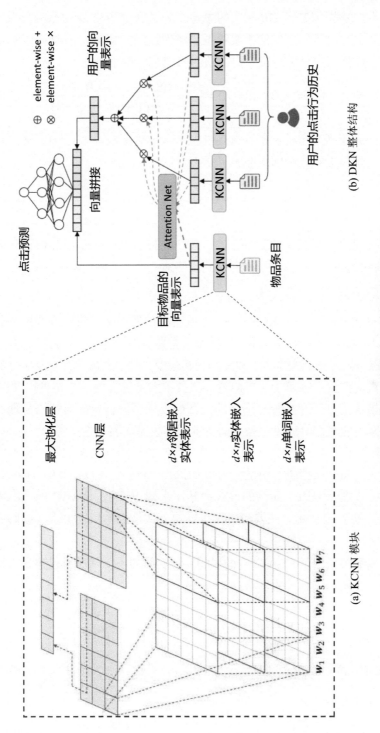

图 4-31 DKN 整体结构示意图和其中的核心模块 KCNN

用户端的建模借鉴了 DIN[130] 的思想，为了区分用户 u 的点击行为历史中，不同的文章对不同主题的重要程度，将带预测的新闻 t_j 的嵌入表示作为查询向量，计算用户行为历史中每篇新闻的注意力权重：

$$s_{t_k^u, t_j} = \text{Softmax}(\mathcal{H}(\boldsymbol{e}(t_k^u), \boldsymbol{e}(t_j))) = \frac{\exp(\mathcal{H}(\boldsymbol{e}(t_k^u), \boldsymbol{e}(t_j)))}{\sum_{i=1}^{N_u} \exp(\mathcal{H}(\boldsymbol{e}(t_i^u), \boldsymbol{e}(t_j)))} \tag{4-181}$$

式中，$\mathcal{H}(\cdot)$ 是注意力网络，它将输入向量拼接起来，经过一个 MLP 得到权重值。用户 u 相对于候选新闻 j 的向量表示为：

$$\boldsymbol{e}(u) = \sum_{k=1}^{N_u} s_{t_k^u, t_j} \boldsymbol{e}(t_k^u) \tag{4-182}$$

为了得到用户对新闻的偏好预测，DKN 将用户向量 $\boldsymbol{e}(u)$ 和候选新闻向量 $\boldsymbol{e}(t_j)$ 拼接起来，经过一个 MLP 得到预测值。

2. KRED 模型

DKN 的核心模块——KCNN——采用卷积神经网络，将对齐的单词和实体作为输入，提取文档的隐向量。这种做法主要有两个缺陷：一是计算复杂度高，需要将实体对齐到文本上，和文本一起建模，对于大量没有涉及实体的文本，则在对应位置上被赋予了零向量，浪费了大量的算力；二是可扩展性低，文本理解模块是基于卷积神经网络的，在如今预训练盛行的自然语言理解时代，KCNN 不能兼容 BERT 等强大的文本理解模型。鉴于这些考虑，Danyang Liu 等人提出了 KRED[165]，一种可扩展性高的知识增强的文档表示模型。对于任意形式的初始文档表示向量，例如 BERT、DSSM、LDA 和 Kim CNN 等，KRED 能够以非常高效、简洁的形式为其注入知识表示。KRED 的文本表示增强模块如图 4-32 所示，主要包含三个模块：实体表示层、上下文编码层和知识聚合层。

实体表示层采用了 KGAT[157] 的思想，将实体的一阶邻居通过注意力机制聚合起来，增强实体自身的表示：

$$\boldsymbol{e}_{\mathcal{N}_h} = \text{ReLU}\left(\boldsymbol{W}_0\left(\boldsymbol{e}_h \oplus \sum_{(h,r,t)\in\mathcal{N}_h} \pi(h,r,t)\boldsymbol{e}_t\right)\right) \tag{4-183}$$

$$\hat{\pi}(h,r,t) = \boldsymbol{w}_2\text{ReLU}(\boldsymbol{W}_1(\boldsymbol{e}_h \oplus \boldsymbol{e}_t \oplus \boldsymbol{e}_t) + \boldsymbol{b}_1) + b_2 \tag{4-184}$$

$$\pi(h,r,t) = \frac{\exp(\hat{\pi}(h,r,t))}{\sum_{(h,r',t')\in\mathcal{N}_h} \exp(\hat{\pi}(h,r',t'))} \tag{4-185}$$

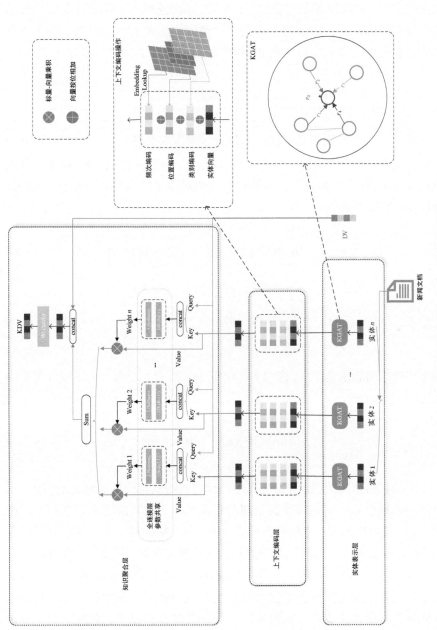

图 4-32　KRED 中的知识增强文档表示模块

上下文编码层旨在把实体出现在文档中的方式刻画出来。例如，出现在标题中的实体往往比只出现在正文中的实体重要程度高；出现次数多的实体往往比较重要。KRED 考虑三种信息：位置、频次和类别。类似于 BERT 模型中的位置和段编码，KRED 为三种信息提供了嵌入表 $C^{(*)}$，并通过嵌入查找的方式取出对应的嵌入向量，叠加到实体表示向量上：

$$e_{\mathcal{I}_h} = e_{\mathcal{N}_h} + C_{p_h}^{(1)} + C_{f_h}^{(2)} + C_{t_h}^{(3)} \tag{4-186}$$

式中，p_h、f_h、t_h 分别表示实体 h 的位置、频次和类别信息。

知识聚合层则是把众多实体信息聚合成一个向量 $e_{\mathcal{O}_h}$。这里，将文档初始的表示向量 v_d 作为查询向量，计算每个实体对该文档的相关程度值，作为注意力权重进行加权融合：

$$\hat{\pi}(h,v) = w_2 \text{ReLU}(W_1(e_{\mathcal{I}_h} \oplus v_d) + b_1) + b_2 \tag{4-187}$$

$$\pi(h,v) = \frac{\exp(\hat{\pi}(h,v))}{\sum_{t \in \mathcal{E}_v} \exp(\hat{\pi}(t,v))} \tag{4-188}$$

$$e_{\mathcal{O}_h} = \sum_{h \in \mathcal{E}_v} \pi(h,v) e_{\mathcal{I}_h} \tag{4-189}$$

文档初始的表示向量 v_d 将和实体向量 $e_{\mathcal{O}_h}$ 拼接，经由一个非线性层得到文档的知识增强表示：

$$v_k = \tanh(W_3(e_{\mathcal{O}_h} \oplus v_d) + b_3) \tag{4-190}$$

一个成熟的新闻推荐系统，光有用户到新闻的推荐模型是远远不够的，还需要许多其他服务，例如新闻到新闻的相关推荐、新闻的类别判断和流行度预测、本地新闻检测等。这些服务组合在一起，才能构成一个全面的新闻推荐系统。而这些服务的核心都是基于内容的文档理解模块。因此，KRED 采用一个多任务的学习机制，训练一个统一的文档知识增强模型来服务不同的任务，这样不仅省去了为每个任务单独训练一个模型的麻烦，还能利用不同任务的数据来促进单任务的效果。如图 4-33 所示，KRED 列出了五种任务，包含用户–新闻的个性化推荐、新闻–新闻的相似推荐、新闻分类、新闻流行度预测和本地新闻检测。不同的任务共享 KRED 的文本增强模块；同时，每个任务各自有少量的模型参数，来迎合特有的需求。

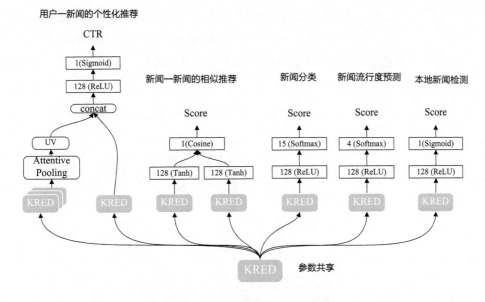

图 4-33　KRED 中的多任务学习机制

4.5.4 可解释性

1. KPRN 模型

知识图谱不仅带来了丰富的辅助信息用来丰富数据内容，更重要的是，它富有语义关系的结构化三元组能够给推荐系统带来可解释性。将用户–物品的交互二分图和知识图谱合并在一起得到协同知识图，在新的图结构上连通用户和物品的路径，就是一条推荐的候选理由。例如，图 4-26 中，"绿里奇迹—汤姆·汉克斯—阿甘正传"和"回到未来—劳勃·辛密克斯—阿甘正传"都可以是为用户推荐电影《阿甘正传》的理由，可以根据不同用户的偏好（例如有些用户比较关注导演，而有些用户比较关注演员），选择其中最适合的路径作为推荐理由。Xiang Wang 等人提出了 KPRN 模型[166]，对协同知识图上的路径进行建模并找出高质量的路径作为推荐理由。KPRN 的任务描述为，给定用户 u 和物品 i，以及在协同知识图上的连接 u 和 i 的所有路径 $\mathcal{P}(u,i) = \{p_1, p_2, \cdots, p_K\}$，预估用户 u 喜欢物品 i 的概率 $\hat{y}_{ui} = f_{\Theta}(u, i|\mathcal{P}(u,i))$。不同于其他基于嵌入表示的推荐模型，$f_{\Theta}(\cdot)$ 不仅能给出打分，而且能基于 $\mathcal{P}(u,i)$ 筛选出推荐理由。

KPRN 模型主要包含三部分：嵌入层、LSTM 层和池化层，如图 4-34 所示。嵌入层负责把实体、实体类别和关系三种不同的 ID 投射到统一的隐状态空间。图 4-34 中的路径，$p_k = \text{Alice} \xrightarrow{\text{交互过}} \text{Shape of You} \xrightarrow{\text{演唱者}} \text{Ed Sheeran} \xrightarrow{\text{创作}}$

÷ $\xrightarrow{\text{收录歌曲}}$ I see Fire，其中的每个实体都会用 [实体, 实体类别, 关系] 对应的三个隐向量拼接起来表示。例如，第一个实体 Alice 表示为 $\boldsymbol{x}_{\text{Alice}} = \boldsymbol{e}_{\text{Alice}} \oplus \boldsymbol{e}'_{\text{user}} \oplus \boldsymbol{r}_{\text{user\_interact}}$；对最后一个实体 I see Fire，因为它是终止节点，所以它对应的关系为一个特殊符号 < end >。

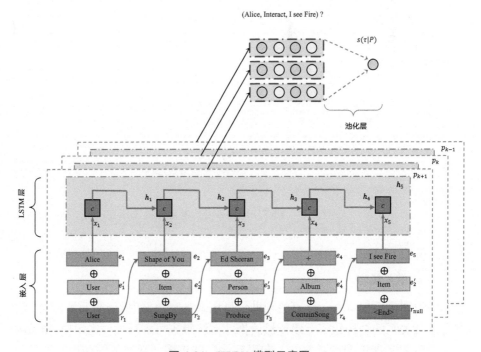

图 4-34   KPRN 模型示意图

得到了路径 p_k 上的实体嵌入表示 $[\boldsymbol{x}_0, \boldsymbol{x}_1, \cdots, \boldsymbol{x}_{L_k}]$ 后，用 LSTM 模型处理这个序列，便得到了这条路径的嵌入表示：$\boldsymbol{p}_k = \text{LSTM}([\boldsymbol{x}_0, \boldsymbol{x}_1, \cdots, \boldsymbol{x}_{L_k}])$。随后，用一个两层的 MLP 得到基于这条路径的偏好预测分：

$$s(\tau|p_k) = \boldsymbol{w}_2^\top \text{ReLU}(\boldsymbol{W}_1^\top \boldsymbol{p}_k + \boldsymbol{b}_1) + \boldsymbol{b}_2 \tag{4-191}$$

对于 $\mathcal{P}(u, i)$ 中的每条路径 p_k，都得到一个路径分 $s_k = s(\tau|p_k)$。为了区分不同路径对预测 $\hat{y}_{ui}$ 的不同重要程度，KPRN 引入一个池化层：

$$g(s_1, s_2, \cdots, s_K) = \log\left(\sum_{k=1}^{K} \text{Softmax}\left(\frac{s_k}{\gamma}\right)\right) \tag{4-192}$$

式中，γ 是控制温度系数的超参数。模型的预测结果：

$$\hat{y}_{ui} = \sigma(g(s_1, s_2, \cdots, s_K)) \tag{4-193}$$

因为 KPRN 模型会对每条路径 p_k 给出打分 s_k，所以，按照分数从高到低排序，便可以取出高分的路径作为推荐理由。

2. PGPR 模型

KPRN 需要先枚举出连接一堆用户和物品的所有短路径，再进行后续的打分。这个枚举过程是很昂贵的。路径的数量会随着路径的长度呈指数级增长，当知识图谱比较大时，这个方案通常是不可行的。不同于先枚举、后打分的思路，另外一种做法是把任务建模成在协同知识图谱上的路径寻找（path finding）过程。从一个用户出发，通过一个游走策略，主动地选择一个邻居作为下一步前进的方向，直到抵达一个目标物品。期间遍历过的轨迹便是一条可解释的连通用户和物品的路径。Yikun Xian 等人[167] 首次形式化地描述了这个框架，并设计了一个基于强化学习的解决方案，名为 PGPR（Policy-Guided Path Reasoning）。PGPR 的任务描述为，给定协同知识图 $\mathcal{G}$、最大路径长度 K 和需要推荐的物品数量 N，对输入的一个用户 $u \in \mathcal{U}$，能给出推荐的物品集 $\{i_n\}_{n \in [N]} \in \mathcal{I}$，使得每个 (u, i_n) 都有一条在协同图上的路径 $p_k(u, i_n)$ 解释其关系。

为了有效地解决这个任务，需要考虑三个关键点：一是因为这个框架是一种主动寻找推荐物品的过程，并没有一个预先设定的目标物品，所以，传统的基于二分类的奖励函数不适用，需要结合历史行为和附属信息，从抵达物品与用户相关程度来设计奖励函数；二是有些实体的邻居数量很多，枚举所有可能的路径是不实际的，需要找到有效的以奖励函数为激励的裁剪可行路径的策略；三是对同一个用户推荐的 N 个物品需要满足多样性要求，不能总是基于类似的路径推荐内容相似的物品。如图 4-35 所示，PGPR 是一个基于强化学习的模型，通过训练得到一个能满足以上三点需求的智能体。该智能体能从一个给定的用户节点出发，自动选择合适的路径，找到好的候选物品。首先，定义这个强化学习方法的四个组成要素：状态（state）、动作（action）、奖励（reward）和转移概率（transition）。

状态：在 t 时刻的状态 s_t 定义为一个三元组 (u, e_t, h_t)，其中 u 表示给定的用户节点，e_t 是 t 时刻抵达的实体节点，h_t 是在 t 时刻前的访问历史。定义 k 步访问历史为在过去的 k 步轨迹上包括的实体节点和关系，即 $\{e_{t-k}, r_{t-k+1}, \cdots, e_{t-1}, r_t\}$。初始状态为 $s_0 = (u, u, \varnothing)$。

动作：针对状态 s_t 的动作空间为所有从 e_t 节点出发的关系（不包括在历史轨迹上已经出现的关系）：$A_t = \{(r, e) | (e_t, r, e) \in \mathcal{G}, e \notin \{e_0, \cdots, e_{t-1}\}\}$。考虑到节点的度有长尾分布的现象，为了提高模型实现中存储的效率，论文作

者采用了一个用户相关的打分器 $f((r,e)|u)$，用来评估每条边 (r,e) 对用户 u 的潜力。每个状态的动作空间就可以限定在前 K_p 个动作上（K_p 是一个超参数）：$\tilde{A}_t(u) = \{(r,e) \mid \mathrm{rank}(f((r,e) \mid u)) \leqslant K_p\}$。

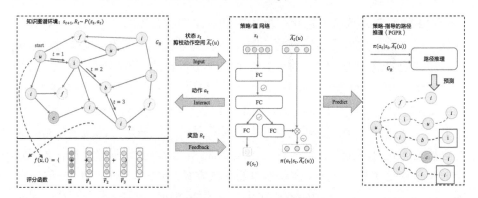

图 4-35 PGPR 的流程示意图

奖励：仅对终止状态 $s_T = (u, e_T, h_T)$ 分配一个由另一个函数 $f(u,i)$ 决定的奖励值：

$$R_T = \begin{cases} \max\left(0, \dfrac{f(u, e_T)}{\max\limits_{i \in \mathcal{I}} f(u,i)}\right), & \text{如果 } e_T \in \mathcal{I} \\ 0, & \text{否则} \end{cases} \tag{4-194}$$

转移概率：给定状态 $s_t = (u, e_t, h_t)$ 和选中的动作 $a_t = (r_{t+1}, e_{t+1})$，转移到下一个状态 s_{t+1} 的概率：

$$P[s_{t+1} = (u, e_{t+1}, h_{t+1}) | s_t = (u, e_t, h_t), a_t = (r_{t+1}, e_{t+1})] = 1 \tag{4-195}$$

基于这个马尔可夫决策过程（Markov Decision Process，MDP）的定义，PGPR 的目标是学习一个策略 π，使得如下累计奖励值最大：

$$\mathcal{J}(\theta) = \mathbb{E}_\pi \left[\sum_{t=0}^{T-1} \gamma^t R_{t+1} | s_0 = (u, u, \varnothing) \right] \tag{4-196}$$

论文作者设计了一个策略网络和一个价值网络，通过 REINFORCE with baseline[168] 的方法求解这个强化学习的任务。策略网络 $\pi(\cdot|\boldsymbol{s}, \tilde{\boldsymbol{A}}_u)$ 的输入是状态表示向量 $\boldsymbol{s}$ 和二值化的动作向量 $\tilde{\boldsymbol{A}}_u$，输出为该动作的概率。价值网络 $\tilde{v}(\boldsymbol{s})$ 可以基于状态表示向量得到一个预估的奖励值，这个值将被用作 REINFORCE 方法中的 baseline 部分。这两个网络的结构如下：

$$\boldsymbol{x} = \mathrm{Dropout}(\sigma(\mathrm{Dropout}(\sigma(\boldsymbol{s}\boldsymbol{W}_1))\boldsymbol{W}_2)) \tag{4-197}$$

$$\pi(\cdot \mid \boldsymbol{s}, \tilde{\boldsymbol{A}}_u) = \text{Softmax}(\tilde{\boldsymbol{A}}_u \odot (\boldsymbol{x}\boldsymbol{W}_p)) \tag{4-198}$$

$$\tilde{v}(s) = \boldsymbol{x}\boldsymbol{W}_v \tag{4-199}$$

式中，$\odot$ 表示哈达玛积；σ 表示非线性激活函数，建议用 ELU；状态表示向量 $\boldsymbol{s}$ 简单地通过拼接 (u, e_t, h_t) 对应的嵌入向量得到；动作向量 $\tilde{\boldsymbol{A}}_u \in \{0,1\}^{d_A}$；$d_A$ 表示预设的最大阶段动作数量。模型的策略梯度：

$$\nabla_\Theta \mathcal{J}(\Theta) = \mathbb{E}_\pi[\nabla_\Theta \log \pi_\Theta(\cdot \mid \boldsymbol{s}, \tilde{\boldsymbol{A}}_u)(G - \tilde{v}(s))] \tag{4-200}$$

式中，G 是从状态 $\boldsymbol{s}$ 到终止状态 s_T 的折扣累积奖励。

现在定义给动作空间做剪枝的打分器 $f((r,e)|u)$。先定义符号 $\tilde{r}_{k,j}$ 表示在连通 e_0 和 e_k 的路径上，前 j 个关系是正向关系，后 $k-j$ 个关系是逆向关系，即路径 $\{e_0, r_1, \cdots, r_k, e_k\}$ 的实际构成为 $e_0 \xrightarrow{r_1} e_1 \cdots \xrightarrow{r_j} e_j \xleftarrow{r_{j+1}} e_{j+1} \cdots \xleftarrow{r_k} e_k$，那么，该多跳关系的得分函数：

$$f(e_0, e_k \mid \tilde{r}_{k,j}) = \text{dot\_product}\left(\boldsymbol{e}_0 + \sum_{i=1}^{j} \boldsymbol{r}_i, \boldsymbol{e}_k + \sum_{s=j+1}^{k} \boldsymbol{r}_s\right) + b_{e_k} \tag{4-201}$$

对一个给定的用户-物品对 (u,e)，令 k_e 表示符合 $\tilde{r}_{k,j}$ 定义的最小的 k 值，那么，用来做动作空间剪枝的打分函数为 $f((r,e) \mid u) = f(u, e \mid \tilde{r}_{k_e, j})$。而用来作为奖励函数的打分器则直接来自用户和物品的相关度：$f(u,i) = f(u, i \mid \tilde{r}_{1,1})$。

为了学习到有意义的实体和关系的嵌入表示，对每个具有合理的 k 跳路径 $\tilde{r}_{k,j}$ 的实体对 (e, e')，取最大化它相对于采样出来的负例 (e, e'') 的概率：

$$P(e' \mid e, \tilde{r}_{k,j}) = \frac{\exp(f(e, e' \mid \tilde{r}_{k,j}))}{\sum_{e'' \text{Neg\_Sample}(\varepsilon)} \exp(f(e, e'' \mid \tilde{r}_{k,j}))} \tag{4-202}$$

受策略网络指导的智能体会倾向于选择累积奖励最大的动作方向，导致找出的路径都十分相似。为了提高智能体产生的路径集合的多样性，PGPR 采用了束搜索（Beam Search）的方法探索潜在的推荐路径。在每个时刻 t，不是根据策略函数只采样出一个动作，而是取概率最大的 K_t（K_t 是超参数）个动作放入探索轨迹中，最后只保留那些终止状态是物品节点的路径。

3. ADAC 模型

类似 PGPR 这样的基于强化学习的路径发现模型，由于协同知识图的状态和动作空间参数巨大，如果让模型从一个完全随机初始化的状态自由学习，那么，不仅收敛速度不够快，也不容易收敛到一个足够好的状态。而且，寻找出来的路径其实只保证了连通性，并不能保证作为解释理由的质量。一条质量高的解释理由，需要在路径中包含用户喜欢的实体及有说服力的关系。因此，Kangzhi Zhao 等人[169] 进一步优化了 PGPR 的框架。论文作者认为，解决这些问题的关键是如何设计一些机制去指导和监督路径发现的学习过程。然而，主要的挑战是，并没有现成标注好的路径解释数据可供监督学习。人工标注是一个非常耗时耗力的过程，并且很难保证标注出来的数据是完备的。因此，Kangzhi Zhao 等人[169] 提出了 ADAC（Adversarial Actor-Critic）模型。首先，以最小的标注代价，用一个基于元启发规则的范例提取器产生一批路径范例。这些范例是不完美的。接着，通过同时优化来自不完美范例的信号和来自路径游走得到的奖励信号，ADAC 能以更好的收敛性训练得到优秀的可解释路径寻找模型。整个过程中有几个重要的组件：基于元启发规则的范例提取器、对抗模拟学习、基于 actor-critic 方法的奖励建模方式。ADAC 模型示意图如图 4-36 所示。

基于元启发规则的范例提取器需要提取出一个连通用户和物品的专家范例路径集合：

$$\Gamma^E = \left\{ \tau^E_{u,v_u} | u \in U, v_u \in V_u, \tau^E_{u,v_u} = \left[u \xrightarrow{r^E_1} e^E_1 \xrightarrow{r^E_2} \cdots \xrightarrow{r^E_k} e^E_k \right] \right\} \quad (4\text{-}203)$$

这里，元启发规则是指所产生的范例路径需要满足一些合适的性质。这些性质包含三个方面：易于获取，比随机产生的路径更具可解释性，能够准确连通用户和他们感兴趣的物品。只要满足了这三个方面的性质，就认为提取的范例路径是有用的——即使它们是不完美的，包含了噪声。论文作者提出了三条启发规则，它们都能够生成满足这三个性质的范例路径：规则一，连接用户和物品的最短路径；规则二，预先设定的元路径（meta-path）；规则三，包含用户感兴趣的实体的路径。基于这三条启发规则，可以产生一批范例路径。

显然，这些范例路径集合是不完美的（不完备，并且带有很多噪声），不能把路径寻找的任务形式化地描述成以范例路径为基准标签的有监督学习过程。ADAC 借助了一个对抗模拟学习的模块，有效地将范例路径的学习和基于协同知识图的奖励探索过程统一在一个强化学习框架下。从图 4-36 可以看出，与 PGPR 最大的不同是，ADAC 不仅有一个以协同知识图为核心的 MDP 环境和执行策略学习部分，还有一个范例集用来指导动作策略的学习过程。智能体通过 Actor-Critic 的方法学习出有效的动作策略。动作策略（actor）产生的路径会被送入对抗模拟学习模块中，与范例集产生的专家路径进行交互。对抗模拟学习模块有两个判别器，用来区分专家路径和动作策略产生的路径。

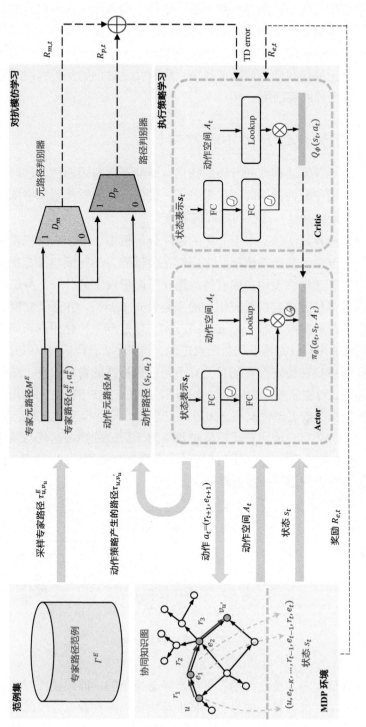

图 4-36　ADAC 模型示意图

而动作策略的任务是"愚弄"判别器，使得判别器无法区分给定的路径究竟是来自动作策略还是范例集。通过这种对抗学习，动作策略可以模仿范例集的精神，产生出高质量的路径。Critic 建模的目标是强化学习的奖励值（终止奖励，即产生的路径能否成功连通用户和其交互过的物品）和两个来自通过愚弄判别器得到的奖励值。

4.6　基于强化学习的推荐算法

传统的推荐算法存在两方面的特点，即静态性与短期性，这两方面的特点提供了建模便利性的同时，也带来了一些劣势。本章接下来将依次介绍这两方面的特点，并针对这些问题提供解决方案。

传统的推荐算法包括本书介绍的矩阵分解模型、因子分解机模型，以及其他基于深度学习的推荐模型，它们都在尝试静态的建模与推荐决策。具体来说，这些算法均假设用户固有的兴趣在不同项目上的分布是静态的，不同的算法通过多种方式建模特有用户的兴趣分布 $p(v|u)$，并基于建模的结果给出下一次推荐的决策，即 $\arg\max_j p(v_j|u)$，以达到最大化用户正向反馈的效果，例如增加用户针对推荐项目的点击率、购买率。具体来说，研究者使用预测模型建模用户在特定推荐场景下对不同候选物品的喜好程度，然后根据当前用户喜好，对物品列表使用个性化排序，呈现在用户侧。之后，用户的反馈将用于重新训练或者调优模型。如图 4-37 所示，推荐模型在离线训练后上线，并给用户推荐项目；而用户反馈将被收集用于后续的模型迭代与调优。可以注意到，线上的推荐模型对用户的实时反馈没有直接的感知；同时，推荐算法对用户的影响也只限于一次推荐行为。

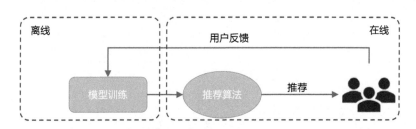

图 4-37　传统推荐算法流程

在这种流程中，传统的推荐算法是静态视角的，即假设推荐算法不会对用户造成影响。推荐算法的静态性将推荐决策约束在静态建模的框架下，降低了解空间的复杂度，提高了建模效率与推荐效果。同时，静态性的假设也带来了一些问题，用户其实一直受到推荐算法的结果影响。用户可能根据推荐内容的变化，产生相应的反馈行为。举例来说，如果一位用户比较喜欢科幻小说，推荐系统会一直推荐科幻小说类目的项目，这对推荐算法来说是合理的，因为历史数据告诉它这位用户的兴趣会处于比较固定的分布，但这可能会造成用户的厌倦，导致其对这些推荐内容的兴趣下降，进而使得点击率或者转化率降低。此时，一个静态推荐模型必须使用最新数据（针对科幻小说相关内容更低的关注度与点击率）重新训练与微调模型，才能适应用户兴趣的变化。随着推荐系统的应用越来越广泛，推荐算法的影响力越来越大，这将导致推荐算法落后于用户日益变化的动态需求，从而催生了后续的动态建模方案。

　　由于模型与算法的优化目标是单次推荐，这就造成一个推荐行为短期性的特点。这种特点使得推荐算法无法根据用户的实时反馈进行调整，忽略了推荐算法对用户造成的长期影响。正如前文描述的案例，如果推荐算法持续推荐同一类商品，就很容易造成用户心理疲劳，使得推荐算法的长期效果下降。如图 4-37 所示，为了弥补这一缺陷，传统推荐算法必须频繁离线更新模型，甚至重新训练。再举一个例子，很多推荐算法的目标是优化用户的购买转化率。用户的购买行为往往是谨慎的，在多个推荐结果的共同作用下才有可能实现最终的购买转化。在这种情况下，单纯优化单次推荐行为的准确性，其实无法达到转化率优化的目的。

　　为了解决传统推荐算法的缺陷，研究者们提出了交互式推荐系统（Interactive Recommender System，IRS）[170, 171]。如图 4-38 所示，交互式推荐系统与传统推荐系统的区别主要有以下几方面。

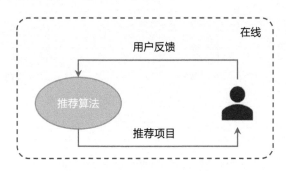

图 4-38　交互式推荐系统流程

- 交互式推荐系统使用在线流程，根据当前用户的实时反馈调整下一次推荐行为（动态性）。交互式推荐系统会假设每次推荐行为将对当前用户产生影响，并将其作为状态信息的一部分来帮助系统决定下一次推荐的项目。

• 交互式推荐系统优化的是长期的目标（长期性），例如多次推荐行为下用户的购买转化率、用户在推荐平台的活跃时长等。这些优化目标均要求推荐系统采取多次推荐行为。

交互式推荐系统作为智能算法的承载体，将用户建模为外界环境，将不同的项目建模为针对环境的不同交互行为的选择，并将用户的实时反馈建模为环境给予自身当前推荐行为的一次奖励，就构建出了交互式推荐系统的基本要素。交互式推荐算法可以分为两类，一种是基于交互性短期行为假设的多臂老虎机推荐算法，另一种是同时考虑交互性与长期影响的基于强化学习的推荐算法，下文将依次介绍。

4.6.1 基于多臂老虎机的推荐算法

为处理交互特性，以及平衡推荐过程中的探索与利用，早期一些研究工作基于多臂老虎机（Multi-armed Bandit，MAB[171-174]）算法来建模交互式推荐过程。如图 4-39 所示，多臂老虎机是在游乐场常见的一种娱乐设施，其基本的交互操作是用户单次从 n 条机械手臂中选择一条机械手臂操作，视为动作 a_i，每条机械手臂会有相应的奖励 $r(a_i), i \in [1, 2, \cdots, K]$。

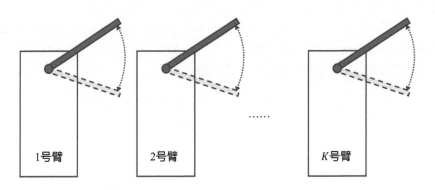

图 4-39　多臂老虎机示意图

基于多臂老虎机的推荐算法将推荐系统与用户的交互过程看作用户不断选择机械手臂的游戏过程，不同的可选项目则对应于不同的机械手臂，每次推荐就可以视为从可选的机械手臂中选择一条进行交互，也就是从可选的项目集合中选取一种作为推荐结果，用户的反馈则对应于选择某一条机械臂的奖励。它以每个用户为基础，以线性函数对用户偏好建模，通过用户不断地与老虎机进行交互游戏，收集用户反馈，不断学习调整线性函数，使其估计得更加准确，同时优化总体的累计奖励收益。

基于多臂老虎机的推荐算法在刚开始做推荐决策时，对于老虎机不同机械臂的奖励分布 $r(a_i)$ 并没有直接的数据或者经验，这就需要解决探索（exploration）与利用（exploitation）的问题。探索过程就是尝试过去没有或者较少尝试的行为，增加多臂老虎机不同机械臂的奖励分布的信息，以便更好地选择有利于当前状态的机械臂；利用过程就是基于已有的经验数据，做出有利于当前交互行为的最优选择。基于多臂老虎机的算法同时完成"探索"和"利用"两个过程的交互行为，算法的优化目标是从最初完全未知的状态开始交互行为，总体的累积奖励越大越好。

简单的多臂老虎机算法是利用之前探索获得的经验，直接选择基于历史数据统计意义上最优的机械臂进行交互。也就是说，算法会记录给用户推荐不同项目的奖励数值，并根据过去每种项目的平均奖励信息做出下一次推荐的选择决策。这种基本的多臂老虎机算法会采用 ϵ-贪心探索策略，即以 $(1-\epsilon)$ 的概率选择历史奖励信息中最高的数值作为下一次推荐的决策；或者以 ϵ 的概率随机选择其他项目进行推荐。这种做法实现简单，但是利用的信息较少，理论算法性能上界比较低。

接下来介绍基于汤普森采样（Thompson Sampling）的推荐算法[174]。该算法将过去的经验观察设为 $D = \{(x_i, a_i, r_i)\}$，这些奖励的分布使用一个参数化的似然函数 $P(r|a, x, \theta)$ 来建模，其中 θ 是函数的参数。基于这些参数，给定 θ 的一个先验分布 $P(\theta)$，这样就能计算得出这些参数的后验分布 $P(\theta|D) \propto \prod P(r_i|a_i, x_i, \theta)P(\theta)$。从现实层面考虑，实际奖励是机械臂交互行为 a_i、上下文信息 x_i 及真实但未知的参数 θ^* 的随机（stochastic）函数的输出。从理想的角度考虑，算法的首要目标是选择机械臂使得期望收益最大化 $\max_a E(r|a, x, \theta^*)$。

当然，θ^* 是未知的，如果算法只是希望最大化立即收益（Immediate Reward），即"利用"过程，那么其只需选择最大化期望收益的行为即可，即 $\arg\max_a E(r|a, x) = \int E(r|a, x, \theta)P(\theta|D)\mathrm{d}\theta$。但是在"探索/利用"的情况下，根据概率匹配假设（采样到的动作概率正比于概率分布中其概率分布列），根据概率分布随机采样得到的行为将是最优的。也就是说，行为 a 将按照概率

$$\int I\left[E(r \mid a, x, \theta) = \max_{a'} E(r \mid a', x, \theta)\right] P(\theta \mid D)\mathrm{d}\theta \tag{4-204}$$

进行采样。这里的 $I(\cdot)$ 是标记函数（Indicator Function）。值得注意的是，这里的标记函数无须实际计算，只需要根据后验分布 $P(\theta|D)$ 采样得到 θ 后，根据算法 4.1 得到。这里只需要将操作"机械臂"修改为"推荐相应的项目"，即

可适用于推荐的场景。

算法 4.1 基于汤普森采样的推荐算法

1. $D = \varnothing$
2. **for** $t = 1, \cdots, T$ **do**
3.   接收到上下文信息 x_t
4.   从 $P(\theta|D)$ 中采样 θ_t
5.   选择并操作机械臂 $a_t = \arg\max_a E(r|x_t, a, \theta^t)$
6.   观察到奖励 r_t
7.   更新 $D = D \cup (x_t, a_t, r_t)$
8. **end**

接下来介绍多臂老虎机推荐算法的一个具体例子。假设多臂老虎机是一个 K 臂伯努利老虎机（K-armed Bernoulli bandit），每个动作都对应于一条机械臂，在推荐系统中也就对应于一种项目，也就是说，推荐算法每次可以给用户选择推荐 K 个项目。第 i 条机械臂的奖励以均值 θ_i^* 服从伯努利分布，就是选中第 i 条机械臂，即推荐第 i 个项目以后，奖励数值分布为

$$f(r; \theta_i^*) = \begin{cases} \theta_i^*, & \text{若 } r = 1, \\ 1 - \theta_i^*, & \text{若 } r = 0. \end{cases} \tag{4-205}$$

因为 Beta 分布式是二项分布的共轭分布，所以可以使用 Beta 分布建模每条机械臂的奖励均值：

$$\theta \sim \text{Beta}(\alpha, \beta) = \frac{\theta^{\alpha-1}(1-\theta)^{\beta-1}}{B(\alpha, \beta)} \propto \theta^{\alpha-1}(1-\theta)^{\beta-1}. \tag{4-206}$$

式中，α, β 分别代表在 $(\alpha + \beta)$ 次伯努利实验中观察到成功与失败的次数。所以，算法 4.1 可以调整为算法 4.2，以解决 K 臂伯努利老虎机场景中的推荐问题。

虽然基于多臂老虎机的模型考虑了交互特性，但它们有一个缺陷，即预先假定在推荐过程中用户的偏好会保持不变，而这是不符合实情的。基于多臂老虎机的模型不会对用户偏好的动态转换建模[170]，而现代交互式推荐系统的需求在于，了解用户偏好的动态变化并以此优化长期收益。

4.6.2 强化学习基础

本节介绍强化学习（Reinforcement learning）的基础概念。强化学习的基础要素有两个，即智能体（agent）与环境（environment）。智能体在与环境的

算法 4.2 适用于伯努利老虎机的汤普森采样算法

　　输入: Beta 分布的先验超参 α, β

1. 成功次数 $S_i = 0$, 失败次数 $F_i = 0, \forall i \in \{1, \cdots, K\}$。
2. **for** $t = 1, \cdots, T$ **do**
3. 　　**for** $i = 1, \cdots, K$ **do**
4. 　　　　从分布 $\text{Beta}(S_i + \alpha, F_i + \beta)$ 中采样得到 θ_i
5. 　　**end**
6. 　　选择机械臂 $\hat{i} = \arg\max_i \theta_i$ 并观察到奖励反馈 r
7. 　　**if** $r = 1$ **then**
8. 　　　　$S_{\hat{i}} = S_{\hat{i}} + 1$
9. 　　**else**
10. 　　　　$F_{\hat{i}} = F_{\hat{i}} + 1$
11. 　　**end**
12. **end**

交互过程中学习到如何更好地完成其优化目标, 而这些目标往往是长期的, 智能体的决策对环境有连续的影响, 这就需要智能体能够针对连续的决策行为进行优化, 例如: 多次推荐之后用户最终的购买转化率, 用户在推荐平台的总体停留时长, 等等。同时, 强化学习对环境做出的是动态性的假设, 也就是说, 环境可能会发生变化, 特别是在推荐系统采取某些推荐行为之后, 用户可能会根据推荐的内容发生相应的兴趣改变与行为变化。

　　强化学习在动态环境中做决策和长期规划方面已经表现出了的巨大成就与潜力。2014 年, DeepMind 公司启动了 AlphaGo 项目, 使用强化学习实现了高水平围棋人工智能。2015 年, AlphaGo 在一场五番棋比赛中 4 比 1 击败人类职业棋手李世石, 并在 2017 年击败围棋界排名世界第一的人类棋手柯洁, 被中国围棋协会授予职业围棋九段的称号。2020 年, 微软公司研究团队发布了基于强化学习的人工智能算法 Suphx, 该算法指导的人工智能体在日式麻将平台达到十段的水平。这些强大的人工智能算法无不显示了强化学习在大型解空间内进行决策优化的能力。

　　回到推荐场景。推荐系统每次针对用户进行推荐, 可以从 K 种项目中选择一种; 如果系统希望连续 T 次推荐行为用户总体点击数量越多越好, 可行解空间就是 K^T, 远远多于单次推荐的数量。在如此巨大的空间内进行求解, 势必带来巨大的挑战与优化难题。于是, 研究者提出了一些基于采样与近似的方法进行优化, 例如蒙特卡洛采样 (Monte Carlo sampling) 与基于深度学习的强化学习。这些技术已经广泛应用在强化学习的算法中。

接下来，本章将依次介绍强化学习在推荐系统场景中的核心概念与技术要点。

4.6.3 基于强化学习的推荐算法

强化学习通常以马尔可夫决策过程（MDP）来针对整个系统进行建模，数学上表示为 $M = \{\mathcal{S}, \mathcal{A}, \mathcal{R}, \mathcal{P}, \gamma\}$。因为强化学习通常是完成决策（Decision Making）任务，而不是传统的监督学习中的预测和识别任务。MDP 的要素为状态（State）、动作（Action）和对应的奖励（Reward），强化学习训练出一个最优策略（Policy）来优化智能体在某一时间段内的累积奖励值（Accumulated Reward）。

交互式推荐场景考虑用户与推荐系统在一段时间内的交互序列，记录系统推荐的一系列项目及相应的反馈。图 4-40 展示了一个典型的用户与交互式推荐系统交互的过程。在整个流程中，推荐系统对应于强化学习中的智能体，用户则对应于环境。一般来说，用户表征与上下文信息称为状态 $s_t \in \mathcal{S}$；在推荐过程中的 t 时刻，推荐系统根据环境给予的状态 s_t 给用户推荐一个物品，这里将推荐行为称为动作 $a_t \in \mathcal{A}$，用户作为系统中的环境给推荐系统一些反馈，包括实时的奖励 $r_t \in \mathcal{R}$（例如点击、转化、停留时长等）、新的状态 s_{t+1}。之后，这个交互过程循环往复，直到时刻 T，可以定义为用户离开推荐过程，或者结束这一次访问会话。

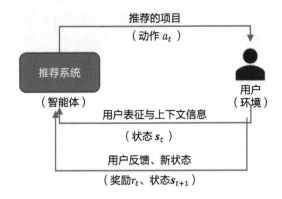

图 4-40　强化学习用于推荐场景的示意图

接下来详细介绍 MDP 系统中几个重要的概念在推荐场景中的具体含义。

- 状态 $s_t \in \mathcal{S}$ 是 t 时刻的用户兴趣隐向量与上下文信息，通常由低维实值向量组合而成。一般来说，一位用户可以拥有其独有的用户向量，例如其在过去曾经主动访问的 N 个项目表征向量之和 $s_t = \sum_{j=1}^{N} v_j$ 或者矢量拼接 $s_t = [v_1^T, \cdots, v_N^T]^T$，其中 v_j 是用户访问项目的特征向量。上下文信息一般是当前用户访问的其他信息，包括时间表征、浏览器等客户端特征信息，这些信息可以辅助推荐算法更加合理地做出推荐决策。

• 动作 $a_t \in \mathcal{A}$ 代表 t 时刻推荐算法选择一个项目推荐给当前用户。这里的动作空间 $\mathcal{A}$ 包含所有可用于推荐的项目。也有一些文献[175]将算法定义为整页推荐项目 $a = \{a^1, a^2, \cdots\}$，也就是说，一次动作可以包含不止一个项目。这个设置在现实场景中也比较常见，例如推荐一页的多个项目的内容，不过这也给算法提出了新的挑战。

• 奖励 r_t 是环境侧的奖励函数 $\mathcal{R}(s, a): \mathcal{S} \times \mathcal{A} \to \mathbb{R}$ 根据 t 时刻产生的，定义了状态下智能体产生动作之后对应的收益，也是基于强化学习的推荐算法的优化目标。一般来说，奖励函数可以由环境侧的某些指标进行一些计算来完成。例如，系统将用户的购买转化行为记为 1，非购买转化的其他行为记为 0，那么推荐算法在总计 T 次的交互过程中，其 t 时刻总体的累积奖励是

$$R = \sum_{j=0}^{T-t} \gamma^j r_{t+j}, \tag{4-207}$$

累积奖励收益的期望也是基于强化学习的推荐算法的优化目标。奖励函数的设计是基于强化学习的推荐算法的重要部分，定义了算法设计者关心的指标的表现形式。除了本段提及的购买转化次数，奖励函数还可以定义为时间 $0 \sim T$ 内用户的点击率总数、用户在平台的总停留时长等，与业务需求相匹配。

• 转移概率 $\mathcal{P} := Pr(s_{t+1}|s_t, a_t)$ 表示用户侧的状态转移概率，即环境状态在 t 时刻接受推荐算法给予的推荐项目 a_t 之后变更到新的状态 s_{t+1} 的概率。

• 折扣率 $\gamma \in [0, 1]$ 是一个定义在 0 与 1 之间的实数，代表了智能体在累积奖励的计算中对长期奖励的重视程度。当 $\gamma = 0$ 时，从累计奖励计算公式中可以发现，智能体只会关注最近一次奖励，忽略未来的奖励，这就使得智能体的推荐行为会以一种近似贪心策略的方式看待累积奖励，只优化短期推荐行为，强化学习算法会退化为多臂老虎机算法；当 $\gamma = 1$ 时，算法会关注当前以及未来整个时间段的累积奖励收益；当 $T \to \infty$ 时，智能体会倾向于无限延长交互时间，而非在有限时间内优化累积收益，这种情况是我们不愿意看到的。于是，算法设计者一般会设置折扣

率，使得 $0 < \gamma < 1$。

4.6.4 深度强化学习的建模与优化

定义完 MDP 之后，就是基于强化学习的推荐算法的决策建模过程。在现实推荐场景中，由于可推荐的项目数量众多、种类繁多，使得用户的状态空间非常广阔，推荐行为的动作空间也会特别复杂。现在，借助深度神经网络强大的建模能力与泛化能力，研究者在基于深度学习的推荐算法中广泛采用深度神经网络来帮助近似与建模，这类方法统称为基于深度强化学习的推荐算法。

下面介绍一种基于行动者–评估者的强化学习推荐算法。如图 4-41 所示，这种算法包含两部分模块，一部分是行动者（Actor）网络，另一部分是评估者（Critic）网络，这种结构也被广泛应用于其他强化学习领域。行动者网络是具体执行推荐操作并产生行为的模块，它与环境进行直接的推荐交互；评估者网络是用于辅助行动者训练的模块，它根据当前状态与行动者产生的行为，评估其价值的期望，以帮助行动者网络进行训练与学习，与此同时，评估者网络也会根据智能体与环境交互产生的记录优化自身的价值评估能力。接下来将对这两个模块分别进行介绍。

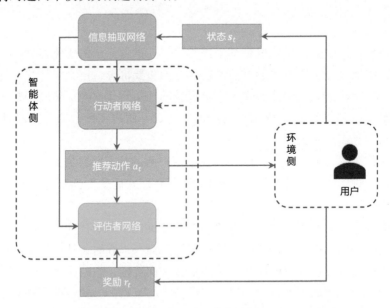

图 4-41　基于行动者网络–评估者网络的强化学习推荐算法

一般情况下，行动者网络与评估者网络会共享一部分网络，即信息抽取网络 $f_\theta(\cdot)$。这部分网络将原始状态信息处理成隐空间的低维表征向量

$$e_t = f_\theta(\boldsymbol{s}_t). \tag{4-208}$$

如前文所述，原始状态信息 $\boldsymbol{s}_t$ 包含用户兴趣隐向量表示与上下文信息。针对用户兴趣表征，可以由 4.4 节介绍的用户行为序列建模的方法进行建模与处理。而上下文信息则可以通过其他的神经网络模块进行处理，例如宽深网络[98]。经过信息抽取网络的处理，行动者网络和评估者网络可以专注于优化决策部分与评估部分的网络。底层网络参数的共享可以带来更好的优化性能，因此被很多强化学习的相关文献采用。

行动者网络特指包含上述网络模块的决策部分网络 $\pi_\phi(\cdot)$，其参数为 ϕ，接下来针对状态 $\boldsymbol{s}_t$ 输出行为：

$$a_t = \pi_\phi(\boldsymbol{s}_t). \tag{4-209}$$

基于强化学习的推荐流程如算法 4.3 描述。在实际使用过程中，针对某一用户构建的环境，强化学习推荐算法会连续推荐 T 个项目或项目集合（当单次行为包含多个推荐项目时），从用户环境侧获得直接奖励 r_t 及下一个状态 $\boldsymbol{s}_t$。这些变化的状态使得推荐算法可以根据用户侧信息实时地更新推荐方案，无须利用离线数据重新训练推荐模型，这也是强化学习推荐算法相比传统推荐模型的优越之处。值得注意的是，推荐流程的算法中有一个轨迹集合，这个集合是存储历次与用户进行连续 T 次交互组合而成的轨迹 $\tau = \{(\boldsymbol{s}_t, a_t, r_t, \boldsymbol{s}_{t+1})\}_{t=0}^{T-1}$，每条轨迹包括"转移四元组"，主要是训练强化学习策略所用。下面将展开详细介绍。

算法 4.3 基于强化学习的推荐流程

输入： 折扣率 γ，总体交互轮数 T，轨迹列表 $B = \{\tau_i\}_{i=1}^N$

1. 获得用户侧（环境）的初始状态 $\boldsymbol{s}_0$
2. 初始化轨迹 $\tau = \{\}$
3. **for** $t = 0, 1, \cdots, T-1$ **do**
4.   获得状态表征向量 $e_t = f_\theta(\boldsymbol{s}_t)$
5.   根据行动者网络决定推荐的项目 $a_t = \pi_\phi(\boldsymbol{s}_t)$
6.   环境根据其内在转移概率与预定义的奖励函数，返回 r_t 与 $\boldsymbol{s}_{t+1}$
7.   记录将四元组转移到轨迹 $\tau = \tau \cup \{(\boldsymbol{s}_t, a_t, r_t, \boldsymbol{s}_{t+1})\}$
8. **end**
9. 记录轨迹到轨迹列表 $B = B \cup \tau$
10. 计算累积收益 $R = \Sigma_{j=0}^T \gamma^j r_j$

建模完成后，讨论一下强化学习算法的优化方法。基于强化学习的推荐

算法一般采用在线训练的范式，即在与环境用户进行交互的同时训练策略网络的参数，优化累积收益。这里有两个部分的优化目标，分别是行动者网络的优化目标与评估者网络的优化目标。

对于行动者网络，介绍基于策略的优化方法。这里的行动者网络的优化目标是

$$J(\phi) = E_{\tau \sim p_\phi(\tau)} \left[\sum_t r_t \right] \approx \frac{1}{N} \sum_i \sum_t r(\boldsymbol{s}_t^i, a_t^i), \tag{4-210}$$

可以发现，优化目标里的期望是定义在 ϕ 所定义的策略下产生的轨迹概率分布 $p_\phi(\tau)$。所以，这里可以采用经验均值来近似期望优化目标。接下来可以推导[176]出行动者网络的经验梯度：

$$\nabla_\phi J(\phi) \approx \frac{1}{N} \sum_i \left(\sum_t \nabla_\phi \log \pi_\phi(a_t^i | \boldsymbol{s}_t^i) \right) \left(\sum_t r(\boldsymbol{s}_t^i, a_t^i) \right). \tag{4-211}$$

接下来，行动者网络的梯度更新可以使用普通的梯度上升法[①]$\phi = \phi + \alpha \nabla_\phi J(\phi)$ 进行优化。

读者可以注意到，在上述行动者网络的优化目标中，对于 t' 时刻的策略来说，其无法影响 $t < t'$ 时刻的奖励数值 r_t，所以算法可以仅针对未来的奖励期望进行优化，同时考虑折扣率的作用。这就引出了下面的价值函数近似的奖励期望。

首先定义价值函数

$$V^\pi(\boldsymbol{s}_t) = E \left[\sum_{j=0}^{T-t} \gamma^j r_{t+j} \right], \tag{4-212}$$

表示在遵循策略 π 采取行动时，t 时刻状态 $\boldsymbol{s}_t$ 未来累积奖励值的期望。评估者网络的参数是 ψ，$V_\psi(\boldsymbol{s}_t)$ 的目标是直接估计行动者网络在给定状态 $\boldsymbol{s}_t$ 的情况下，长期累积奖励的期望

$$\hat{V} = V_\psi(s_t). \tag{4-213}$$

评估者网络的优化目标是尽可能准确地估计未来奖励的期望值，即

$$L(\psi) = E_\psi(\hat{V} - V^\pi) \approx \frac{1}{N} \sum_i \sum_t (r_t^i + \gamma \hat{V}_{t+1}^i - \hat{V}_t^i)^2 \tag{4-214}$$

$$= \frac{1}{N} \sum_i \sum_t [r_t^i + \gamma V_\psi(s_{t+1}^i) - V_\psi(s_t^i)]^2. \tag{4-215}$$

---

①值得注意的是，行动者网络的优化目标是最大化累积奖励期望，所以使用梯度上升法。

这个优化函数的目标是尽可能降低评估者网络对状态价值评估的误差，所以使用梯度下降的公式进行优化 $\psi = \psi - \beta \nabla L_\psi$，其中评估者网络的经验梯度为

$$\nabla L_\psi \approx \sum_i \sum_t [r_t + \gamma V_\psi(\boldsymbol{s}_{t+1}^i) - V_\psi(\boldsymbol{s}_t^i)](\gamma \nabla V_\psi(\boldsymbol{s}_{t+1}^i) - \nabla V_\psi(\boldsymbol{s}_t^i)). \quad (4\text{-}216)$$

在训练过程中，将评估者网络的输出代入行动者网络的优化目标 $J(\phi)$，就可以将累积期望替换为预估的奖励期望。同时，强化学习研究者提出了一种降低预估方差的方法，通过计算优势函数（Advantage Function）$A(\boldsymbol{s}_t^i, a_t^i) = r(\boldsymbol{s}_t^i, a_t^i) + \gamma V_\psi(\boldsymbol{s}_{t+1}^i) - V_\psi(\boldsymbol{s}_t^i)$ 代替原始价值函数用于决策网络的优化目标，其中 $r(\boldsymbol{s}_t, a_t) = r_t^i$，这样就可以推导出行动者网络新的优化梯度：

$$\nabla_\phi J(\phi) \approx \frac{1}{N} \sum_i \sum_t \nabla_\phi \log \pi_\phi(a_t^i | \boldsymbol{s}_t^i)(r_t^i + \gamma V_\psi(\boldsymbol{s}_{t+1}^i) - V_\psi(\boldsymbol{s}_t^i)). \quad (4\text{-}217)$$

最后，通过算法总结强化学习推荐算法的训练流程。如算法 4.4 所示，整体算法经过 M 次迭代优化，逐渐将行动者网络与评估者网络训练至收敛。

算法 4.4 基于强化学习的推荐算法训练流程

输入： 行动者网络的学习率 α，评估者网络的学习率 β

1. 初始化行动者网络参数 ϕ 与评估者网络参数 ψ，以及轨迹列表 $B = \{\}$
2. **for** $m = 1, 2, \cdots, M$ **do**
3.   基于算法 4.3，与环境交互采样获得轨迹数据
    $B = \{\tau_i\}_{i=1}^N = \{\{(\boldsymbol{s}_t^i, a_t^i, r_t^i, \boldsymbol{s}_{t+1}^i)\}_{t=0}^{T-1}\}_{i=1}^N$
4.   基于目标 $r_t^i + \gamma V_\psi(\boldsymbol{s}_{t+1}^i)$ 优化评估者网络参数 ψ
5.   计算优势函数值 $A(\boldsymbol{s}_t^i, a_t^i) = r_t^i + \gamma V_\psi(\boldsymbol{s}_{t+1}^i) - V_\psi(\boldsymbol{s}_t^i)$
6.   将优势函数值带入行动者网络的梯度中，优化行动者网络参数 ϕ
7. **end**

总的来说，随着用户数据的增加，用户兴趣分布差异的扩大，以及项目种类的增长，推荐系统在动态性、长期性等问题上势必会迎来更多的挑战。这两类算法提供了解决动态性与短期性的挑战的推荐难题，特别是强化学习算法，抛弃了固有的静态用户兴趣分布的思路，将用户的实时反馈考虑在内，同时假设推荐算法对用户（也就是环境）存在着行为的影响，为更加个性化的推荐优化提供了思路。

4.7 小结

本章首先介绍了协同过滤与深度学习之间的关系，然后介绍了多种基于深度学习的协同过滤算法。这些算法借助深度学习的前沿方法，可以极大地提升推荐系统的准确性、可扩展性、多样性和可解释性等，为推荐系统设计提供了更丰富的技术选择。然而，这些算法大多面向特定问题进行优化，在实际应用中往往存在局限，因此在系统设计层面需要考虑算法的集成或融合。

第 5 章

推荐系统前沿话题

推荐系统是一个快速发展的领域，创新的研究工作每天都在产生，只有关注当下甚至未来的研究热点，才能深刻理解推荐系统研究与应用的关键。本章首先总结推荐算法的研究热点，然后分析推荐系统的应用挑战，最后介绍如何实现负责任的推荐。

5.1 推荐算法研究热点

前面的章节介绍了多种推荐算法及其使用场景。然而，推荐系统领域还存在着很多问题有待研究，这些问题将对推荐系统的应用起到重要影响。本节介绍三个关键热点问题：基于对话的推荐、因果推荐和常识推荐。

5.1.1 基于对话的推荐

传统的推荐算法与用户的交互较为缺乏，难以及时有效地把握用户兴趣。基于对话的推荐系统（Conversational Recommender System，CRS）能够通过与用户深入互动来了解用户兴趣，成了推荐系统领域一个新的研究热点。基于对话的推荐系统的核心是用户与推荐系统的在线交互，即将通过用户与推荐系统的对话交互过程获得用户的反馈，并将用户反馈融入推荐模型中，期望更好地理解用户的兴趣并提升推荐的准确性。

新加坡南洋理工大学的 Lei 等人对基于对话的推荐系统进行了总结，提出了基于对话的推荐系统需要关注的四个研究问题[177]。

1. 冷启动场景下的探索与开发的权衡

对话系统可以方便地收集用户的兴趣信息，因此能够帮助推荐系统解决冷启动的问题。例如，Christakopoulou 等人[178] 提出了一个基于对话的餐厅推荐系统，通过不断地问用户问题，快速了解用户兴趣，然后进行推荐。这类方法需要考虑问用户多少问题是合适的。如果问题过多，用户可能会丧失回答问题的兴趣，甚至丧失对推荐系统的信任。如果问题过少，系统可能难以准确地把握用户兴趣，导致推荐的准确率降低。因此，基于对话的推荐系统在解决冷启动问题时存在一个经典的探索与开发的权衡问题。解决这类问题的常用技术是多臂老虎机（multi-armed bandit）算法。例如，Christakopoulou 等人[178]利用多臂老虎机算法设计了一个探索与开发的权衡（exploration-exploitation tradeoff），首先将用户的表征向量设置为全部用户的平均值，然后根据多臂老虎机的策略对用户提问，最后根据问题的答案更新用户的表征向量。

2. 以问题为中心的基于对话推荐

在这类场景中，对话由用户主动发起，推荐系统根据用户的问题决定如何推荐物品，以及如何进一步地问更多的问题。例如，在电影推荐场景中，用户可能会要求系统推荐一部最近的热门喜剧电影。此时，对话的目的在于更准确地理解用户的意图，比如用户过去看过哪些喜剧电影，以及对导演、演员、年代和语言等方面的偏好，然后基于用户的回答不断地构建用户的表征向量，直到推荐的电影满足用户的需求。2018 年，Li 等人[179] 发布了一个基于对话的电影推荐数据集 ReDial，并提出了一种基于自编码器的推荐算法来实现对话式推荐，能够根据对话和情感分类预测用户对电影的意见，然后将用户偏好输入自编码器中产生推荐。自编码器方法能够训练得到一个重构输入的神经网络，在重构的过程中将未观测到的用户评分估计出来。由于自编码器的网络参数不需要针对新用户重新训练，给定一个用户的评分向量即可完成推荐，因此更适合无法观测到用户历史兴趣的基于对话推荐场景。

3. 以策略为中心的基于对话推荐

很多现实世界的对话都是多轮的，即用户可能在一次对话中回答多个不同类的问题。例如，在为用户推荐餐厅时，不仅需要了解用户的口味偏好，还需要了解用户的位置信息等。这类问题的核心是如何决定需要提问的问题的属性，然后基于问题的答案决定下一个问题以及推荐的内容。Sun 等人[180] 提出了一个包含推荐模块、置信度追踪模块和决策模块的基于对话的推荐系统。通过置信度追踪来分析用户在对话过程中的语义，然后利用决策模块判断下一步是应该提问还是推荐。如果决策模块的决定是推荐，系统会调用推荐模块，根据用户在对话中体现的兴趣以及历史兴趣生成推荐结果。

4. 对话理解与生成

对话过程中最基本的问题就是准确地理解用户的输入语句然后生成自然且相关的答案。这一问题也是对话系统研究人员关注的。与通用对话系统不同，推荐系统的对话一般都是基于某个特定领域，如电影、音乐和餐厅等，因此领域相关的知识对对话的理解与生成都非常重要。Chen 等人[181] 提出利用知识图谱将物品相关的上下文信息引入推荐的对话过程中，例如电影导演、演员和类型等。这些信息的引入使推荐系统在用户没有提到具体物品的情况下做出推荐，同时这些上下文信息的引入还能够帮助提升推荐系统的准确性。

5.1.2 因果推荐

因果学习研究的是如何发现和利用变量之间的因果关系进行预测，而不仅依赖变量之间的关联关系进行预测。因果关系揭示的是事件发生的本质规律，改变事件背后的"因"往往会影响到事件的"果"。而关联关系往往不是事件发生的本质规律，改变其中一个事件可能不会影响另一个关联事件。例如，通过关联关系挖掘，可以发现手指颜色变黄与肺癌之间具有很强的相关性，但是两者之间没有明确的因果关系，即将普通人的手指涂上黄色并不能提高其得肺癌的概率。实际上，手指变黄与肺癌背后的"因"都是吸烟，即吸烟与肺癌之间存在因果关系。因此，如果让不吸烟的人吸烟，会显著提升他们得肺癌的概率。在推荐系统中，如果缺乏对因果性的分析，可能会导致推荐效果的下降或模型的偏见。

首先，因果性会影响推荐系统模型的训练。推荐系统一般假设用户会浏览所有物品，然后从中选择自己喜欢的物品，但是实际上这种假设是不成立的。Wang 等人[182] 认为电影并不是随机暴露给用户的，而是用户通过一个有偏的分布来选择电影，然后在选择的电影范围内进行评价。针对这一问题，他们设计了一个能够去除混淆因子的推荐算法。首先，根据用户的评分数据建模电影对用户的暴露模型，并基于模型估计系统中未观测到的混淆因子。然后，推荐模型在考虑混淆因子的情况下拟合观测到的评分。基于这样的设计，推荐系统可以分析不同暴露的电影与用户评分之间的关系。实验分析表明，去除混淆因子后，推荐算法具有更强的泛化能力，尤其是针对新用户，能够提供更准确的推荐。

另外，因果性也会影响推荐系统的评估。在衡量推荐系统的准确性时，离线的评估往往不能准确地衡量推荐效果，背后的原因就是在离线的评估中无法对用户进行干预，因此难以计算在推荐其他物品时用户的反馈是什么。例如，在历史数据中观测到用户 u 购买了商品 a，而实际上如果用户看到了商品 b，那么用户更可能会购买 b。在这种情况下，如果推荐系统推荐了商品 b 给用户 u，就会被离线评估判断为无效。如果将离线评估改为在线评估，就可以解决这类问题。但是在线评估的代价很高，一般难以广泛使用。一种更简单的策略是采用反事实推理（Counterfactual Reasoning）的方法[183]，例如利用重要性采样（Importance Sampling）修正观测样本中存在的偏差，实现无偏的估计。

5.1.3 常识推荐

与人工智能的其他领域一样，推荐系统也面临着数据完整性的问题，即观测到的数据只涵盖一部分现实世界的情况。因此，即使推荐结果在观测数据的范围内是合理的，这些结果在人看来可能是不合理的，即可能不符合常识。这些不符合常识的推荐内容会导致推荐准确率的降低，甚至影响用户对推荐系统的信任。例如，当前的很多推荐系统都不会考虑用户过去购买的商品与推荐商品之间的冲突，当用户购买了电视机之后，很多电商的推荐系统会继续将电视机推荐给用户，这种做法显然是缺乏常识的。但是由于推荐系统观测到的数据并不存在常识知识，所以系统难以解决这类问题。

常识库是一种解决上述问题的关键技术。Tsai 等人[184] 针对搜索引擎中的关键字推荐问题，提出结合 ConceptNet 和 Wikipedia 将相关语义的关键字与用户查询关键字进行关联，然后将所有相关关键字进行排序。该方法利用到了常识库 ConceptNet 的知识，因此推荐的内容能够保证较高的合理性。然而，这种方法难以扩展到更广泛的推荐场景中，例如无法针对电商中电视机被反复推荐的问题。除 ConcetpNet 之外，常用的常识知识库还有 Tuple KB、Quasimodo KB、WebChild 和 True Knowledge 等。如何利用这些知识库更好地指导推荐列表的生成是有待探索的重要研究领域。目前，结合常识提升推荐质量的研究工作比较少见，这一领域可能会是未来推荐系统研究的一个新方向。

5.2　推荐系统应用挑战

推荐系统在很多商业领域已经取得成功，但也面临着诸多技术挑战，包括如何融合多种类型数据提高推荐的准确性、如何将推荐算法扩展到大规模数据上、如何有效地评估推荐算法以及如何解决对新用户或新物品的推荐等。当然，推荐系统面临的挑战不仅限于此，由于篇幅有限，本节会集中讨论上述四个关键挑战。

5.2.1　多源数据融合

多源数据融合问题主要研究如何通过融合多种类型（通常也被称为多种模态）的数据来提升算法推荐的准确性。用户交互数据（如用户的评分）是研究推荐算法最常见的数据，然而用户个人信息、物品属性信息、用户的社交关系等能进一步挖掘用户和物品的特征的附加信息也越来越受到研究人员的关注。虽然在计算机视觉等领域，多源数据融合问题已有许多成熟的解决方案，但是在推荐系统领域，这一问题仍有待进一步研究。借助多源数据的融合可以解决推荐系统中一些比较复杂的问题。例如，当新用户加入系统时，虽然没有该用户的交互数据，但是如果能获取该用户的个人信息，便可以解决新用户的冷启动问题。多源数据融合的难点和关键在于如何根据不同类型的数据的特点将所有类型的数据有机地融合在一起，共同用于挖掘用户和物品的特征以及提高推荐的准确性。

一种常见的多源数据融合方法是直接将多种类型数据（通常表示成特征向量）进行拼接或求和。这类方法虽然操作简单、易于实施，但是在大多数情况下无法取得令人满意的效果，甚至在某些特定情况下的准确性还不如直接基于用户物品评分数据做推荐的准确率高。主要原因是简单的拼接操作会使得特征向量的维度不断扩大，增加模型的训练难度，使得模型容易过拟合。而简单的求和操作则会忽略融合前每类特征各自的语义信息，造成特征含义的模糊，一些关键特征甚至被噪声掩盖，导致推荐准确率的降低。

目前，学术界和工业界常用的方法是设计一个神经网络来实现多源数据的深层次融合。注意力机制[185]是最常用来融合特征的方法之一，它通过为每类特征自动分配一个权重来进行特征的选择和融合，并且权重会随着用户或者物品的不同而变化，实现根据用户或物品的特点来融合特征。集成学习也常被用来在算法层实现多源数据融合。例如，可以为每种类型的数据训练一个推荐模型以获取对应的推荐结果，然后将不同模型的推荐结果进行集成学习，最后根据集成学习模型的输出进行推荐。由于集成学习直接从推荐结果进行融合，因此不存在特征含义模糊的问题，并且还综合考虑了所有类型数据用于推荐，使得模型具有较高的准确性。集成学习需要为每类数据单独设计模型并训练，对硬件资源有更高的要求，特别是当需要融合的数据类型种类非常多时，该方法消耗的硬件资源较多，需要算法设计人员根据实际情况谨慎选择。

5.2.2 可扩展性

可扩展性包括横向的可扩展及纵向的可扩展。横向可扩展主要研究如何将推荐算法扩展到大规模数据的场景并且不影响算法的准确性。纵向可扩展研究当新的用户或物品交互产生后如何快速更新模型和更新推荐结果。可扩展性好的推荐算法在大规模应用场景（如百万级用户和物品的电商推荐系统）中应取得和其在小规模应用场景中相近的准确率以及可接受的效率，否则将严重影响推荐系统的用户体验。此外，当用户产生新的交互记录后，可扩展性好的推荐算法需要快速分析用户的交互行为，推荐给用户更符合其偏好的内容。常用来解决推荐算法可扩展性问题的方法主要包括聚类、数据降维、分布式计算及增量推荐等。下面简要讨论这几类方法的优点和不足。

1. 聚类

聚类算法通过缩小相似用户或物品的搜索空间来提高推荐的效率。采用聚类方法的推荐算法首先根据用户或物品的特征将它们划分到不同的类中，使得类内用户或物品的相似度尽可能大，而类间的用户或物品差异度尽可能大。当计算用户的推荐结果时，只考虑用户或物品所在类的其他用户或物品而不需要考虑整个集合中的所有用户或物品。例如，如果将原始数据集平均划分为 100 个类，那么每个模型只要处理原来 1% 的数据量，并且每个模型的训练或者预测可以并行处理，可扩展性将得到极大提升。该方法的优点在于缩小了模型训练和预测的空间，但是这也使得推荐算法的准确性极易受到聚类准确性的影响，如果聚类算法无法给出一个较优的子空间，那么推荐算法很可能会给出较差的推荐。

2. 数据降维

数据降维方法，如奇异值分解等，通过减少用户和物品特征表示的维度来提高推荐的效率，可以由预先设置的阈值确定将维度降低至多少。尽管奇异值分解等方法可以通过缩小用户和物品的特征空间来提高算法的运行效率，并且特征空间越小，算法效率越高，然而它对推荐的准确性也存在一定的影响，因为缩小用户和物品的特征空间可能会损失一部分有用的信息，这部分信息的损失会影响推荐结果的准确性。因此，如何平衡算法准确性和效率是奇异值分解等数据降维方法需要重点解决的问题。

3. 分布式计算

商用推荐系统每天需要处理海量的用户交互记录，无论从存储角度还是计算角度来说，仅靠单机处理这些用户交互记录的难度都是非常大的。例如，可能需要耗费数天时间来完成用户和物品的特征的计算。为了保证推荐的实时性和高效性，商用推荐系统通常采用一些分布式计算框架（例如 Hadoop 和 Spark）加速用户和物品特征的抽取，将模型训练从原先需要数天缩减到只需几分钟，极大地提高了推荐的效率。目前，Spark 等分布式框架已经实现了矩阵分解等常用的推荐算法。

4. 增量推荐

增量推荐可以在用户新交互记录产生后快速分析用户交互行为并更新推荐模型和推荐结果。非增量式推荐算法在面对新交互记录时，会结合原有的用户交互记录重新训练模型，但是这种训练方式耗时较长，严重影响推荐的实时性。增量推荐通常保留上一阶段用户和物品的特征作为历史特征信息，当产生新交互数据后，算法可以基于历史特征信息和新交互数据快速地训练模型，从而快速地更新推荐结果。当完成当前阶段的模型训练后，用训练所得的特征更新历史特征信息，为下一次增量推荐做准备。增量推荐适用于对实时性要求较高的推荐场景，因此非实时的推荐场景往往不需要采用增量推荐。

5.2.3 功能性评估

推荐系统功能性评估主要有三种方法：离线评估、在线评估和用户调研。下面分别讨论这三种方法的原理及其存在的挑战。

1. 离线评估

离线评估是在线下（离线）环境中根据某些评估指标完成对推荐系统的测试与评估。离线评估通常采用易于获取的实验数据集，由于易于实施，离线评估对研究人员具有较大的吸引力。然而，在获取数据集的过程中，研究人员需要注意获取的数据集应能模拟推荐系统所要面临的真实应用场景。特别是对面向多应用场景的推荐算法，研究人员应尽可能采集多个不同类型的数据集来覆盖所有的应用场景，从而保证测试结果是全面且可靠的。数据集划分方式和评估指标的选择也是离线评估需要考虑的问题。首先，数据集划分方式通常有留出法和交叉验证法。留出法的过程简单但容易使模型过拟合，交叉验证法可以更有效地评估模型的泛化能力但是过程较为复杂。研究人员需要根据实际场景选择合适的数据集划分方式。其次，不同的评估指标会从不同的角度评价推荐系统的性能，但是在评估过程中通常并不是所有评估指标都能取得令人满意的指标。研究人员应根据推荐系统的应用场景和侧重方面来综合考虑不同评估指标的优劣，保证评估结果的可靠性。需要指出的是，在离线评估过程中，用户的反应可能会因为推荐不同的内容而存在差异。例如，在前面因果推荐中提到，如果为用户更换了推荐列表，用户的选择可能与历史数据中的行为不一致。因此，离线评估通常无法准确地估计出推荐系统上线后的实际效果。

2. 在线评估

在线评估可以有效解决离线评估不准确的问题。在线评估常用的方法是A/B测试：研究人员将被测试用户分为两组，分别采用两种不同的方案向用户推荐。一段时间后，研究人员收集每组中用户的反馈并比较两种方案的优劣。A/B测试由于原理简单、易于实施，已被广泛用于推荐系统的测试与评估。它能帮助研究人员快速选择合适的方案，并有效指导推荐系统的改进方向。然而，在线评估也存在一些问题。由于在线评估需要在线上环境中进行，流量过大或者测试过于频繁都可能影响系统的实用性和用户体验，如果这些问题不能得到合理解决，则会导致方案选择出现偏差，影响评估结果的有效性和可靠性。因此，研究人员需要合理选择使用在线评估的时机，一般需要对评估方案具有较大把握且评估环境满足一定要求时再使用。此外，研究人员也应根据情况合理选择在线评估的指标和用户分组方法，确保在线评估的公平性。

3. 用户调研

对于不可计算的评价指标的评估，用户调研是一种较好的方法。用户调研通过招募用户体验推荐系统并获取用户的真实使用感受，使得推荐系统可以在面向真实使用场景时进行调整和优化。在进行用户调研的过程中，研究人员需要保证被调研用户人群和真实用户人群的分布是一致的。例如，如果推荐系统是面向各年龄段人群研发的，那么调研用户人群也应该是在各年龄段人群中完成招募的。同时，在用户测试过程中，研究人员应尽可能引导与帮助用户完成系统的测试，提升用户体验与满意度。用户调研方法的优点在于，相比离线评估和在线评估，它能获取在真实场景下用户的使用感受，对推荐系统的调整和优化具有重要意义。然而，被调研用户的招募是用户调研方法最大的难点，因为招募用户需要投入巨大的财力与人力。此外，保证招募用户与真实用户相一致也具有一定的难度。

5.2.4　冷启动问题

推荐系统中的冷启动问题是指当有新用户或者新物品进入推荐系统时，系统无法快速为新用户推荐合适的物品或者无法将新物品推荐给合适的用户。目前，有许多针对冷启动问题的解决方法，这里简要介绍四种常见的方法，包括推荐热门物品、利用附加信息推荐、利用专家标注推荐及基于对话的推荐。

1. 推荐热门物品

推荐系统在运行过程中可以记录一些流行度较高、比较热门的物品。当有新用户进来时，系统可以把这些物品推荐给用户。推荐系统根据用户对这些物品的反馈来不断地调整推荐内容，提高推荐的质量，最终实现新用户的个性化推荐。该方法虽然简单易行，但是对于偏爱小众物品的用户，由于无法在短时间内获取其偏好信息以及制定个性化推荐方案，导致用户体验降低。

2. 利用附加信息推荐

推荐系统可以向新用户请求访问预留的注册信息，如用户的性别、年龄等，或者通过问卷调查的形式来探索用户的偏好。例如音乐推荐系统可以在用户注册时让用户选择喜欢的音乐类型或者歌手。当获取到用户的附加信息后，系统可以借助基于内容的推荐算法，利用这些信息选出符合用户偏好的物品推荐给用户。新用户的社交信息也可以有效地提升推荐的准确性。推荐系统可以请求获取用户社交账号中的一些信息，例如好友关系、感兴趣的群组等，帮助系统建立准确的用户画像，在早期实现个性化推荐。

3. 利用专家标注推荐

新物品在进入推荐系统前，可以由专家进行属性标注，指定物品的一些关键属性。例如，对于新电影，人工录入电影的上映时间、导演、演员等信息。对于新歌曲，人工录入歌曲的类型、歌手及所属专辑等信息。当新物品完成属性标注后，推荐系统便可以快速计算新物品的受众人群，并将其推荐给合适的用户。该方法可以有效地提升新物品推荐的准确度，但是需要投入较多的人力。

4. 基于对话的推荐

基于对话的推荐可以通过与用户对话的方式理解用户的意图和偏好，然后实现个性化的推荐。例如，在新用户进入推荐系统后，对话系统根据用户的输入不断地理解用户的需求，同时生成新的问题，进一步挖掘用户的偏好。在收集到足够的信息之后，系统可以进行个性化的推荐。

5.3 负责任的推荐

推荐系统需要与用户频繁地交互，包括收集用户数据、训练推荐模型和展示推荐结果等。在交互过程中，如何保证用户的权益不会被系统侵害，对于推荐系统的成功至关重要。因此，本节介绍如何从技术上降低算法为用户带来的潜在风险，即如何实现负责任的推荐。

5.3.1 用户隐私

推荐系统要想取得高度个性化、准确的推荐，就必须充分了解和掌握用户的历史交互信息及实时需求。推荐内容的质量取决于系统收集数据的规模、准确性、多样性和及时性等。然而，大量的用户行为记录以及用户私有属性信息的采集，不可避免地造成了用户对隐私泄露的担忧。在目前的推荐系统中，这是不可避免的"隐私-个性化权衡问题"。因此，如何在保证用户隐私不被泄露给推荐系统以及任何第三方的前提下，收集和挖掘用户数据的价值是目前大数据时代值得研究的问题。

2015 年，eBay 遭受黑客的攻击，1.45 亿个用户账号被泄露，包括用户名、地址、出生信息和账号密码等。2018 年，Facebook 发生了多次隐私泄露事件，因其软件漏洞以及黑客的攻击导致几千万名用户的个人信息被泄露，包括姓名、联系方式等。2018 年，国内某快递公司也发生了信息泄露事件，超过 10

亿条快递数据在网上兜售，包括姓名、手机号和家庭住址等。在研究的初期，推荐系统的用户隐私问题就得到了研究人员的高度重视。比如，知名的 Netflix Prize 推荐算法竞赛把研究人员对推荐算法的研究热情带到了高点，但后来却因开放出来的数据集导致用户隐私泄露而被迫叫停。研究人员将 Netflix 数据集与 IMDb 数据集进行关联，挖掘出了一部分用户的政治偏好以及部分敏感信息[186]。除了这些外部的原因，一些内部的原因也可能导致用户的隐私受到侵害。例如，由于商业利益驱使，服务提供商可能违反隐私条款，未经授权就擅自访问或收集用户数据以及与第三方共享数据等。同时，企业内部员工也可能出于利益或者其他原因利用权限来监视用户的隐私。

随着上述类似事件的不断发生以及人们对隐私保护意识的增强，用户越来越注意保护自己的数据隐私，避免自己的私人信息被互联网应用程序收集。各国政府也意识到了数据隐私的重要性，并发布了有关数据安全和隐私保护的法律法规。近年来，中国发布了《数据安全管理办法（征求意见稿）》和《中华人民共和国数据安全法》，欧盟发布了《通用数据保护条例》（General Data Protection Regulation，GDPR），美国加利福尼亚州发布了《加州消费者隐私法案》（California Consumer Privacy Act，CCPA）。这些法规的颁布在一定程度上保证了用户数据的隐私权，商业机构无法再像以前一样收集用户数据而不受监管。

除了法律法规，研究人员也可以通过改进原有的算法，并且设计更加合理的推荐系统架构来实现对用户隐私的保护。这些方法主要分为以下三类：基于体系结构的方案、基于算法的方案和基于联邦学习的方案。

基于体系结构的方案旨在将数据泄露的威胁最小化。例如，分布式的存储用户数据可以有效减少单一数据源暴露造成的破坏，分布式推荐过程可增加未经授权访问数据的难度。Heitmann 等人[187] 提出了一种候选架构，其中用户持有本地配置数据并决定哪些数据可以向哪个服务提供商披露。只有持有特定的证书，应用程序才能通过 API 访问配置数据的相应部分，并将其用于推荐计算。基于分布式推荐的思想，Hecht 等人[188] 提出了一种基于 P2P 系统的推荐过程，将用户本地数据与其他用户的数据相似度进行比较，获得可能的推荐结果。这一过程去掉了中央服务器的作用，避免个人数据被服务器集中存储。然而，这些方法仍然可能将用户数据泄露给其他用户，并对本地设备的计算能力要求较高。

基于算法的方案对原始数据进行修改，修改后即使数据或者模型输出被第三方获得，也不会暴露用户隐私。这类方法主要包括数据扰动和同态加密

（Homomorphic Encryption）算法。基于数据扰动的方法通过设计有效的数据扰动技术实现用户隐私保护，例如将用户评分添加符合零均值高斯分布的噪声等，对其拥有的数据进行扰动后发送给服务器，进而实现隐私保护。Agrawal等人[189]首次将加法扰动技术引入数据挖掘领域，通过将原始数值添加高斯噪声的方式保护数据的隐私。2009年，差分隐私（Differential Privacy）的概念被微软研究院的 McSherry 等人[190]首次引入推荐系统领域，提供了具有理论保证的用户隐私保护。差分隐私也是数据扰动中最重要的方法之一，可以通过对推荐系统的输入或输出进行扰动的方式降低用户隐私泄露的风险。2015年，Berlioz 等人[191]评估了差分隐私技术应用到矩阵分解时，隐私保护效果和推荐精确性之间的权衡结果。基于加密的解决方法可以更加严格地降低用户隐私泄露问题。目前主要的方法是同态加密，其主要特点是计算可以在加密后的数据上进行计算，计算结果解密后与基于明文的计算结果相同。2002年，Canny[192]提出了一种基于同态加密的矩阵分解框架，用户通过公钥加密本地数据，通过分布式密钥共享来分享私钥，超过半数的用户通过投票完成数据的解密。这也意味着该方法需要至少半数的用户同时在线才能完成模型训练和推荐结果计算。这类方法的主要缺点是高昂的计算时间、存储空间和通信成本，只适合小规模的推荐系统。

联邦学习（Federated Learning）是 2016 年由谷歌提出的一种隐私保护机器学习框架，可以在不收集用户数据的前提下实现模型更新，最早用于手机端的模型更新，后来被扩展到更多的应用场景。传统的机器学习方法需要将训练数据集中在一台机器或一个数据中心。而联邦学习通过成千上万个用户的分布式协同完成机器学习模型训练，训练过程中所有的用户数据只保存在用户自己的设备中，互相之间只分享中间计算结果而不是数据本身，从而达到保护用户隐私的目的。联邦学习避免了数据集中采集和存储所带来的隐私风险和数据安全问题，又可以利用所有用户的数据训练模型。其实，早在联邦学习的概念被提出之前，相同的思路已经被用于推荐算法中的用户隐私保护。例如，李东胜等人[193]在 2016 年发表的论文中提出了基于用户间共享计算中间结果的方式计算物品间的相似度，在计算的过程中可以严格保护用户隐私。相比之下，联邦学习框架更加通用，其中主机（中央服务器或单个成员）发起学习任务。在主机的协调下，每个成员基于本地数据训练模型。然后，主机收集所有成员的训练结果并安全地聚合到一个全局模型，并将更新后的全局模型共享给每个参与者。重复上述过程，直到全局模型实现训练目标，如达到收敛条件。最后，所有参与成员共享全局最优的机器学习模型。在整个过程中，参与者的原始数据只保留在本地，不会被交换或转移。联邦学习允许在训练模型的准确性上有一定的偏差，但可以为所有参与者提供数据安全和隐私保护。近年来，许多研究工作致力于实现基于联邦学习的机器学习模型，例如基于联邦学习的深度神经网络等。此外，研究人员也尝试集成不同的隐私保护方法，例如将差分隐私、同态加密等理论严格的方法与联邦学习结合，为将联邦学习引入推荐系统提供了理论依据。

随着人们对隐私保护的重视，越来越多的隐私保护算法会被应用到推荐系统。并且随着其他基础信息技术的发展，例如移动计算、5G 技术等，保护隐私的推荐算法的很多性能瓶颈将得到缓解，保护隐私的推荐算法将会得到更进一步的发展。

5.3.2　可解释性

可解释推荐在提供推荐结果之外，还要求解释推荐的原因，可以提高推荐系统的透明度、说服力、有效性、可信度和用户满意度等。此外，开展可解释的推荐还有助于系统设计人员诊断、调试和改进推荐算法。可解释推荐主要包括解释生成和人机交互两个部分，前者主要关注如何生成解释，后者主要关注推荐结果的解释以何种形式呈现。本节将从这两方面简要介绍可解释推荐的相关知识。

1. 推荐生成的技术路线

根据推荐解释的生成在整个推荐流水线中的位置，可解释推荐可以分为可解释推荐模型和先推荐后解释两种技术路线。下面分别介绍每种技术路线的一些基本思想和代表性方法。

可解释推荐模型希望模型自身具备一定的透明度，从而在生成推荐的同时，生成对应推荐结果的解释。目前，推荐系统所应用的主要技术路线均可通过一定修改获得模型可解释能力。表 5-1 总结了基于不同技术路线的可解释推荐改良方案以及相应的代表模型。此表为部分归纳，可解释推荐模型是一个快速发展的领域，除表中提及的技术路线和改良方案，还有诸多未涵盖到的优秀技术。

与上述可解释推荐模型不同，先推荐后解释则是单独构建一个推荐结果解释模型，为推荐模型输出的推荐结果予以解释。当推荐系统架构十分复杂时，提供模型内嵌的可解释能力是十分困难的，但是为推荐结果提供一个用户可理解的解释往往并不难。例如，某电商平台通过复杂的混合推荐系统为用户推荐商品，同时根据简单的统计信息给出类似"您80%的朋友都买过该产品"

表 5-1　基于不同技术路线的可解释推荐改良方案以及相应的代表模型

技术路线	可解释改良方案	代表模型
因子分解模型	将隐因子与显式特征对齐（align with explicit features）	Explicit Factor Models (EFM)[194]
	邻居式解释（neighbor-style explanations）	Fast Influence Analysis (FIA)[195]
	相关用户/相关项目解释	Explainable Matrix Factorization (EMF)[196]
	基于评论中提取的特征进行基于特征的解释	Sentiment Utility Logistic Model (SULM)[197]
	基于评论构建话题模型	Hidden Factor and Topic (HFT)[198]
	整合其他结构化数据	The FacT[199]
图模型（不含图神经网络）	图传播（propagation）	TriRank[200]
	图聚类（clustering）	Overlapping co-CLuster Recommendation (OCuLaR)[201]
深度学习模型	在评论数据上应用注意力机制	Dual Attention-based Model (D-Attn)[202] Deep Explicit Attentive Multi-view Learning Model (DEAML)[203] Neural Attentional Regression model with Review-level Explanations (NARRE)[204]
	基于自然语言生成技术自动生成文本解释	Automatic Generation of Natural Language Explanations[205]
	基于群智技术生成文本解释	Crowd-Based Personalized Natural Language Explanations for Recommendations[206]
	视觉解释	Visually Explainable Collaborative Filtering (VECF)[207]
	基于胶囊网络逻辑单元的解释	Capsule Network based Model for Rating Prediction with User Reviews (CARP)[208]
	基于用户历史行为影响的解释	Sequential Recommendation with User Memory Networks (RUM)[209]
知识图谱模型	基于实体的解释	Programming with Personalized Page Rank (ProPPR)[210]
	基于路径的解释	Policy-Guided Path Reasoning (PGPR)[211]
	图传播	RippleNet[212]
	在知识图谱上进行规则归纳，并使用规则引导神经推荐模型	Jointly Learning Explainable Rules for Recommendation with Knowledge Graph[213]

的推荐解释。值得注意的是，为推荐结果"寻找"一个解释并不是提供一个虚假的解释。在机器学习领域，模型诊断性解释（Model Agnostic Explanation）的一个突出思想是用简单的模型来近似复杂模型，这样的简单模型有助于理解复杂模型的局部。

从认知科学来看，构建可解释推荐模型和先推荐后解释两种思路对应着人类为行为提供解释时的两种方式。前者可类比于让一个习惯三思而后行的人解释其行动，他可以十分详细地分析做出该决策的种种原因。但现实生活中也有很多行为是先根据直觉做出决策，再去为这个决策寻找解释，这种情况对应着后者。两种方法并无优劣之分，需要根据推荐系统的应用需求来决定如何选择。

2. 可解释推荐的呈现方式

根据推荐生成的技术路线不同，采取的推荐解释呈现也有多种方式，主要有以下四种：基于用户或物品的解释、基于特征的解释、基于文本的解释及基于视觉的解释。

基于用户或物品的解释常见于协同过滤推荐系统，其做法为提供相关用户或相关物品作为解释，例如"80% 与您相似的用户都喜欢物品 A"。值得注意的是，在基于协同过滤的推荐系统中，相关用户一般被定义为行为模式相似的用户。在该定义下，用户对其他相关用户可能并不了解，从而导致解释效果大打折扣。此外，该设定也可能会导致用户隐私泄露问题。社交推荐（Social Recommendation）是解决该问题的一种方案，相比于公开自己的兴趣偏好给陌生用户，在好友之间开展兴趣偏好分享，不管在隐私上还是解释上都更容易被接受。

基于特征的解释和基于内容的推荐系统紧密关联。在基于内容的推荐中，系统通过匹配用户特征和候选物品的内容特征提供推荐，因此可以根据特征进行直观的解释。一种常用方法是展示与用户相匹配的特征，如图 5-1 所示的汽车推荐的解释示例。相比于丰富的物品内容信息，用户的内容特征通常较为单一，其中常见于推荐系统的是用户人口统计信息和评论。用户的人口统计信息可以用来生成基于人口统计的解释，例如"80% 与您年纪相仿的用户都喜欢物品 A"。基于观点的解释是利用用户评论进行推荐解释的一种重要呈现方式，该方法从用户评论（或其他数据源）中提取用户"方面–观点–感情"（Aspect-Opinion-Sentiment）三元组作为特征，并通过展示用户各方面偏好与项目各方面表现之间的匹配情况提供解释。

图 5-1 汽车推荐的解释示例

顾名思义，基于文本的解释以文字的形式提供推荐解释，从灵活度上可以分为基于模板的文本解释和生成式文本解释。基于模板的文本解释首先确定一些解释语句的模板，然后用不同的词来填充模板，以便为不同的用户提供个性化的解释。例如，Zhang 等人[194] 提出可以设计基于特征的模板，为用户解释为什么做出"推荐"和"不推荐"的决定，其中特征部分在模板中是变量，根据推荐模型认为最相关的特征进行自适应的填充。Wang 等人[214] 设计的解释模板同时包含特征和意见，通过特征和意见的多种组合提供更加丰富的文本解释。虽然研究人员在不断提升模板的复杂性，但基于模板的解释仍面临着多样性和个性化不足的问题。生成式文本解释借助自然语言生成等技术直接生成推荐解释，可以较好地解决解释的个性化问题。Li 等人[215] 利用循环神经网络来根据用户兴趣自动生成 Amazon 和 Yelp 上的推荐解释。Lu 等人[216] 提出了一种推荐与解释共同学习的方法，利用自然语言处理领域常用的序列到序列的架构（Sequence to Sequence）生成文本解释。相比于基于模板的文本解释，生成式文本解释具有更高的自由度，同时也面临着更复杂的噪声问题，例如解释的语句是否通顺、语义是否前后一致等。因此，目前的推荐系统更倾向于采用基于模板的解释方法。

基于视觉的解释可以通过高亮或框选出图片中生成推荐的主要特征所对应的部分进行解释，如图 5-2 所示，模型可以通过人工或注意力机制等方式捕获图像中最重要的区域作为解释。Lin 等人[217] 研究了服装推荐中的可解释问题，提出了一种带有互注意力机制的方法，将图像中的特征与文本中的特征进行关联，进而将重要的文本片段和图像区域作为推荐的解释。Chen 等人[207] 提出了一种区域高亮的方式从图像中选择解释区域，由于不同用户关注的点不同，该方法通过注意力机制将用户兴趣与图像的区域进行关联，进而提供可解释的推荐。关于视觉可解释推荐的研究尚处于初始阶段，相关研究较少。随着基于深度学习的图像处理技术的不断进步，图像将被更好地整合到推荐系统中，以获得更好的准确性、效率和可解释性。

商品	推荐原因	视觉解释
	40%的购买者在评论中表示，该鞋具有较好的包裹性且不顶足弓。	

图 5-2　商品推荐的视觉解释

5.3.3 算法偏见

近年来，社会公平性引发了各界的广泛关注，算法偏见问题也成为机器学习领域关注的热点话题。在推荐系统领域，研究人员关注的算法偏见主要包括：特征偏见或流行度偏见、统计公平性、遵从偏见和长期公平性等。

特征偏见主要关注监督学习过于依赖预定的敏感特征带来的不公平问题。例如，推荐系统可能放大"性别"与"电影类别"之间的关联，因此受男性用户喜欢的冒险片或恐怖片，可能不会推荐给女性用户或者推荐的可能性非常低，导致推荐结果与实际情况的偏差，造成性别上的不公平。如果将流行度看作一种物品的特征，那么流行度偏见也可以认为是特征偏见的一个特例。流行度偏见是指推荐系统倾向于给用户推荐流行的物品，因此不流行的物品会被推荐系统不公正的对待。对于高质量的新物品，这种流行度偏见会带来严重的问题。例如，某些高质量的电影，由于受众范围小或者早期评分少，很难被推荐给用户。一种解决特征偏见的方法是保持推荐结果与特征之间的独立性，使得推荐评分满足下式[218]：

$$\Pr(R|V) = \Pr(R) \tag{5-1}$$

式中，R 表示评分；V 表示给定的特征，例如流行度、性别、职业，等等。上式表示，推荐的评分应该与 V 中的特征独立，即保证评分是无偏见的。为了在优化过程中实现上述独立性，可以在优化目标上添加一个惩罚项，即通过降低 R 和 V 的互信息来实现 R 与 V 的独立。

统计公平性主要关注一个或者一组用户得到的推荐结果与用户兴趣的分

布是否一致。其中一种度量统计公平性的方式是人口统计平权（Demographic Parity），即推荐结果的分布是否与用户兴趣分布或者一个组内用户的兴趣分布相同。例如，一个小组内 70% 的用户喜欢喜剧电影，30% 的用户喜欢动作电影，那么推荐结果应该有 70% 是喜剧电影、30% 是动作电影。对个人用户来说，一种实现统计公平性的方法是推荐结果校准[219]，即设计指标来衡量推荐结果的统计公平性，例如推荐结果分布与用户兴趣分布的 KL 散度，然后针对衡量指标对推荐结果重排序。对群组用户来说，一种实现统计公平性的方法是保持推荐结果的偏见不超过输入数据的偏见[220]，即不放大统计上的偏见。例如，物品在各个群组中被推荐的概率应该与物品在训练数据中出现的概率相同。如果二者出现偏差，可以通过重新排序的方式解决。

遵从偏见（Conformity Bias）是指用户容易受到其他用户意见的影响，倾向于放弃个人的独特兴趣而保持与大多数人意见的一致，例如羊群效应。Lederrey 等人[221] 在两个啤酒评分网站做了对比分析，发现当同一款啤酒的初始评分差异较大时，它们的最终评分也会有巨大的差异。即当一款啤酒初始获得较多差评，那么这款啤酒在网站上的整体评价会较低；相反，如果一款啤酒初始获得较多的好评，那么这款啤酒在网站上的整体评价会较高。为了解决这一问题，Liu 等人[222] 提出了一个基于矩阵分解的遵从性建模方法，即将矩阵分解中基于偏好的推荐修改为综合考虑用户偏好和公共意见的推荐。除了直接建模遵从性，相关研究还考虑了社交关系对用户遵从性的影响，提出了将社交遵从性从用户预测评分中消除的方法。例如，Wang 等人[223] 提出在社交网络中存在强社会联系与弱社会联系，不同强度的社会联系对用户兴趣的影响也是不同的，因此他们提出需要学习每个用户的不同强度的社会联系，并将强弱区别放到推荐算法的建模中，并通过超参数来控制社交关系对用户评分的影响。

上述公平性问题仅考虑了短期或者静态的公平性，而推荐系统与用户的交互是长期且动态的，因此需要考虑在长期且动态的环境下如何保证推荐的公平性，即长期公平性。针对推荐系统的公平性问题，例如流行度偏见，物品的流行度是随时间变化的，因此保证推荐公平性的策略需要跟踪这种动态变化的偏见，针对性地使用修正或者校准的策略。一种提升长期公平性的方法是采用强化学习的思路，将长期公平性问题定义为一个受限的马尔可夫决策过程[224]。模型可以根据动态的偏见指标调整推荐的策略，保证公平性的要求能够被持续满足。上述方法对公平性的保证较为严格，但是在应用上较为复杂，因此也可以采用更简单的随机化的方式来提升推荐的长期公平性。Borges

等人[225] 发现在变分自编码器的采样过程中添加一个简单的随机噪声模块可以提升模型的长期公平性，但是该方法会损失推荐结果的准确性。实验表明，该方法在降低 5% 的推荐准确性时，可以降低 76% 的算法偏见。

5.4 小结

本章介绍了推荐系统研究的热点问题、推荐系统应用的关键挑战以及如何从技术上实现负责任的推荐。这些内容在未来可能会成为推荐系统研究和应用的关键，因此需要研究人员和开发人员持续关注。

第 6 章

推荐系统实践

前面的章节在理论层面对推荐系统做了详细的探讨和介绍。在工业应用中的推荐系统，往往涉及除算法外的其他技术要点，如数据管理、评估指标、系统开发与运维，等等。若要搭建一个工业级别的推荐系统，因为其涵盖技术细节繁多，所以在系统工程维度上的复杂度比一般系统更高。本章就推荐系统实践这一话题进行深入的探讨，结合前文所介绍的理论知识，对搭建工业可用的推荐系统做总结性介绍。除此，本章结合微软发布在 GitHub 上的 Microsoft Recommenders，即 "微软推荐系统最佳实践" 项目的代码库，以一个全链路推荐系统为例，将推荐系统的开发与落地具象化，为读者提供可动手操作和实践开发的参考资料。

6.1 工业级推荐系统实现与架构

6.1.1 工业级推荐系统的基本特征

时下，随着互联网技术的飞速发展和广泛普及，越来越多的企业开始着力于挖掘数据和信息流中的价值来助力业绩的增长。虽然在最初的应用中，推荐系统仅仅是企业某一个业务模块的组成部分，但如今可以看到，在越来越多的案例中，推荐系统甚至成了企业核心业务的重要组件，如阿里巴巴的电商服务、字节跳动的抖音，等等。不仅如此，我们在互联网产业的很多场景中也看到了推荐系统的有效应用——在不同的垂直行业中，由于企业与客户端信息交互密切的天然特性，推荐系统很好地发挥了建立信息交互良性循环以刺激业务增长的作用。

由于不同行业的应用特点不同，推荐系统的构成也不尽相同，但总的来说，一个工业级的推荐系统需要满足可扩展性、可解释性、可维护性及可调度性等基本特征。除此，由于推荐系统自身的特殊性，在现代复杂业务模式的环境下，在部署推荐系统的同时，需要满足更多复杂的性能指标，以应对不同的需求。这些要点包括但不局限于以下方面。

第一，主流的推荐系统绝大多数是基于机器学习算法构建的，对于不同的业务来说，模型的训练与重训练周期至关重要。通常这一周期的选择与实际业务的具体要求息息相关。例如，在用户基数较大的电商场景中，模型的重训练周期要足够短，以保证模型可以及时捕捉到大量用户的线上反馈。这一指标同时也提高了对推荐系统自身模型训练效率的要求，大规模机器学习推荐算法的训练成了推荐系统设计和开发中一项重要任务。在某些特殊场景中，由于训练数据自身的动态性，线上学习或强化学习可以替代传统的离线学习已达到更好的效果。

第二，训练推荐系统模型需要的用户特征以及物品特征往往维度非常高，这些高维度的训练数据保证了推荐模型可以达到更好的泛化效果，以在不同的场景中生成准确的推荐结果。对基于高维度特征向量的机器学习模型进行训练本身是一项挑战。特别是对于基于深度学习的推荐算法来说，模型参数调优是决定模型最终推荐效果的重中之重。在一些深度学习任务（自然语言处理等）中，模型参数调优大多数只需要执行一次，即便是这些工作需要较高的人为参与度，但总的来说开发成本并不会增加很多。然而，由于推荐系统自身的业务高相关性、高流动性的特征，需要不断地重复迭代模型调优的过程，相较于语言模型等深度学习模型，推荐算法模型需要系统级别的支持，以便最大限度地实现自动化模型的参数调优。

第三，推荐算法门类繁多，实现形式也多有差别，这导致不同的推荐算法在架构上需要的支持也不尽相同。工业应用中的推荐系统，为了针对不同场景的推荐任务，往往会部署多个推荐算法模型协同发力，以达到全局收益最大化的效果。这就要求底层计算平台采用异质化架构，以支撑不同算法的计算需求。例如，深度学习模型往往需要分布式 GPU 集群完成模型训练，而一些基于 Spark 的算法则需要分布式的 CPU 集群来完成模型训练。

第四，推荐系统的性能评估往往是容易被忽略却又至关重要的方面。在推荐场景中，模型的线上指标往往比离线指标更重要。离线指标更多服务于算法选择和模型调参，而线上指标则更多服务于最终的业务收益。在很多种情况下，线上指标的评估结果并不一定与离线指标一致，这需要推荐系统的工程师和业务部门的负责人通力合作，选取和设计线上线下合理的评估指标，以达到最好的推荐效果。

第五，推荐系统对业务的贡献并不完全基于机器学习算法，有时简单的商业逻辑也可以起到极大的帮助。这需要算法工程师在设计和实现推荐系统时，密切关注业务需求，对于无法或者难以用算法抽象出来的问题，需要增添基于商业逻辑的规则来帮助推荐算法逼近目标。这些规则可能是离散于不同业务需求方向的，但对于推荐系统整体结果而言，它们起到的效果有时会十分突出。

6.1.2 推荐系统的常见架构

从技术角度来讲，一般的推荐系统可按照其流水线部署特征分为两大类架构：离线推荐系统和实时推荐系统。

1. 离线推荐系统

如图 6-1 所示，一个离线推荐系统包含了如下几个主要组成部分：原始数据、数据预处理与特征工程、模型训练、推荐结果和前端服务。

图 6-1 离线推荐系统

原始数据包含了搭建推荐系统所需要的所有数据，如用户行为、物品相关数据、日志信息、文本和图片，等等。通常原始数据的量级较大（TB 甚至

PB 级），因而这部分数据一般采用数据湖等技术存储，对不同格式、不同类型的数据进行集中存放。

原始数据在被应用于模型训练之前，往往需要经过一系列的预处理和特征工程操作。在推荐系统中需要特殊对待的方法，除了一般机器学习系统常见的预处理方法，如归一化、标准化、去重和消除空值等，还包括对于推荐问题和算法本身而言至关重要的特征选择和特征变换。例如，某些算法如 Wide&Deep 使用交叉向量进行建模，那么在特征工程环节，这些交叉特征可以预先生成以便接下来的模型训练使用；还有些深度学习算法需要使用嵌入式向量来表征用户及物品的特征以及非结构化数据（文本图片等），这些嵌入式向量也可以在特征工程中预先得到。一般而言，数据预处理由于所需运算量大，因而这部分运算往往在 Spark、Kafka 等高性能的大数据框架中实现。

模型训练是推荐系统中的核心部分。根据算法的不同，模型训练的平台也不尽相同。如前文所述，由于推荐算法的多样性，模型训练的计算架构通常是异质的。在离线推荐系统中，推荐算法可以离线产生推荐结果。一般的协同过滤推荐算法可以用作离线推荐，使用这样的算法在模型训练好之后可以立刻产生每个用户的推荐结果。

离线推荐系统的最大特点是，推荐模型所产生的推荐结果可以在模型训练结束后生成并保存在离线存储介质中。这样的机制保证了推荐中计算开销最大的成分，即数据预处理和模型训练，在最后的前端服务抓取推荐结果时，可以避免产生不必要的延迟。然而，并不是说离线的推荐模式没有任何延迟，离线推荐中的延迟基本来自对推荐结果的抓取，因此存放推荐结果的存储介质的性能决定了推荐系统前端服务响应速度。通常来说，存放离线推荐结果的存储介质是一个高并发、高性能的分布式数据库，这样的设置保证了在任何时间地点和环境下，推荐结果的读取都可以保证达到工程指标的要求。

前端服务通常架设在 Web 或 App 端，来实现用户对推荐系统的访问。在离线推荐系统架构中，这些访问的内部逻辑是根据给定的用户信息，利用保存在离线数据库中的推荐结果生成反馈。工业界常用的用于架设前端的技术包括基于容器的 Kubernetes 等。

总的来讲，离线推荐系统的特点是易于搭建、易于维护，对数据预处理和模型训练的延时指标较低，对底层架构组件特别是数据库的性能要求较高。离线推荐系统往往出现在需要做大规模推荐任务且对推荐结果的实时性要求不高的场景。有时，离线推荐架构也出现在一个复杂推荐系统的召回层，以用于生成后续排序层的候选推荐集。这点我们将在下面的内容中详细介绍。

2. 实时推荐系统

实时推荐系统，顾名思义，采用了实时推荐的方式生成推荐结果。图 6-2 展示了一个实时推荐系统的架构。与离线推荐模式相同的是，实时推荐系统架构需要先经过对原始数据的预处理才可以训练模型；与之不同的是，实时推荐系统并不会将推荐系统离线生成并保存在一个数据库中，一般会将模型本身部署在前端，并根据前端访问的数据，来对模型实时打分得到推荐结果。从图 6-2 中可见，在实时推荐架构中，除了从模型训练指向前端服务的数据流动，数据预处理模块也有数据流动到前端服务中。这样做是为了让前端的访问可以触发模型打分和排序。而在打分和排序中，之前用于模型训练的特征数据会再一次被用于模型打分，以保证数据使用的一致性。

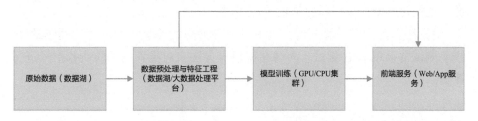

图 6-2　实时推荐系统

相比于离线推荐系统，实时推荐的优点在于它可以更好地捕捉到数据中的流动性和时效性，同时，实时推荐可以为用户提供更多样的推荐结果，从而提高推荐质量。然而，实时推荐系统在工程实现上的难度更高。这一难度主要来源于推荐模型的实时打分及排序。这两项任务往往都有较高的复杂度，特别是对于大规模的推荐任务而言，模型打分需要在模型打分层面做特殊优化，来保证推荐过程满足响应的延时指标。因而，实时推荐系统架构在前端服务中会着重使用性能较高的框架来完成任务。

在现如今的推荐系统实现中，工程师们往往不会单独依赖于离线推荐系统或实时推荐系统中的某一种。较为聪明的做法是同时部署两种架构，并让它们在不同的业务场景中各自发挥作用。这样设计的优点在于，推荐系统的具体实现架构可因前端客户服务的推送机制而做出相应调度。在离线推荐系统和实时推荐系统两大基本架构之上，更多的组成部分也逐渐被开发出来，以优化和提升原本基础架构的性能和效果。

1）**特征库**。特征库技术近年来被广泛参与用推荐系统的特征管理和保存中。由于推荐问题中特征的维度和多样性非常高，有效的特征管理可以极大地帮助模型训练、模型打分和特征复用等工作。通常，特征库会放置在数据预处理的模块当中。

2）**召回**。如上文提到的，离线推荐系统架构有时会应用于"召回"候选推荐集，以缩小推荐搜索的范围。这一策略有效地控制了非相关物品出现在推荐结果中的概率，同时也大大降低了后续精排层的计算开销，为实时推荐系统的延迟指标提供了大量裕度。

3）**精排**。精排往往置于模型打分之后，对产生的推荐结果做排序并推送给用户。精排中使用的推荐算法往往考虑更多个性化特征以及上下文关联特征，这使得推荐结果得以更加精准、实时。

4）**线上测试**。一般而言，推荐系统都需经过线上测试以评估推荐结果。线上测试常采用 A/B 测试、多臂赌博机等方法来对推荐结果的业务指标进行评估。

6.1.3 推荐系统的工业实现

相较于其他人工智能技术，推荐系统自诞生以来便与其商业应用密不可分。因此在近些年中，在不同的工业应用领域，针对不同问题的推荐系统实现层出不穷。本小节中，我们将对一些具有代表性的工业用的推荐系统做简要介绍。

亚马逊被认为是最早将推荐技术应用于核心业务的公司。为了有效地推销其产品并增加用户黏度，亚马逊开发了基于物品的协同过滤推荐系统。这种方法通过计算物品之间的相似度，为用户找寻与之购买过的商品类似的商品并做推荐。虽然这种方法在今天看来比较简陋，但在彼时的应用中还是起到了非常可观的效果——在亚马逊 2003 年左右接近 3000 万用户量以及几百万物品数的规模下，这种基于物品相似度的方法很好地保证了算法的可扩展性，相较于其他当时的算法更加有效和可靠[226]。

网飞在较早时便开始了推荐系统在其流媒体内容对用户投放的机制中的应用。2006 年，网飞发起的"Netflix Prize"竞赛孕育了矩阵分解和限制玻尔兹曼机两大算法，对后来的推荐系统产生了深远影响。在其后的一系列开发中，网飞的工程师将推荐问题的预测目标由最初的基于"打分"推进到了基于"排序"，进而使得推荐结果可以更接近于用户心理期待的结果。与此同时，网飞也在架构上提出了包含线上及线下部分，以及推荐中多个任务，如打分、排序等的推荐系统架构图，如图 6-3 所示[227]。这一架构也成了启发之后更为复杂推荐系统架构的模板。

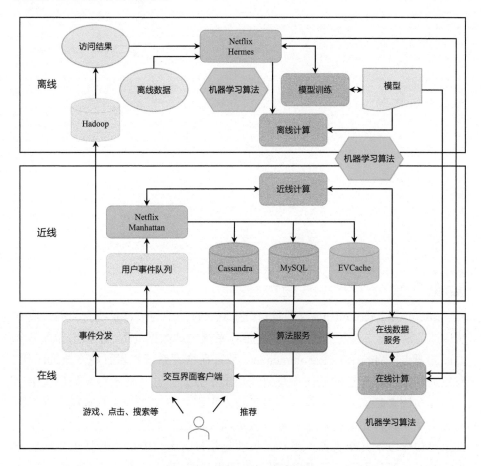

图 6-3　网飞推荐系统架构图

除了上述罗列的几个具有代表性的行业垂直应用，推荐系统本身也被设计出易于开发的基础模块，以帮助没有推荐技术储备的企业采用。其中一个例子是英伟达推出的 Merlin 推荐系统框架[228]。英伟达 Merlin 是一个服务于开发者设计和实现全链路推荐系统的框架，它包含了从数据预处理、模型训练，到模型打分的推荐系统开发的所有步骤。如图 6-4 所示为英伟达 Merlin 框架系统架构图，相较于一般的系统架构，Merlin 在模型训练部分利用英伟达的 GPU 技术提供了更多优化，这使得其在训练模型，特别是深度学习模型时，运算效率相较于其他平台更高。

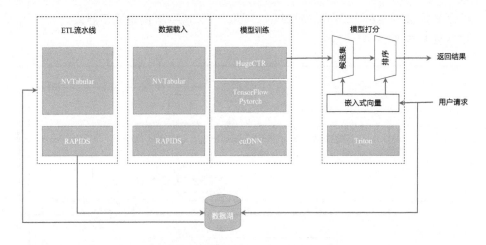

图 6-4　英伟达 Meriln 框架系统架构图

6.2　推荐系统典型应用实践

Microsoft Recommenders 项目自诞生起，收录了与推荐系统有关的经典方法以及前沿方法。这些方法涉及搭建推荐系统中如数据处理、模型选择等多个方面的要点。Microsoft Recommenders 孕育在推荐系统技术百花齐放的时代。虽然近年来推荐算法的论文以及研究层出不穷，但这项技术在大规模应用上依然存在许多悬而未决的挑战。对于技术积累并不深厚的企业来说，在实际业务中使用推荐技术变成了一项"敢想而不敢做"的任务。这些挑战具体而言主要包含以下几个方面。第一，虽然每年都有大量有关推荐技术和算法的论文发表，但其中可以用来直接作为工业生产应用的参考资料并不多。第二，虽然市面上可以找到很多推荐系统相关的工具包，但这些工具绝大多数都只是针对推荐系统中的某个具体问题而非整个全局系统。不仅如此，这些不同的工具包可能在实现方式层面相互独立，这使得协同使用这些工具包变得比较困难；而且，大多数工具包是由具有科研背景的工程师或者科学家开发的，这使得工具包低于工业软件开发的标准。

Microsoft Recommenders 的推出旨在解决以上这些问题[229]。Microsoft Recommenders 最初以开源于 GitHub 平台的开源项目代码库为发布，使用 MIT 软件保护协议，并支持 CPU、GPU 及 Spark 等多个不同的运行环境。Microsoft Recommenders 具有以下几个主要特征：

- Microsoft Recommenders 提供了一系列开发和部署工业级推荐系统的最

佳实践。这些实践不光基于经典的推荐算法和技术，同时也涵盖了最新算法和技术。这使得 Microsoft Recommenders 的代码库在广度上大大超越了已有的很多工具包，从而为实际开发工作提供了更加丰富的参考资料。

- Microsoft Recommenders 的代码设计和实现遵循了现代软件开发的一些常见规范。比如，其中一个规范是"基于经验的设计"，这条规范要求 Microsoft Recommenders 的代码实现方法有迹可循，以及这些方法是在多个现实应用场景中被验证的。这些规范帮助 Microsoft Recommenders 的开发者和参与者贡献更有质量的代码，这使得 Microsoft Recommenders 可以更好地部署在生产环境中。

- Microsoft Recommenders 的受众不光局限于企业的开发人员，还包括科研工作者、教育工作者及高校学生。由于 Microsoft Recommenders 代码库中的很多接口和业界常见的工具包互相匹配，使用者可以很容易地调用其中的工具函数和类，以实现推荐算法的研究和扩展。

- 相比于一些疏于维护的开源软件，Microsoft Recommenders 由微软的数据科学家和研究人员团队主要负责维护。除此之外，所有的代码提交都需要经由一道包含单元测试以及集成测试的流水线来确保提交的代码可以正确地运行，这同时也要求提交代码的开源人员书写规范的测试模块来触发这些测试。这样做的好处是，即便 Microsoft Recommenders 的开发模式面向所有开源社区，但是收录在 Microsoft Recommenders 中的代码都可以确保正确使用。

下面的小节将结合 Microsoft Recommenders 中的开源代码来介绍如何逐步从数据到算法再到系统来搭建一个完整的推荐系统。在此之前，我们需要在本地安装和配置 Microsoft Recommenders。Microsoft Recommenders 支持不同操作系统，如 Windows、Linux 及 MacOS。Microsoft Recommenders 支持 Python 3.6 ~ 3.9。

注意

如果使用了不同的 Python 版本，一些相关的库可能会在安装中出现错误。通常在安装 Python 库之前，一种比较常见的做法是使用 conda 或 venv 创建一个虚拟空间，以隔离要安装的库。这里我们假设读者自由选择是否需要完成这一步骤。

当完成前面的准备工作之后，在本地环境中使用 Microsoft Recommenders

可以按照以下步骤进行配置。

第一步，由于 Microsoft Recommenders 库中的一些算法实现需要使用编译代码，所以必须要保证这些编译过程使用的工具存在于配置环境中。比方说，假如安装 Microsoft Recommenders 的本地机器运行的是 Linux 系统，就需要安装 build-essential 来保证所有编译工具可以使用。这可以通过在 Linux 的命令行中运行以下代码实现（如果用户使用的是 Windows 系统，这一步骤可以用安装 Microsoft C++ Build Tools 来实现）。

```
sudo apt-get install -y build-essential
```

第二步，安装好编译工具后，Microsoft Recommenders 的 Python 库需要通过 PyPI 进行安装。Microsoft Recommenders 在 PyPI 上对应的库名称叫作 recommenders。使用者可以根据自己的需求决定如何安装和配置 recommenders 的相关库。这可以用过在 pip 安装的过程中添加工具包安装参数实现。recommenders 支持 examples、gpu、spark、xlearn、all 及 experimental 六个不同的相关库安装参数，不同的参数对应了不同的相关库配置。默认的是最小配置，即 examples。假如用户需要使用包含 examples 所有相关库的版本，那么从 pip 安装 recommenders 这一步骤可以通过在命令行运行以下代码完成。

```
pip install --upgrade pip
pip install recommenders[examples]
```

第三步，Microsoft Recommenders 的 Python 库支持多种不同的开发环境，用户可以根据自己的需求选择不同的安装包。需要注意的是，不同环境下的 Python 库对于除了上述提到的一些基本要求，还存在一些特殊要求。

- 在 GPU 版本的 Microsoft Recommenders 库中，由于一些相关库（例如 TensorFlow 等）需要使用英伟达的 cuda 加速套件，所以用户在使用这种环境时，需要预先安装好 cuda 相关的套件以保证在使用 GPU 加速时可以正确运行。这可以通过以下命令实现。

```
conda install cudatoolkit=10.0 "cudnn>=7.6"
```

- Microsoft Recommenders 还支持在基于 Spark 的大规模集群环境中运行相关的推荐系统任务。这一环境可以通过设置安装参数为 Spark 来实现。同时，Microsoft Recommenders 的 Spark 版本不光支持集群上的 Spark 环境，同时也支持本地单机模式的 Spark 环境。对于 Microsoft Azure 的用户来说，这两点可以在 Azure Databricks 或者 Azure Data Science Virtual Machine 上轻松实现。

在安装好 recommenders 的环境下运行 Python，recommenders 的函数以及类可以通过导入 recommenders 来完成，代码如下。

```
import recommenders
```

在下面的章节中，我们将对 Microsoft Recommenders 中的工具函数按照最佳实践在其样例代码中的实现做详细介绍。

6.2.1 数据管理与预处理

数据管理和预处理在推荐系统的搭建中扮演了重要角色。由于推荐系统的多样性，很多时候，数据的准备及预处理需要贴合推荐系统服务的特定场景。除此，数据的变换在搭建推荐系统时也尤为重要。本节着重介绍推荐系统准备工作中主要的两点数据相关准备工作——数据切分和数据变换。

1. 数据切分

绝大多数推荐系统使用的模型是基于机器学习算法的，因而在构建推荐模型时，原始数据需要被切分成为训练集、验证集和测试集。与普通的机器学习模型不同的是，推荐模型由于其应用场景的特殊性，需要在切分时格外注意。假设这里的讨论限于推荐系统中最常见的一种用户行为数据格式，即包含有"用户编号""物品编号""打分（可选）""时间戳"四个基本元数据类型的数据。在接下来的例子中，我们所使用的 Movielens 数据即按照这一标准选取数据。在代码示例中，这些数据名将按照 Movielens 原始数据中的英文名表示。Microsoft Recommenders 提供的工具函数可以帮助开发人员下载 Movielens 数据并将其读入 pandas 的数据模块中。如下代码所示。

```
from recommenders.dataset.download_utils import maybe_download
import pandas as pd

# 这里使用Movielens 100k的数据作为例子
DATA_URL = http://files.grouplens.org/datasets/movielens/ml-100k/u.data
DATA_PATH = "ml-100k.data"

COL_USER = "UserId"
COL_ITEM = "MovieId"
COL_RATING = "Rating"
COL_TIMESTAMP = "Timestamp"

filepath = maybe_download(DATA_URL, DATA_PATH)
```

```
data = pd.read_csv(filepath, sep="\t", names=[COL_USER, COL_ITEM,
    COL_RATING, COL_TIMESTAMP])

data_head()
```

读入的数据如下所示。

```
UserId  MovieId Rating  Timestamp
196     242     3       881250949
186     302     3       891717742
22      377     1       878887116
244     51      2       880606923
166     346     1       886397596
```

数据切分的方法有如下几种。

（1）随机切分

随机切分是一种最简单的切分方式，这种切分方式将对原始的用户行为数据按照给定的比例进行随机采样。Microsoft Recommenders 提供了方便对用户行为数据进行随机切分的函数。如下代码所示，Movielens 原始数据可以被随机切分成为训练集和测试集，其中训练集所占的比例为 70%。

```
from recommenders.dataset.python_splitters import python_random_split
data_train, data_test = python_random_split(data, ratio=0.7)

data_train.shape[0], data_test.shape[0]

# 所得结果数据比例为7:3
(70000, 30000)
```

随机切分函数 python_random_split 还支持多个切分比例作为输入，以方便从原始数据中获得如训练集、验证集及测试集这样多个数据集的情况。并且，在指定切分比例时，用户可以使用任何数（即使这些数的总和不为 1）——切分函数会按照给定切分比例来做归一化，然后再进行切分。如下代码所示。

```
data_train, data_valid, data_test = python_random_split(
    data,
    ratio=[0.6, 0.2, 0.2]
)

data_train.shape[0], data_validate.shape[0], data_test.shape[0]
```

```
# 所得结果数据比例为6:2:2
(60000, 20000, 20000)
```

（2）按用户/物品切分

在很多种情况下，推荐模型训练所使用的数据需要按照用户或物品进行切分。这样做的好处是，对于某些算法来说，我们可以保证同一用户同时出现在训练集和测试集中。举例来说，绝大多数协同过滤推荐模型是无法对"冷启动"用户或物品做推荐的。因而当使用测试集验证这些模型的性能时，如果不同的用户群组被使用到，模型评估将会变得难以比较，因为只有训练集和测试集中都出现的行为数据才可以用来比较。下面的代码示例展示了如何使用Microsoft Recommenders 的 python_stratified_split 函数来实现按用户切分。在函数调用中，除了指定切分比例，filter_by 参数也需要被设置来实现按照物品或者按照用户来切分。除此，该函数还允许设置针对物品或用户的最小交互次数（min_rating）。

```
data_train, data_test = python_stratified_split(
    data, filter_by="user", min_rating=10, ratio=0.7,
    col_user=COL_USER, col_item=COL_ITEM)
```

（3）按时间切分

在按物品或按用户切分的基础上，有时数据切分需要考虑用户和物品的交互时间。这样做的目的是当训练和测试模型时，训练数据集中的用户行为必须要保证全部在测试数据集的用户行为之前发生。利用 Microsoft Recommenders 的 python_chrono_split 函数，我们可以对数据进行时间维度上的切分，并保证该切分是按照物品或者用户进行的。

```
data_train, data_test = python_chrono_split(
    data, ratio=0.7, filter_by="user",
    col_user=COL_USER, col_item=COL_ITEM, col_timestamp=COL_TIMESTAMP)
```

检查切分后训练数据集中某一个用户的后 10 行和测试数据集该用户的前10 行，我们可以发现，训练数据集用户行为的时间戳都处在测试数据之前。打印训练数据集 data_train[data_train[COL_USER==1]].tail(10)，得到：

```
UserId  MovieId Rating  Timestamp
1       90      4       1997-11-03 07:31:40
1       219     1       1997-11-03 07:32:07
1       167     2       1997-11-03 07:33:03
```

1	162	4	1997-11-03 07:33:40
1	35	1	1997-11-03 07:33:40
1	230	4	1997-11-03 07:33:40
1	61	4	1997-11-03 07:33:40
1	265	4	1997-11-03 07:34:01
1	112	1	1997-11-03 07:34:01
1	57	5	1997-11-03 07:34:19

再次打印测试数据集 data_test[data_test[COL_USER==1].head(10)，得到：

UserId	MovieId	Rating	Timestamp
1	49	3	1997-11-03 07:34:38
1	30	3	1997-11-03 07:35:15
1	131	1	1997-11-03 07:35:52
1	233	2	1997-11-03 07:35:52
1	152	5	1997-11-03 07:36:29
1	82	5	1997-11-03 07:36:29
1	141	3	1997-11-03 07:36:48
1	72	4	1997-11-03 07:37:58
1	158	3	1997-11-03 07:38:19
1	33	4	1997-11-03 07:38:19

2. 数据变换

除了数据切分，数据预处理中另外一个重要操作是数据变换。在推荐系统的构建过程中，数据变换的方式和方法多种多样。很多时候，推荐系统的算法工程师和数据工程师需要紧密配合，以使得数据在整个系统流水线的必要步骤做恰当变化。下面将对推荐系统中一些常用的数据变换方法进行讨论并给出代码示例。

绝大多数推荐系统使用的数据是基于用户的隐式反馈的。在电商场景中，这样的例子包括用户对物品的点击、购买等可以产生交互信息的行为；在视频及新闻场景中，这样的例子包括用户在多媒体内容上的停留时间等。在构建推荐系统时，通常隐式反馈比显式反馈更能准确表达用户的行为倾向。但同时，隐式反馈由于无法给出确定的用户倾向，使得隐式反馈构成的数据无法被直接用于很多推荐算法的模型训练。这就需要在数据转换时对隐式反馈信息做必要的变换来产生需要的数据标签，从而帮助推荐算法更好地训练模型。这里常用的做法有以下几种。

（1）统计交互次数法

这种方法主要是将不包含用户显式反馈信息的数据进行整合，求出每个用户对某个物品的交互次数，从而用求出的交互次数作为显式反馈。利用前文得到的 Movielens 数据，我们可以对一个不包含 Rating 数据栏的数据做统计交互次数变换。代码如下。

```
data_count = data.groupby(['UserId', 'ItemId']).agg({'Timestamp': 'count'
    }).reset_index()
#这里Affinity列用来表示生成的用户倾向性
data_count.columns = ['UserId', 'ItemId', 'Affinity']

UserId  ItemId  Affinity
1       1       2
1       2       3
2       1       2
2       2       2
2       3       1
3       1       1
3       3       4
```

（2）加权交互次数法

很多时候，单凭用户和物品的交互次数是无法准确反映用户的倾向的。例如，在电商平台上，有些用户点击了多次某件物品却始终没有购买，那么这些用户对这件物品的倾向性就要小于另一些没有点击很多次但购买了该物品的用户。在这种情况下，我们可以使用权重的方式来表示不同交互行为的重要性，然后在求交互次数信息时对结构加权。代码如下。

```
data_w = data.copy()

conditions = [
    data_w['Type'] == 'click',
    data_w['Type'] == 'add',
    data_w['Type'] == 'purchase'
]

choices = [1, 2, 3]

data_w['Weight'] = np.select(conditions, choices, default = 'black')
```

```
# 将权重转换成数值类型
data_w['Weight'] = pd.to_numeric(data_w['Weight'])

data_wcount = data2_w.groupby(['UserId', 'ItemId'])['Weight'].sum().
    reset_index()
data_wcount.columns = ['UserId', 'ItemId', 'Affinity']

# 得到的数据结果如下
data_wcount
UserId  ItemId  Affinity
1       1       2
1       2       5
2       1       3
2       2       6
2       3       3
3       1       1
3       3       7
```

（3）时间相关交互次数法

这种方法在上一种加权的方法基础上，进一步添加了时间维度。这一考虑的主要原因是，很多用户行为是随时间变化的，而在估计用户对物品的倾向性时，一个重要假设是，越靠近当前时间点发生的交互行为越具有参考价值。这种基于时间相关性的交互次数统计方法可以用"时间衰减"函数来实现。例如，在下面的代码中，一个基于指数衰减函数的时间相关交互次数统计法被运用于之前准备的数据中，来产生反映用户倾向性的结果。

```
# 在使用时间衰减函数时，可以使用一个基准时间来计算相对衰减程度
T = 5
t_ref = pd.to_datetime(data_w['Timestamp']).max()

# 在数组中对时间衰减进行计算，这里的时间衰减函数是基于对数函数的
data_w['Timedecay'] = data_w.apply(
    lambda x: x['Weight'] * np.power(0.5, (t_ref - pd.to_datetime(x['
    Timestamp'])).days / T),
    axis=1
)
# 用户倾向性可以根据计算出来的时间衰减进行求和得到
data_wt = data_w.groupby(['UserId', 'ItemId'])['Timedecay'].sum().
    reset_index()
```

```
data_wt.columns = ['UserId', 'ItemId', 'Affinity']

# 得到的数据结果如下
data_w
UserId  ItemId  Affinity
1       1       1.319508
1       2       3.789291
2       1       2.400855
2       2       4.590914
2       3       2.611652
3       1       1.000000
3       3       5.883057
```

（4）负反馈采样

负反馈采样法是一种常见的对数据集中并未出现的标签数据在一个假设的合理的采样空间内进行采样的技巧。在上面的例子中，生成显式反馈的方法是基于用户-物品交互行为统计属性的假设，这个假设在很多时候是不适用的。所以在这种情况下，负反馈就成了可以有效使用的方法。负反馈采样的原理是，当用户-物品交互数据中只存在正样本时，可以通过假设在用户未交互过的物品中存在负样本这一前提，对未交互物品做随机采样，然后将采样结果并入所有样本数据中。继续使用上面例子中的数据，我们可以只拿出用户和物品两栏数据，来构造一个只有正样本的数据。代码如下。

```
data_b = data[['UserId', 'ItemId']].copy()
data_b['Feedback'] = 1
# 这里去掉数据中重复出现的用户-物品交互行为
data_b = data_b.drop_duplicates()
data2_b
UserId  ItemId  Feedback
1       1       1
1       2       1
2       1       1
2       2       1
2       3       1
3       3       1
3       1       1
```

接下来，我们可以找到用户未交互过的数据，并用此来采样负样本。代码如下。

```
# 先获取所有的用户和物品
users = data2['UserId'].unique()
items = data2['ItemId'].unique()

# 为所有用户物品构造交互集
interaction_lst = []
for user in users:
    for item in items:
        interaction_lst.append([user, item, 0])

data_all = pd.DataFrame(data=interaction_lst, columns=
    ["UserId", "ItemId", "FeedbackAll"])
```

最后，我们把正负样本整合，得到一个包含所有样本标签的数据集。

```
data_ns = pd.merge(data_all, data2_b, on=['UserId', 'ItemId'], how=
    'outer').fillna(0).drop('FeedbackAll', axis=1)
data_ns
UserId  ItemId  Feedback
1       1       1.0
1       2       1.0
1       3       0.0
2       1       1.0
2       2       1.0
2       3       1.0
3       1       1.0
3       2       0.0
3       3       1.0
```

在 Microsoft Recommenders 中，负采样可以使用 recommenders.dataset. pandas_df_utils 模块中的 negative_feedback_sampler 来完成。这个函数不仅提供了方便构造负反馈数据集的接口，还支持使用不同的采样比例来控制负反馈的样本数量。

6.2.2 算法选择与模型训练

推荐算法和模型是构建推荐系统的重中之重。Microsoft Recommenders 迄今为止收录了 20 余种不同的算法。这些算法既包含了经典推荐算法如 SVD、ALS 等，还包含了发表在最新学术论文中的前沿算法技术，如 xDeepFM、Light-

GCN 等。我们往往需要根据实际应用场景来选择和决定使用哪种算法。通常来讲，算法的选择可以依据几种常见的标准。根据算法功能，我们可以将其分为协同过滤模型、基于内容的过滤模型、基于时间段的模型等；根据算法在流水线中的作用，可以将其分为召回算法、精排算法及个性化算法；根据算法实现的架构，可以将其分为基于 CPU 的推荐算法、基于 GPU 和深度学习网络的算法，以及基于大数据平台如 Spark 的算法。这些分类方式往往是推荐系统的设计者和开发者需要在项目初步阶段认真考虑的。举个例子，对于一个运营线上业务的商户而言，其推荐系统考虑的指标可能包含几个方面。

第一，推荐的精准度。这点对商户来说主要体现在推荐系统产生结果的关联程度。如果关联度高，则消费者在商户的回购率就会显著提高。这一要求使得算法在选择时需要具有较强的泛化性能来学习和捕捉历史数据中的有用信息从而进行推荐。这些算法包括经典的 SVD 算法、FM/FFM 算法，以及 Wide & Deep 算法，等等。

第二，推荐的多样性。一般来讲，商户的推荐品类往往大于消费者的数据，这样当推荐产生时，消费者既需要看到其感兴趣的物品，同时也希望推荐结果扩展其可选范围。而后者就是由多样性来保证的。针对这一点，算法的选择可能要求其能够在多样性层面着重考虑。同时，在算法的可解释性上，如果推荐系统可以提供的信息能够帮助消费者更好地延展搜索路径和扩展搜索空间，那将会使得推荐结果更加符合要求。在一些算法中，多样性来源于对用户物品关联度的分析中，这其中，利用图数据辅助推荐的算法比较有效。这些算法包括 DKN，使用强化学习辅助的推荐算法，等等。

第三，推荐可扩展性。由于品类和消费者基数较大，并且消费者在商户的网页或服务端的行为频繁，商户的推荐系统需要大规模部署并具有可扩展性。这一要求的存在使得很多在学术论文中大放异彩的推荐方法变得无法在实际工业场景中有效使用。除此，算法实现对整个系统架构的要求和依赖也需要着重考虑。这些算法通常包括那些可以实现在一个可扩展计算平台上的算法，如 SVD 的 ALS 实现、LightGBM 的 Spark 实现、微软的 SAR+ 算法，等等。

现实应用中的算法选择问题可能远比上述概括的内容复杂，在很多情况下，工程优化非常重要。而这其中，更为棘手的问题是如何在不同指标中做出取舍以达到全局最优的结果。举个例子，我们知道复杂的深度学习模型可以达到很好的泛化效果，但有些深度学习模型并不能很好地在有限时间内完成训练（例如，基于时序数据的深度学习模型）。在这种情况下，工程师可能需要根据具体的实际应用场景需求进行针对性的调整。一种有效的办法是使用分级架构并在不同的层级上使用最为合适的算法——在召回层中简单但高效的算法可以在不牺牲获取结果效率的情况下最大限度地保证正确率；在精排层或个性化推荐层中，复杂的算法可能更为适用，因为这些算法可以在较小的数据集上表现出准确的推荐结果。总而言之，算法选择是一个需要算法工程师、数据科学家、商业决策者等多个不同参与者共同协调的过程。也许在最终技术实现的过程中，算法工程师扮演了最重要的角色，但在得到结论之前，整个推荐系统本身及被该系统影响的业务，都应该被详细考虑，以使得算法的选择是最优的。

在选择好算法之后，训练性能最优的模型即是首要任务。对于不同平台上实现的算法而言，训练模型的过程大同小异。算法工程师和架构师需要在训练的过程中设定既定的评估指标，并通过调节模型参数来实现最优的训练效果。现如今，很多工具使得这一过程变得完全自动化。对于机器学习算法，特别是深度学习算法来说，模型调参是一个非常耗时但又极其重要的工作。Microsoft Recommenders 的代码库以及样例代码展示了如何使用一些常见的模型调参框架，如 NNI、Azure Machine Learning Services 和 hyperot 等，来进行快速而高效的参数调节。由于这一部分的代码量较大，我们在此不做详解。读者们可以在 Microsoft Recommenders 的 examples 下 04_model_select_and_optimize 目录下找到有关如何使用这些框架对如 SVD、ALS、NCF 等推荐算法进行参数调优。

在下面的小节中，我们将分别就三种不同类型的算法介绍如何在实际操作中选择和开发一个推荐模型。

1. 基于 Spark 的矩阵分解最小二乘法实现

基于矩阵分解的协同过滤推荐算法因其易于部署和维护的特征而被广泛应用于很多推荐场景中。在实际工业应用中，考虑到可扩展性的需要，矩阵分解模型应当可以处理大规模的用户交互数据，以有效地生成推荐结果。基于 Spark 的矩阵分解最小二乘法（ALS）实现由于利用了 Spark 本身的高性能且高可扩展性的特点，在很多协同过滤的推荐场景中都可以有效地处理大规模的推荐问题[230–232]。

使用 Spark 矩阵分解算法的场景与大多数其他矩阵分解算法相同。该算法适用于数据包含用户交互信息的情况，并且交互信息可以为隐式交互或显式交互。考虑到 Spark 框架的分布式计算结构，这种方法可以用于数据规模较大以及对计算效率要求较高的地方（例如，大多数推荐系统的召回层）。除此之外，由于 Spark 常用于推荐系统整个链路中的数据预处理模块，基于 Spark

的模型训练可以很好地对接到与处理后的数据集，进而节省数据格式转换带来的开销，保证了数据表达的一致性。

使用 Spark 做矩阵分解需要本地安装和配置好 Apache Spark 框架。由于我们本章的样例都使用 Python 语言，所以本地还需要安装与预装 Spark 版本相对应的 PySpark。这些安装信息都可以在 Microsoft Recommenders 的代码库网页中找到。在下面的代码实例中，我们展示如何使用 Spark ALS 来对 Movielens 数据进行分析和建模。

首先，我们导入 PySpark 模块和 Microsoft Recommenders 中需要用到的模块。

```python
import pyspark
from pyspark.sql import SparkSession
from pyspark.ml.recommendation import ALS
import pyspark.sql.functions as F
from pyspark.sql.functions import col
from pyspark.ml.tuning import CrossValidator
from pyspark.sql.types import StructType, StructField
from pyspark.sql.types import FloatType, IntegerType, LongType

from recommenders.datasets import movielens
from recommenders.utils.spark_utils import start_or_get_spark
from recommenders.evaluation.spark_evaluation import
    SparkRankingEvaluation, SparkRatingEvaluation
from recommenders.tuning.parameter_sweep import generate_param_grid
from recommenders.datasets.spark_splitters import spark_random_split
```

其次，我们定义一些之后会用到的全局常量来辅助模型训练和搭建。

```python
# 定义数据中使用到的特征
COL_USER = "UserId"
COL_ITEM = "MovieId"
COL_RATING = "Rating"
COL_PREDICTION = "prediction"
COL_TIMESTAMP = "Timestamp"

# 定义Spark数据所需要的数据类型信息
schema = StructType(
    (
        StructField(COL_USER, IntegerType()),
```

```
        StructField(COL_ITEM, IntegerType()),
        StructField(COL_RATING, FloatType()),
        StructField(COL_TIMESTAMP, LongType()),
    )
)

# 定义Spark ALS的模型参数
RANK = 10
MAX_ITER = 15
REG_PARAM = 0.05

# 推荐物品个数
K = 10
```

接下来，我们创建一个新的 Spark 环境，并录入 Movielens 的数据。这里，我们可以使用 Microsoft Recommenders 提供的函数来完成数据读取。

```
# 利用Microsoft Recommenders中的函数来创建或获取一个Spark session
spark = start_or_get_spark("ALS Deep Dive", memory="16g")

# 使用已有的Spark对象来获取Movielens数据集，并载入Spark数据框架
dfs = movielens.load_spark_df(spark=spark, size="100k", schema=schema)


dfs.show(5)
+------+-------+------+---------+
|UserId|MovieId|Rating|Timestamp|
+------+-------+------+---------+
|   196|    242|   3.0|881250949|
|   186|    302|   3.0|891717742|
|    22|    377|   1.0|878887116|
|   244|     51|   2.0|880606923|
|   166|    346|   1.0|886397596|
+------+-------+------+---------+
only showing top 5 rows
```

对读入 Spark 的数据，需要做必要的切分。这里，我们仅考虑最简单情况，将数据按照随机的方式进行切分，分为训练集和测试集。这里，我们选取 75% 的数据作为训练集，剩下的 25% 作为测试集。

```
dfs_train, dfs_test = spark_random_split(dfs, ratio=0.75, seed=42)
```

切分好的训练集数据将用于训练一个 Spark ALS 推荐模型。这里要注意的是，由于我们使用的数据格式是基于 Spark DataFrame 接口的，所以，相对应的，我们要调用 pyspark.ml 中的 ALS 模块来训练模型。需要注意的是，这里，我们对 coldStartStrategy 参数赋了 "drop" 的值，这样做的理由是，我们在数据切分时并没有刻意保证同一组用户或物品会出现在训练集和测试集中，这样的话，我们无法保证模型评估的公正性。Spark ALS 提供的 coldStartStrategy 参数可以使我们在利用训练好的模型进行推荐时，忽略掉 "冷启动" 部分，从而使得训练集和测试集中都包含同样的用户和商品，以保证评估的公平性。

```
als = ALS(
    maxIter=MAX_ITER,
    rank=RANK,
    regParam=REG_PARAM,
    userCol=COL_USER,
    itemCol=COL_ITEM,
    ratingCol=COL_RATING,
    coldStartStrategy="drop"
)

model = als.fit(dfs_train)
```

最后，我们使用测试数据集对训练好的模型进行评估。下面的代码展示了，如何使用训练好的 ALS 模型对数据集进行打分，然后用预测得到的分数与测试集的真实分数进行比较，从而得到评估结果。

```
dfs_pred = model.transform(dfs_test).drop(COL_RATING)

evaluations = SparkRatingEvaluation(
    dfs_test,
    dfs_pred,
    col_user=COL_USER,
    col_item=COL_ITEM,
    col_rating=COL_RATING,
    col_prediction=COL_PREDICTION
)

print(
    "RMSE score = {}".format(evaluations.rmse()),
    "MAE score = {}".format(evaluations.mae()),
```

```
    "R2 score = {}".format(evaluations.rsquared()),
    "Explained variance score = {}".format(evaluations.exp_var()),
    sep="\n"
)
RMSE score = 0.9697095550242029
MAE score = 0.7554838330206419
R2 score = 0.24874053010909036
Explained variance score = 0.2547961843833687
```

2. 基于序列的推荐模型实现

在 4.4 节中，我们介绍了序列推荐的相关模型。用户的历史行为是具有时间先后顺序的，对行为序列建模不仅能反映用户兴趣的演变规律，同时也能捕捉用户的长短期兴趣偏好。短期兴趣是指用户在短暂的未来将会发生的行为，例如当用户在某一天频繁浏览手机相关的商品时，说明用户在近期有购买手机的意图。对于短期兴趣的捕捉，越近期的行为，携带的信息量往往越大。而长期兴趣则反映了用户的一般性爱好，能够反映用户的固有属性，受时间的影响较小。序列推荐是推荐系统研究中的一个重要分支，目前在学术界广受关注，并且已经广泛用在不同的工业推荐场景中。例如，Shumpei Okura 等人[233] 在雅虎日本新闻推荐平台上使用 GRU 模型对用户历史进行建模。Guorui Zhou 等人[234, 235] 提出了改进版的 GRU 模型，用在了阿里巴巴的展示广告推荐场景中。GRU 是序列建模中一种非常简单有效的方法，已经成为序列推荐标准的基线算法之一。本小节讲解和演示如何用 GRU 对用户序列建模，训练一个推荐模型。完整的运行示例代码可以在 Microsoft Recommender 官方源码中的 examples/00_quick_start/sequential_recsys_amazondataset.ipynb 例子中找到。

首先，导入实验需要的依赖包：

```
import sys
import os
import logging
import scrapbook as sb
import tempfile
from recommenders.utils.timer import Timer
from recommenders.utils.constants import SEED
from recommenders.models.deeprec.deeprec_utils import prepare_hparams
from recommenders.datasets.amazon_reviews import download_and_extract,
    data_preprocessing
```

```
from recommenders.datasets.download_utils import maybe_download
from recommenders.models.deeprec.models.sequential.gru4rec import
    GRU4RecModel
from recommenders.models.deeprec.io.sequential_iterator import
    SequentialIterator
```

新建一个临时目录，用来存放配置文件，输入数据和输出文件：

```
tmp_path = tempfile.mkdtemp()
data_path = os.path.join(tmp_path, 'gru4rec')
```

此时，可以打印这个 data_path 的内容来看看具体的路径是什么。系统会生成一个值，例如：/tmp/tmpxjq4i3ij/gru4rec。

通常为了方便管理可以控制的参数，我们会把所有与模型定义、训练过程相关的参数和变量放在一个配置文件中，运行模型时会加载这个文件。此处，我们需要在data_path 下面手动创建一个名为 gru4rec.yaml 的文件：

```
yaml_file = os.path.join(data_path, 'gru4rec.yaml')
```

并写入如下内容：

```
data:
    user_vocab : ./tests/resources/deeprec/gru4rec/user_vocab.pkl # the
    map file of user to id
    item_vocab : ./tests/resources/deeprec/gru4rec/item_vocab.pkl # the
    map file of item to id
     cate_vocab : ./tests/resources/deeprec/gru4rec/category_vocab.pkl #
    the map file of category to id

model:
    method : classification # classification or regression
    model_type : GRU4Rec
    layer_sizes : [100, 64] # layers' size of DNN. In this example, DNN
    has two layers, and each layer has 100 hidden nodes.
    activation : [relu, relu] # activation function for DNN
    user_dropout: True
    dropout : [0.3, 0.3] #drop out values for DNN layer
    item_embedding_dim : 32 # the embedding dimension of items
    cate_embedding_dim : 8 # the embedding dimension of categories
    user_embedding_dim : 16 # the embedding dimension of users
```

```
train:
    init_method: tnormal  # method for initializing model parameters
    init_value : 0.01 # stddev values for initializing model parameters
    embed_l2 : 0.0001 # l2 regularization for embedding parameters
    embed_l1 : 0.0000 # l1 regularization for embedding parameters
    layer_l2 : 0.0001 # l2 regularization for hidden layer parameters
    layer_l1 : 0.0000 # l1 regularization for hidden layer parameters
    cross_l2 : 0.0000  # l2 regularization for cross layer parameters
    cross_l1 : 0.000   # l1 regularization for cross layer parameters
    learning_rate : 0.001
    loss : softmax     # pointwise: log_loss, cross_entropy_loss,
    square_loss  pairwise: softmax
    optimizer : lazyadam  # adam, adadelta, sgd, ftrl, gd, padagrad, pgd,
     rmsprop, lazyadam
    epochs : 50  #   number of epoch for training
    batch_size : 400 # batch size, should be constrained as an integer
    multiple of the number of (1 + train_num_ngs) when need_sample is
    True
    enable_BN : True  # whether to use batch normalization in hidden
    layers
    EARLY_STOP : 10 # the number of epoch that controls EARLY STOPPING
    max_seq_length : 50 # the maximum number of records in the history
    sequence
    hidden_size : 40 # the shape of hidden size used in RNN
    need_sample: True # whether to perform dynamic negative sampling in
    mini-batch
    train_num_ngs: 4 # indicates how many negative instances followed by
    one positive instances if need_sample is True

info:
    show_step : 100   # print training information after a certain number
     of mini-batch
    save_model: True   # whether to save models
    save_epoch : 1    # if save_model is set to True, save the model
    every save_epoch.
    metrics : ['auc','logloss'] # metrics for evaluation.
    pairwise_metrics : ['mean_mrr', 'ndcg@2;4;6', "group_auc"]
    # pairwise metrics for evaluation, available when pairwise
    comparisons are needed
```

```
MODEL_DIR : ./tests/resources/deeprec/gru4rec/model/gru4rec_model/
# directory of saved models.
SUMMARIES_DIR : ./tests/resources/deeprec/gru4rec/summary/
gru4rec_summary/  # directory of saved summaries.
write_tfevents : True  # whether to save summaries.
```

可以看到，yaml 文件里面涉及的变量大致可以分为数据路径、模型参数、训练过程和信息输出等几个方面。读者可以视情况修改里面的参数值。

本次演示实验采用的是推荐系统领域广泛使用的亚马逊数据集（Amazon Dataset）中的影视（Movies and TV）相关的子集。

```
reviews_name = 'reviews_Movies_and_TV_5.json'
meta_name = 'meta_Movies_and_TV.json'
reviews_file = os.path.join(data_path, reviews_name)
meta_file = os.path.join(data_path, meta_name)
download_and_extract(reviews_name, reviews_file)
download_and_extract(meta_name, meta_file)
```

Microsoft Recommenders 内置了多个处理常见的数据集的方法，源代码在 recommenders/datasets 目录下，其中包含了亚马逊数据集的预处理操作。download_and_extract 函数会自动从数据源网站下载对应的亚马逊数据集文件，并解压出相关的内容。通常需要把原始数据切分成训练集、验证集和测试集。训练集用来学习模型的参数，验证集用来检验模型是否训练收敛，测试集不能参与训练过程，只能用来评价结果好坏。在亚马逊原始数据集中，用户的购买行为是正样本，需要采样一定比例的负样本。在这里，训练集和验证集的正负样本比例设为 1:4（即变量 train_num_ngs 和 valid_num_ngs），测试集的正负样本比例设为 1:9（即变量 test_num_ngs）。为了快速验证程序是否能够正常运行，通常会先创建一个小数据集。在以下代码中，sample_rate 就是控制从原始数据集中采样百分之多少的样本来创建数据集。当需要运行完整的数据集时，只需要把这个参数设置为 1.0。

```
train_file = os.path.join(data_path, r'train_data')
valid_file = os.path.join(data_path, r'valid_data')
test_file = os.path.join(data_path, r'test_data')
user_vocab = os.path.join(data_path, r'user_vocab.pkl')
item_vocab = os.path.join(data_path, r'item_vocab.pkl')
cate_vocab = os.path.join(data_path, r'category_vocab.pkl')
output_file = os.path.join(data_path, r'output.txt')
```

```
train_num_ngs = 4
valid_num_ngs = 4
test_num_ngs = 9
sample_rate = 0.01
input_files = [reviews_file, meta_file, train_file, valid_file, test_file
    , user_vocab, item_vocab, cate_vocab]
data_preprocessing(*input_files, sample_rate=sample_rate, valid_num_ngs=
    valid_num_ngs, test_num_ngs=test_num_ngs)
```

接着，创建一个变量来保存所有的参数。之前已经把所有的参数放置在了 `yaml_file` 中。如果在调用 `prepare_hparams` 函数时显式指定了参数值，则这些参数会覆盖 `yaml_file` 内的参数值。

```
hparams = prepare_hparams(
  yaml_file,
  embed_l2=0.,
  layer_l2=0.,
  learning_rate=0.001,
  epochs=EPOCHS,
  batch_size=BATCH_SIZE,
  show_step=20,
  MODEL_DIR=os.path.join(data_path, "model/"),
  SUMMARIES_DIR=os.path.join(data_path, "summary/"),
  user_vocab=user_vocab,
  item_vocab=item_vocab,
  cate_vocab=cate_vocab,
  need_sample=True,
  train_num_ngs=train_num_ngs,
)
```

申明一个数据加载器：

```
input_creator = SequentialIterator
```

工业级的数据规模往往很庞大，不能够一次性把所有的数据都加载到内存里面。`SequentialIterator` 本质上是一个迭代器，一次只从文件读入 `batch_size` 大小的内容到内存，把它转化成 TensorFlow 模型可读的矩阵或者向量格式并返回给模型。数据加载器可以优化的空间很大，例如，为了提高程序的效率，可以采用生产者-消费者的模式，把数据加载器变成生产者，源源不断地产生批量的数据供模型去执行，这一步骤往往是在 CPU 上执行的；模型作为消费者，收到数据后，进行神经网络的前向推理和梯度方向更新操作，这一过程大部分是在 GPU 上执行的。所以生产者和消费者可以变成流水线形式并行起来，减少不必要的等待时间。在本小节的教程中，为了简明起见，将不会涉及效率优化的操作。在亚马逊数据集中，用物品的唯一 ID 和它对应的类别 ID 联合起来表示一个物品。每个用户用他过去的最多 `max_seq_length` 个行为为用户建模。对于不满 `max_seq_length` 个行为的用户，将会用空置行为填充。

准备工作完成后，基于定义好的超参数和数据迭代器，就可以创建一个基于 GRU 的序列用户模型了：

```
model = GRU4RecModel(hparams, input_creator, seed=RANDOM_SEED)
```

GRU4RecModel 背后的原理十分简单，它将用户历史行为的物品 ID 和类别 ID 对应的嵌入向量拼接起来，经过一层 GRU 网络，即得到了用户的隐向量表示：

```
with tf.name_scope("gru"):
    self.mask = self.iterator.mask
    self.sequence_length = tf.reduce_sum(self.mask, 1)
    self.history_embedding = tf.concat(
        [self.item_history_embedding, self.cate_history_embedding], 2
    )
    rnn_outputs, final_state = dynamic_rnn(
        GRUCell(self.hidden_size),
        inputs=self.history_embedding,
        sequence_length=self.sequence_length,
        dtype=tf.float32,
        scope="gru",
    )
    tf.summary.histogram("GRU_outputs", rnn_outputs)
    return final_state
```

不同的用户的历史序列长度可能不一样。dynamic_rnn 能够只对有效的用户行为计算，忽略由于数据格式需要而填充的空置行为。此时，模型刚被创建，它的参数还处于随机初始值，因此不具备判别能力。为了验证这个，我们可以直接用初始化的模型在测试集上进行打分。

```
model.run_eval(test_file, num_ngs=test_num_ngs)
```

输出：

```
{'auc': 0.4857, 'logloss': 0.6931, 'mean_mrr': 0.2665, 'ndcg@2': 0.1357,
    'ndcg@4': 0.2186, 'ndcg@6': 0.2905, 'group_auc': 0.4849}
```

可以看到，auc 和 group_auc 都是接近 0.5，即随机值。对模型进行 10 次完整的迭代训练，让它去拟合训练集并在验证集上测试收敛情况：

```
model = model.fit(train_file, valid_file, valid_num_ngs=valid_num_ngs
```

其输出内容：

```
eval valid at epoch 1: auc:0.4975,logloss:0.6929,mean_mrr:0.4592,ndcg@2
    :0.3292,ndcg@4:0.5125,ndcg@6:0.5915,group_auc:0.4994
eval valid at epoch 2: auc:0.6486,logloss:0.6946,mean_mrr:0.5567,ndcg@2
    :0.472,ndcg@4:0.6292,ndcg@6:0.6669,group_auc:0.6363
eval valid at epoch 3: auc:0.6887,logloss:0.8454,mean_mrr:0.6032,ndcg@2
    :0.537,ndcg@4:0.6705,ndcg@6:0.7022,group_auc:0.683
eval valid at epoch 4: auc:0.6978,logloss:0.7005,mean_mrr:0.6236,ndcg@2
    :0.5622,ndcg@4:0.6881,ndcg@6:0.7175,group_auc:0.699
eval valid at epoch 5: auc:0.7152,logloss:0.6695,mean_mrr:0.6382,ndcg@2
    :0.582,ndcg@4:0.7009,ndcg@6:0.7286,group_auc:0.7139
eval valid at epoch 6: auc:0.722,logloss:0.6141,mean_mrr:0.637,ndcg@2
    :0.5796,ndcg@4:0.6993,ndcg@6:0.7276,group_auc:0.7116
eval valid at epoch 7: auc:0.7287,logloss:0.6183,mean_mrr:0.6417,ndcg@2
    :0.5875,ndcg@4:0.7031,ndcg@6:0.7312,group_auc:0.7167
eval valid at epoch 8: auc:0.7342,logloss:0.6584,mean_mrr:0.6538,ndcg@2
    :0.6006,ndcg@4:0.7121,ndcg@6:0.7402,group_auc:0.7248
eval valid at epoch 9: auc:0.7324,logloss:0.6268,mean_mrr:0.6541,ndcg@2
    :0.5981,ndcg@4:0.7129,ndcg@6:0.7404,group_auc:0.7239
eval valid at epoch 10: auc:0.7369,logloss:0.6122,mean_mrr:0.6611,ndcg@2
    :0.6087,ndcg@4:0.7181,ndcg@6:0.7457,group_auc:0.731
```

可以看到，随着 epoch 的增加，模型在验证集上的效果变得越来越好。当模型训练完成后，就可以测试它在测试集上的得分了：

```
model.run_eval(test_file, num_ngs=test_num_ngs)
```

输出内容：

```
{'auc': 0.7174, 'logloss': 0.6149, 'mean_mrr': 0.4835, 'ndcg@2': 0.3939,
    'ndcg@4': 0.4982, 'ndcg@6': 0.5503, 'group_auc': 0.7073}
```

为了减少随机因素的干扰，往往需要重复多次实验，计算结果的平均值和方差，并做显著性检验，才能得出严谨的实验结论。

3. 基于知识图谱的推荐模型实现

本书 4.5 节介绍了融合知识图谱的推荐系统。知识图谱收集了客观世界存在的大量关系信息，不仅让物品的内容描述变得更充分，还使得物品之间通过实体关系建立了千丝万缕的联系。通过知识图谱的辅助，我们能够更加容易和准确地对用户–物品的关系进行建模。本小节以学术论文推荐场景为例，对 4.5.3 节所描述的 DKN 模型进行实践练习。任务定义为给定用户的历史引用文献记录，猜测用户未来将会引用哪些新的论文。实验数据集由微软学术图谱（Microsoft Academic Graph）提供。完整的实验代码可以在 recommenders /examples/07_tutorials/KDD2020-tutorial 目录下找到。实验步骤可以分为准备工作、预训练单词和实体的表示和训练推荐模型。

（1）准备工作

在运行实验前，需要做一些代码和数据的准备工作。先为本节的实验新建一个工作目录，不妨命名为 KRS，此目录将成为本实验的工作路径。将 recommenders/examples/07_tutorials/KDD2020-tutorial/utils 目录完整地复制到 KRS 目录下，因为 utils 目录下保存了本次实验所需的特殊的文件处理代码。接着，下载并解压实验所需的原始数据集：

```
wget https://recodatasets.z20.web.core.windows.net/kdd2020/data_folder.
    zip
unzip data_folder.zip -d data_folder
```

导入依赖包：

```
import os
import pickle
import time
from utils.task_helper import *
from utils.general import *
from utils.data_helper import *
```

DKN 模型的核心在于利用知识实体增强了文档的表示。文档的表示格式：

```
[Newsid] [w1, w2, w3...wk] [e1, e2, e3...ek]
```

其中，Newsid 是文档的 ID，[w1, w2, w3...wk] 是文档标题中单词的 ID，[e1, e2, e3...ek] 是单词对应的知识实体的 ID。如果对应单词不是实体，则用 0 填充。为了方便模型将输入 ID 转成独热编码，需要将单词和实体的 ID 重新编码成从 1 开始的整数：

```
InFile_dir = 'data_folder/raw'
OutFile_dir = 'data_folder/my'
create_dir(OutFile_dir)
Path_PaperTitleAbs_bySentence = os.path.join(InFile_dir, '
    PaperTitleAbs_bySentence.txt')
Path_PaperFeature = os.path.join(OutFile_dir, 'paper_feature.txt')
max_word_size_per_paper = 15
word2idx = {}
entity2idx = {}
relation2idx = {}
word2idx, entity2idx = gen_paper_content(
    Path_PaperTitleAbs_bySentence, Path_PaperFeature, word2idx,
    entity2idx, field=["Title"], doc_len=max_word_size_per_paper
)
```

在知识图谱中，实体是以三元组 < 头实体，尾实体，关系 > 的形式关联在一起的。为此，需要产生这样的三元组格式的数据文件：

```
Path_RelatedFieldOfStudy = os.path.join(InFile_dir, 'RelatedFieldOfStudy.
    txt')
OutFile_dir_KG = os.path.join(OutFile_dir, 'KG')
create_dir(OutFile_dir_KG)
gen_knowledge_relations(Path_RelatedFieldOfStudy, OutFile_dir_KG,
    entity2idx, relation2idx)
```

通常，我们会用 Word2Vec 算法预训练所有单词的表示。它需要加载一个句子的合集，利用单词在句子内的共现关系，学习得到有意义的单词表示。下面的代码将产生这样的语料库：

```
Path_SentenceCollection = os.path.join(OutFile_dir, 'sentence.txt')
gen_sentence_collection(
    Path_PaperTitleAbs_bySentence,
    Path_SentenceCollection,
    word2idx
)

word2idx_filename = os.path.join(OutFile_dir, 'word2idx.pkl')
entity2idx_filename = os.path.join(OutFile_dir, 'entity2idx.pkl')
```

```
with open(word2idx_filename, 'wb') as f:
    pickle.dump(word2idx, f)
dump_dict_as_txt(word2idx, os.path.join(OutFile_dir, 'word2id.tsv'))
with open(entity2idx_filename, 'wb') as f:
    pickle.dump(entity2idx, f)
```

我们的任务是基于用户历史引用过的文献，去猜测用户将来会引用哪些文章，因此需要整理出用户的文献引用记录。具体分为三步：加载用户和他们发表过的文章列表；加载文献之间的引用关系；基于前两步得到的数据，推断出用户引用过的文章列表。

```
Path_PaperReference = os.path.join(InFile_dir, 'PaperReferences.txt')
Path_PaperAuthorAffiliations = os.path.join(InFile_dir, '
    PaperAuthorAffiliations.txt')
Path_Papers = os.path.join(InFile_dir, 'Papers.txt')
Path_Author2ReferencePapers = os.path.join(OutFile_dir, '
    Author2ReferencePapers.tsv')
author2paper_list = load_author_paperlist(Path_PaperAuthorAffiliations)
paper2date = load_paper_date(Path_Papers)
paper2reference_list = load_paper_reference(Path_PaperReference)
author2reference_list = get_author_reference_list(author2paper_list,
    paper2reference_list, paper2date)
output_author2reference_list(
    author2reference_list,
    Path_Author2ReferencePapers
)
```

最后，需产生训练集、验证集和测试集。通常，我们将用户引用过的文献按照时间顺序排序，对于每个用户的引用历史序列，最后一个物品放入测试集，倒数第二个物品放入验证集，其余的物品放入训练集。

```
OutFile_dir_DKN = os.path.join(OutFile_dir, 'DKN-training-folder')
create_dir(OutFile_dir_KG)
gen_experiment_splits(
    Path_Author2ReferencePapers,
    OutFile_dir_DKN,
    Path_PaperFeature,
    item_ratio=0.1,
    tag='small',
    process_num=2
```

```
)
```

其中，为了方便调试程序，可以先生成一份小的数据集，参数 `item_ratio`
`=0.1` 代表只采样其中 10% 的物品生成数据集，并且所产生的数据集文件名
包含了 `tag='small'` 的标签。如果想产生完整的数据集，可以使用参数
`item_ratio=1.0` 和 `tag='full'`。

（2）预训练单词和实体的表示

在训练最终的 DKN 模型之前，一个良好的习惯是对其中的基本组成成分，
包括单词和实体的表示，进行预训练，这样能够充分利用外部普适的知识，同
时也能让模型的收敛变得更为简单。对于单词的预训练，我们采用 gensim 工
具包中的 Word2Vec 模块。先导入依赖包，并定义句子语料库的迭代器：

```python
from gensim.test.utils import common_texts, get_tmpfile
from gensim.models import Word2Vec
import time
from utils.general import *
import numpy as np
import pickle
from utils.task_helper import *

class MySentenceCollection:
  def __init__(self, filename):
    self.filename = filename
    self.rd = None

  def __iter__(self):
    self.rd = open(self.filename, 'r', encoding='utf-8', newline='\r\n')
    return self

  def __next__(self):
    line = self.rd.readline()
    if line:
      return list(line.strip('\r\n').split(' '))
    else:
      self.rd.close()
      raise StopIteration
```

接着，就可以调用 gensim 工具包里面的 Word2Vec 算法进行单词表示的
训练：

```
def train_word2vec(Path_sentences, OutFile_dir):
    OutFile_word2vec = os.path.join(OutFile_dir, r'word2vec.model')
    OutFile_word2vec_txt = os.path.join(OutFile_dir, r'word2vec.txt')
    create_dir(OutFile_dir)
    my_sentences = MySentenceCollection(Path_sentences)
    model = Word2Vec(my_sentences, size=32, window=5, min_count=1,
    workers=8, iter=10)
    model.save(OutFile_word2vec)
    model.wv.save_word2vec_format(OutFile_word2vec_txt, binary=False)

InFile_dir = 'data_folder/my'
OutFile_dir = 'data_folder/my/pretrained-embeddings'
Path_sentences = os.path.join(InFile_dir, 'sentence.txt')
train_word2vec(Path_sentences, OutFile_dir)
```

对于知识图谱的预训练，我们采用最简单的 TransE[236] 方法。执行以下
shell 命令，便可得到实体的嵌入表示：

```
echo $PWD
cd data_folder
git clone https://github.com/thunlp/Fast-TransX.git
cd Fast-TransX
cd transE
g++ transE.cpp -o transE -pthread -O3 -march=native
inpath="../../my/KG/"
outpath="../../my/KG/"
if [ ! -d $outpath ]; then
  mkdir -p $outpath;
fi
./transE -size 32 -sizeR 32 -input $inpath  -output  $outpath  -epochs 10
    -alpha 0.001
```

在 DKN 中，不仅需要实体自身的嵌入表示，还需要聚合实体的邻居的
嵌入表示，作为这个实体的周边信息（原论文中称为 context embedding）。最
后，再将实体表示和单词表示转化成 numpy 的格式，方便下一步 DKN 模型的
加载：

```
OutFile_dir_KG = 'data_folder/my/KG'
OutFile_dir_DKN = 'data_folder/my/DKN-training-folder'
EMBEDDING_LENGTH = 32
entity_file = os.path.join(OutFile_dir_KG, 'entity2vec.vec')
context_file = os.path.join(OutFile_dir_KG, 'context2vec.vec')
kg_file = os.path.join(OutFile_dir_KG, 'train2id.txt')

gen_context_embedding(entity_file, context_file, kg_file, dim=
    EMBEDDING_LENGTH)

load_np_from_txt(
        os.path.join(OutFile_dir_KG, 'entity2vec.vec'),
        os.path.join(OutFile_dir_DKN, 'entity_embedding.npy'),
    )
load_np_from_txt(
        os.path.join(OutFile_dir_KG, 'context2vec.vec'),
        os.path.join(OutFile_dir_DKN, 'context_embedding.npy'),
    )
format_word_embeddings(
    os.path.join(OutFile_dir, 'word2vec.txt'),
    os.path.join(InFile_dir, 'word2idx.pkl'),
    os.path.join(OutFile_dir_DKN, 'word_embedding.npy')
)
```

（3）训练推荐模型

在上述准备工作都已经完成后，我们便可以开始训练一个 DKN 模型。DKN 模型的完整代码实现文件保存在 recommenders/models/deeprec/models/dkn.py 中，其内容较长，这里只解读其中的核心函数 Kim_CNN，即融合了知识的文本卷积神经网络，其函数接口：

```
def _kims_cnn(self, word, entity, hparams):
```

其中，word 和 entity 分别是单词和实体的 ID 索引编号，通过它可以从嵌入表（Embedding Table）中取到对应的嵌入向量：

```
if hparams.use_entity and hparams.use_context:
  entity_embedded_chars = tf.nn.embedding_lookup(
    self.entity_embedding, entity
  )
```

```
  context_embedded_chars = tf.nn.embedding_lookup(
    self.context_embedding, entity
  )
  concat = tf.concat(
    [embedded_chars, entity_embedded_chars, context_embedded_chars], axis
    =-1
  )
elif hparams.use_entity:
  entity_embedded_chars = tf.nn.embedding_lookup(
    self.entity_embedding, entity
  )
  concat = tf.concat([embedded_chars, entity_embedded_chars], axis=-1)
else:
  concat = embedded_chars
concat_expanded = tf.expand_dims(concat, -1)
```

文本中每个单词的表示是由单词向量、实体向量和实体周边向量三部分拼接得到的。超参数 hparams.use_entity 和 hparams.use_context 是用来方便做消融实验的，可以通过它们来控制是否加入实体向量或者实体周边向量。紧接着，对单词的表示执行卷积操作，得到句子级别的表示：

```
pooled_outputs = []
for i, filter_size in enumerate(filter_sizes):
  with tf.compat.v1.variable_scope(
    "conv-maxpool-%s" % filter_size, initializer=self.initializer
  ):
    if hparams.use_entity and hparams.use_context:
      filter_shape = [filter_size, dim * 3, 1, num_filters]
    elif hparams.use_entity:
      filter_shape = [filter_size, dim * 2, 1, num_filters]
    else:
      filter_shape = [filter_size, dim, 1, num_filters]
    W = tf.compat.v1.get_variable(
      name="W" + "_filter_size_" + str(filter_size),
      shape=filter_shape,
      dtype=tf.float32,          initializer=tf.contrib.layers.
    xavier_initializer(uniform=False),
    )
    b = tf.compat.v1.get_variable(
```

```
    name="b" + "_filter_size_" + str(filter_size),
    shape=[num_filters],
    dtype=tf.float32,
)
if W not in self.layer_params:
    self.layer_params.append(W)
if b not in self.layer_params:
    self.layer_params.append(b)
conv = tf.nn.conv2d(
    concat_expanded,
    W,
    strides=[1, 1, 1, 1],
    padding="VALID",
    name="conv",
)
h = tf.nn.relu(tf.nn.bias_add(conv, b), name="relu")
pooled = tf.nn.max_pool2d(
    h,
    ksize=[1, hparams.doc_size - filter_size + 1, 1, 1],
    strides=[1, 1, 1, 1],
    padding="VALID",
    name="pool",
)
pooled_outputs.append(pooled)
```

filter_sizes 是卷积核的尺寸的集合，DKN 中建议的取值为 [1, 2, 3]，表示有三种卷积核，宽度分别为 1、2 和 3 。W 和 b 分别是卷积核的权重参数和偏移参数。对每个卷积核，都会将它的输出向量经过最大池化操作得到一个池化值。因为总共有 num_filter * num_filter_sizes 个卷积核，_kims_cnn 提取出来的句子的嵌入向量长度也就是 num_filter * num_filter_sizes：

```
self.num_filters_total = num_filters * len(filter_sizes)
h_pool = tf.concat(pooled_outputs, axis=-1)
h_pool_flat = tf.reshape(h_pool, [-1, self.num_filters_total])
```

DKN 的实验训练流程和上一小节的 GRU 示例基本一致，即主要包含模块导入、路径定义、建立配置文件、申明数据迭代器和模型及执行训练过程等。首先导入依赖包：

```
from recommenders.models.deeprec.deeprec_utils import *
```

```
from recommenders.models.deeprec.models.dkn import *
from recommenders.models.deeprec.io.dkn_iterator import *
import tensorflow as tf
```

接着指明数据依赖文件的路径，主要包含前述两个环节产生的预训练单词向量和实体向量，以及训练集、验证集和测试集：

```
tag = 'small'
data_path = 'data_folder/my/DKN-training-folder'
yaml_file = './dkn.yaml'
train_file = os.path.join(data_path, r'train_{0}.txt'.format(tag))
valid_file = os.path.join(data_path, r'valid_{0}.txt'.format(tag))
test_file = os.path.join(data_path, r'test_{0}.txt'.format(tag))
user_history_file = os.path.join(data_path, r'user_history_{0}.txt'.
    format(tag))
news_feature_file = os.path.join(data_path, r'../paper_feature.txt')
wordEmb_file = os.path.join(data_path, r'word_embedding.npy')
entityEmb_file = os.path.join(data_path, r'entity_embedding.npy')
contextEmb_file = os.path.join(data_path, r'context_embedding.npy')
infer_embedding_file = os.path.join(data_path, r'infer_embedding.txt')
```

随后，申明数据迭代器和模型：

```
hparams = prepare_hparams(
  yaml_file,
  news_feature_file = news_feature_file,
  user_history_file = user_history_file,
  wordEmb_file=wordEmb_file,
  entityEmb_file=entityEmb_file,
  contextEmb_file=contextEmb_file,
  epochs=5,
  is_clip_norm=True,
  max_grad_norm=0.5,
  history_size=20,
  MODEL_DIR=os.path.join(data_path, 'save_models'),
  learning_rate=0.001,
  embed_l2=0.0,
  layer_l2=0.0,
  use_entity=True,
  use_context=True
)
```

```
input_creator = DKNTextIterator
model = DKN(hparams, input_creator)
```

一切准备就绪后，就可以执行模型的训练了：

```
model.fit(train_file, valid_file)
```

由于在超参数定义中只限定了 5 个 epoch，可以看到训练过程中 DKN 在验证集上的得分在迅速上升：

```
at epoch 1
eval info: auc:0.9233, group_auc:0.9227, mean_mrr:0.871, ndcg@2:0.8764,
    ndcg@4:0.9031, ndcg@6:0.9044
at epoch 2
eval info: auc:0.9389, group_auc:0.9359, mean_mrr:0.8922, ndcg@2:0.8978,
    ndcg@4:0.9189, ndcg@6:0.9201
at epoch 3
eval info: auc:0.9449, group_auc:0.941, mean_mrr:0.8986, ndcg@2:0.905,
    ndcg@4:0.9241, ndcg@6:0.9249
at epoch 4
eval info: auc:0.9483, group_auc:0.9457, mean_mrr:0.906, ndcg@2:0.9126,
    ndcg@4:0.9298, ndcg@6:0.9305
at epoch 5
eval info: auc:0.9496, group_auc:0.9481, mean_mrr:0.9091, ndcg@2:0.9168,
    ndcg@4:0.9321, ndcg@6:0.9328
```

最终，可以调用函数打印训练得到的模型在测试集上的得分：

```
model.run_eval(test_file)
{'auc': 0.94, 'group_auc': 0.9374, 'mean_mrr': 0.7071, 'ndcg@2': 0.6735,
    'ndcg@4': 0.746, 'ndcg@6': 0.7647}
```

6.2.3 评估指标与评估方式

模型评估通常是机器学习算法和应用的一项重要环节。对于推荐系统来说，这项任务尤为重要，并且推荐系统的评估比一般机器学习系统更复杂。因为对于推荐系统来说，除了比较常见的离线评估，推荐系统的场景还经常需要线上评估，以保证在实际应用中，推荐系统的推荐结果符合预期[237]。下面对推荐系统应用中常见的评估方式及其指标进行介绍。

推荐系统的评估指标包含两大范畴，一种是推荐模型本身的性能评估指标，另一种是推荐系统的业务性能评估指标。与这两类性能评估指标相对应的评估方式即为离线评估和在线评估。

离线评估，顾名思义，通常是指对未上线应用的模型进行一系列的评估评测。如前文所说，这里的离线评估绝大多数是针对模型本身的性能来进行的。常见的模型离线评估指标又可以根据其评测的角度分为不同类别。对于打分的推荐模型来说，很多时候评分预测指标会更为有效。这些指标包括均方根误差（RMSE）、决定系数（R^2）、平均绝对误差（MAE），以及可解释方差等。这些预测指标的计算方法不在这里赘述。仍然通过之前章节中所使用的 Movielens 样本数据（记作 df_true）来讲解这些指标如何在实际中使用。在这个例子中，数据包含三个维度，即用户 ID、物品 ID 和用户打分。为了验证评分预测指标，同时准备了模拟的预测数据（记作 df_pred）。在预测数据中，用"预测打分"代替原数据中"用户打分"一栏的内容。数据准备过程如下。

```
df_true = pd.DataFrame(
    {
        UserId: [1, 1, 1, 2, 2, 2, 2, 2, 3, 3, 3, 3, 3, 3, 3, 3, 3, 3],
        MovieId: [1, 2, 3, 1, 4, 5, 6, 7, 2, 5, 6, 8, 9, 10, 11, 12, 13,
    14],
        Rating: [5, 4, 3, 5, 5, 3, 3, 1, 5, 5, 5, 4, 4, 3, 3, 3, 2, 1],
    }
)
df_pred = pd.DataFrame(
    {
        UserId: [1, 1, 1, 2, 2, 2, 2, 2, 3, 3, 3, 3, 3, 3, 3, 3, 3, 3],
        MovieId: [3, 10, 12, 10, 3, 5, 11, 13, 4, 10, 7, 13, 1, 3, 5, 2,
    11, 14],
        Prediction: [14, 13, 12, 14, 13, 12, 11, 10, 14, 13, 12, 11, 10,
    9, 8, 7, 6, 5]
    }
)
```

Microsoft Recommenders 的代码库提供了用于计算打分预测指标的库函数。如前文所述，库函数对输入数据的要求即为，原数据和预测数据都必须包含用户 ID、物品 ID 和用户打分（预测打分）。库函数在获取这些输入数据后，将对每位用户对其交互过的物品打分的结果进行考查，以计算该用户在预测数据中呈现的结果，并作比较以及求平均。下面的代码展示了如何调用这些函数来得到评估结果。读者可以手动计算结果，再和代码中得到的结果进行对照，以加深印象。

```
from recommenders.evaluation.python_evaluation import rmse, rsquared, mae
    , exp_var

# 计算RMSE指标
rmse(df_true, df_pred, col_user=UserId, col_item=MovieId,
col_rating=Rating, col_prediction=Prediction)

# 计算MAE指标
mae(df_true, df_pred, col_user=UserId, col_item=MovieId,
col_rating=Rating, col_prediction=Prediction)

# 计算R Squared指标
rsquared(df_true, df_pred, col_user=UserId, col_item=MovieId,
col_rating=Rating, col_prediction=Prediction)

# 计算explained variance指标
exp_var(df_true, df_pred, col_user=UserId, col_item=MovieId,
col_rating=Rating, col_prediction=Prediction)
```

　　判断推荐系统好坏的标准并非绝对，但通常来讲，一些基本准则可以用来作为比较两个推荐系统好坏的根据。

　　另外一类常用且非常重要的指标被称为排序指标。这类指标主要考查的目标是"推荐结果是否跟用户的兴趣内容相关"。实现这种"相关性"判断的方式是，在生成的数个推荐结果中，检查其是否使用户产生兴趣。如果用户表现出兴趣，即认为该推荐是"相关的"。在某些场景下，这些相关性的顺序也同样重要。例如，如果推荐结果中排位靠前的物品获得了用户的兴趣，那么产生这种结果的推荐模型在排序指标的性能上就优于那些排位靠后物品获得兴趣的模型。常见的排序评估指标包括准确率（precision@k）、召回率（recall@k）、Mean Average Precision、Normalized Discounted Cumulative Gain（NGCG@k）等。需要注意的是，前述的一些指标中包含了常数"k"。这是因为在计算排序指标时，所排序的推荐物品数量，即 k，会影响到评估指标的结果。通常在做这类评估时，需要固定 k，对不同的模型进行比较。

　　同样地，Microsoft Recommenders 提供了一些库函数来计算常见的排序指标。这些库函数的输入同样为真实数据和预测数据。这两份数据包含的内容跟前述我们使用的数据相同。这里需要指出的是，Microsoft Recommenders 中计算排序指标的库函数是不要求真实数据和预测数据是按照推荐结果排序好的。库函数的内部逻辑会根据输入参数来决定使用什么样的排序逻辑来计算排序指标。例如，对于最常见的排序方法（在 Microsoft Recommenders 被称为"topk"排序逻辑），计算排序指标的库函数会对真实数据和预测数据每个用户的打分真实值和预测值进行数值排序，然后按照排好序的结果进行指标评测，如表 6-1 所示。以下面的例子来说明如何使用 Microsoft Recommenders 的库函数来进行排序评测的计算。在这个例子中，仍然使用前文用到的 Movielens 中的样本数据进行介绍。

表 6-1 不同打分评测指标的对比

打分指标	取值范围	选择标准	局限性
RMSE	> 0	越小越好	可能会有偏差；较之 MSE 可能解释性相对较差
R2	$\leqslant 1$	越接近于 1 越好	依赖于变量的分布
MAE	$\geqslant 0$	越小越好	依赖于变量的取值范围
Explained Variance	$\leqslant 1$	越接近于 1 越好	依赖于变量的分布

```
from recommenders.evaluation.python_evaluation import precision_at_k,
    recall_at_k, ndcg_at_k, map_at_k

# 计算precision@10
precision_at_k(df_true, df_pred, col_user="UserId", col_item="MovieId",
    col_rating="Rating", col_prediction="Prediction", relevancy_method=
    "top_k", k=10)

# 计算recall@10
recall_at_k(df_true, df_pred, col_user="UserId", col_item="MovieId",
    col_rating="Rating", col_prediction="Prediction", relevancy_method=
    "top_k", k=10)

# 计算ndcg@k
ndcg_at_k(df_true, df_pred, col_user="UserId", col_item="MovieId",
    col_rating="Rating", col_prediction="Prediction", relevancy_method=
    "top_k", k=10)

# 计算MAP
map_at_k(df_true, df_pred, col_user="UserId", col_item="MovieId",
    col_rating="Rating", col_prediction="Prediction", relevancy_method=
```

```
"top_k", k=10)
```

类似地，排序评测指标在使用时也需要注意一些细节问题。表 6-2 总结了这些问题。

表 6-2　不同排序评测指标的对比

排序指标	取值范围	选择标准	局限性
precision@k	≥0 且 ≤1	越接近于 1 越好	只能用来检测推荐结果中物品的相关度
recall@k	≥0 且 ≤1	越接近于 1 越好	只能用来检测真实值中物品的相关度
ndcg@k	≥0 且 ≤1	越接近于 1 越好	NDCG 并不检查缺失的物品，而且无法评估排序在同一位置的物品
MAP	≥0 且 ≤1	越接近于 1 越好	依赖于变量的分布

在很多场景中，推荐的结果是用二元变量表征的，如"喜欢或不喜欢""点击或不点击""购买或不购买"等。这种情况的离线评测可以使用二元分类器中的指标进行测评。常见的指标有 AUC、logloss 等。这些指标对每个预测结果进行检查，对照实际数据中的值来判断是否一致，并以此来得出最后的统计结果，如表 6-3 所示。如下例所示，AUC 和 logloss 可使用 Microsoft Recommenders 中的库函数进行计算。

表 6-3　AUC 和 logloss 的对比

排序指标	取值范围	选择标准	局限性
AUC	≥0 且 ≤1	越接近于 1 越好，0.5 表示结果几乎是随机猜测	依赖于推荐物品数量
logloss	≥0	越接近于 0 越好	对不平衡数据来说结果不够稳定

```
from recommenders.evaluation.python_evaluation import auc, logloss

# 计算AUC
auc(df_true, df_pred, col_user="UserId", col_item="MovieId", col_rating=
    "Rating")

# 计算logloss
logloss(df_true, df_pred, col_user="UserId", col_item="MovieId",
    col_rating="Rating", col_prediction="Prediction")
```

除了上述介绍的一些离线指标，在一些特殊场景中，某些离线评测指标可能也会被用到。这样的指标包括多样性（diversity）、巧合性（serendipity）、新颖性（novelty）等。这些指标可能为设计和实现一个好的推荐系统带来了更多可能性。由于篇幅有限，这些指标在这里不再多做介绍，读者可以在参考文献中继续阅读和学习[237]。

前文提到，推荐系统作为线上系统，其在线评估指标的重要性是不言而喻的。在很多情况下，大量的实际工程应用和实验证明，离线评估很可能与在线评估的结果并不强相关。这种不一致的结果并不是说离线测试毫无必要，因为很多时候导致这种不一致的原因是系统上线后不可预见的动态变化（如数据流的变量分布变化）使得之前训练好的模型不再有效。所以，为了避免这样的结果发生，做及时的线上测试是十分必要的。推荐系统中的在线测试有多种方法，比较常见的方法是 A/B 测试、多臂老虎机等。在线测试与离线测试最大的不同在于，在线测试需要收集用户在推荐系统中提交的真实反馈，并以此为依据来评测推荐系统是否达到预期的目标。用于在线测试的评测指标通常与业务系统挂钩。在电商的业务场景中，在大多数情况下，推荐系统的目标是产生与用户兴趣相关的推荐结果，从而促进用户的购买行为。这里的业务指标可以是用户购买转换率。在进行在线测试时，线上的评估系统评估推荐系统是否可以使得基准的购买转换率得到提高。这个验证的过程即可以通过 A/B 测试或多臂老虎机等技术来实现。

（1）A/B 测试

顾名思义，A/B 测试是将线上的访问流量切分成实验组（A 组）与对照组（B 组），并在有限的时间内，对于某个对象指标进行观察，然后利用统计学方法判断实验组和对照组中的对象指标是否有预期的变化。在推荐系统的场景下，实验组可以参考能够获取推荐信息的用户反馈信息，而对照组可以参考不能够获取推荐信息的用户反馈信息。这里需要注意的是，在流量切分中，特别要对各自的信息暴露程度进行有效的保护，否则 A/B 测试就失去了原有的意义。A/B 测试的一个明显问题是，由于其使用的是统计学方法，因而获得一个有效结果往往需要足够的样本空间。这使得 A/B 测试需要一个足够长的时间周期来保证验证结果的可靠性。这种时间维度上的要求可能会成为推荐系统自身迭代周期的障碍，进而使得推荐系统的更新效率降低。

（2）多臂老虎机

多臂老虎机的思想来源于赌场中的"老虎机"——即通过对是否要在某一台老虎机重复下注还是在多个老虎机分散下注的讨论，来判断如何达到全局最优解。多臂老虎机往往对所有选择中的每个获取利益的概率进行建模，并通过对线上反馈的观察来实时调整模型参数，以使整体效果更趋近于最优目标。常用的多臂老虎机建模方法包括置信上限（Upper Confidence Bound）、汤普森采样等。这一框架中的每个"臂"的收益则根据选取的业务目标决定，如点击率、购买转化率等。多臂老虎机的思想与推荐系统在"挖掘还是探索"这一本质问题上的诉求是一致的。相比于 A/B 测试的方法，多臂老虎机更好地利用了线上系统的动态特征，它可以动态地捕捉一个推荐系统中的一个甚至多个模型在线上的反馈，从而判断在某一特定的时间点是否达到全局最优解。这一机制使得多臂老虎机并不依赖于统计学方法，从而解放了 A/B 测试框架中线上评测所需要的时间。除此，多臂老虎机沿袭了强化学习的概念和方法，在某些场景下甚至可以离开离线的推荐算法模型单独工作（微软的 Azure Personalizer 服务即利用基于环境信息的多臂老虎机来对线上物品做个性化推荐）。

由于 Microsoft Recommenders 的代码库中并不包含线上测试的内容，这里的介绍将不再呈现代码案例。读者可以通过一些常用的线上测试工具学习和加深理解，如 Vowpal Wabbit、Azure Personalizer 和 Ray 等。

6.3 基于云平台的推荐系统开发与运维

6.3.1 基于云平台的推荐系统的优点

现如今，由于信息和数据的规模在近乎爆炸式地增长，搭建一个高性能且可扩展的推荐系统并不是一件简单的任务。回忆我们在 6.1.3 节中讨论的推荐系统工业实现可以发现，想要从最底层的架构开始，搭建一个工业级的推荐系统是非常耗时且耗力的。随着云计算技术的飞速发展和云平台服务的广泛推进，利用不断完善的云平台服务，可以大大简化一个推荐系统的搭建过程。云计算技术在推荐系统的搭建中具有以下优点。

第一，云平台提供了强大且弹性的计算资源。对于很多大规模推荐系统而言，可扩展性是设计指标中的重中之重。大型机器学习推荐模型的训练的打分往往需要大量的计算资源来支撑。除此，由于很多时候推荐系统的线上数据处理规模可能会随时间变化而变化，这使得推荐系统对计算的需求产生浮动，因而可实时调节的计算资源调度也是非常重要的。云平台在这两个需求上都可以提供非常可靠和便捷的服务。开发者可以很方便地在其开发的调度程序中设置资源的分配，以在保证计算效率的同时将计算成本最小化。与此同时，多数云平台上已有的服务很好地帮助了一些推荐算法模型在大型集群上的训练，这使得模型的开发效率大大提高。

第二，除了计算资源云平台还提供了丰富的存储资源。丰富其支持不同接口的存储服务对复杂的推荐系统来说非常重要。这是因为，在推荐系统流水线的不同阶段，不同的存储介质可以发挥不同的作用。举个例子，在数据准备的过程中，大规模可以支持有效扩展性的数据服务（如微软 Azure 平台的存储账户等）通常会被使用；在数据需要高并发、高吞吐率的读写交互时，分布式数据库可以提供有效帮助。

第三，基于云计算的服务通常易于部署。相较于使用完全没有任何预设环境的服务器来说，现如今的云计算平台提供了多种多样不同层面的服务，以使得开发一个全链路端到端的推荐系统变得非常方便。举个例子，基于传统服务器的开发需要照顾到推荐系统整个架构中不同层面的不同需求：后端通常需要对接可扩展的计算平台和大规模数据库；前端需要针对不同的应用端访问做出不同响应。这些需求在实现时细节繁多，容易使整个推荐系统的上线周期变长。使用云服务则可以有效规避这些复杂的工程问题。现在的云平台上的很多服务都可以直接部署和调用，从而大大降低了开发时间成本。

第四，云平台提供了很好的推荐系统模型开发、实验和生产化的集成环境。对于算法工程师而言，拥有一个预设常用机器学习组件和工具包的环境非常重要；同时，这种环境最好还可以支持算法工程师高效地进行建模和模型部署等工作。这种集成环境在现如今的很多云平台上都存在。例如，微软的 Azure 机器学习服务、亚马逊的 SageMaker 等。这些集成服务的好处是，算法工程师可以将其模型开发的工作范围缩小在一个专属的平台上，并从该平台将其开发的模型部署到其他组件中去。对于非云平台的场景来说，搭建这样的集成环境往往是非常困难和耗时的。

第五，云计算平台通常都有较高的安全和灾备标准，这对于一个持续在线上作业的系统（推荐系统）来说是十分重要的。需要注意的是，这种企业级别的安全保证不光在于基础设施层面，还在于网络安全信息安全等软件层面。这些保障使得上线后的推荐系统可以有效和稳定地工作。

基于云平台以上的一些特点，很多企业在将推荐系统投入生产时都会优先考虑基于云平台的开发和部署。

6.3.2 基于云平台的推荐系统开发与运维

相较于普通环境中的搭建，基于云平台的推荐系统搭建方便且高效得多。如前文介绍，这种搭建工作通常采用了公有云平台上的服务作为推荐系统的主要组件，工程师们需要完成的工作只剩下如何将这些组件有机地配合在一起，形成一个可以投入生产使用的推荐系统。本节将通过一个在微软 Azure 云平台上搭建基于协同过滤算法的实时推荐系统的实例，向读者介绍如何完成一个基于云平台的推荐系统的开发和运维工作。这部分的具体内容，读者们也可以在 Microsoft Recommenders 的代码库中找到，路径为 **examples/05_ope rationalize/als_movie_o16n.ipynb**。

图 6-5 展示了这个实时推荐系统的架构。在这个实例中，继续沿用前文中使用的 Movielens 的样本数据集。在实际应用中，可以假设这样的推荐系统被用于一个线上的视频娱乐平台，这个平台的服务即是给观众推荐他们喜欢的视频类内容，以此来帮助视频娱乐平台提高点击率，增加用户黏性等。

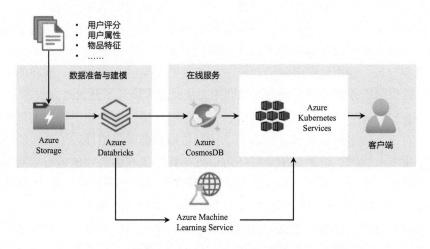

图 6-5 基于 Azure 云平台的实时推荐系统架构图

这个推荐系统架构的数据流如下：

1）首先，在符合相关隐私保护规定的前提下，视频娱乐平台的后台服务实时地抓取其订阅客户的视频观看历史信息。特别地，对于构建推荐模型而言，可用于表示标签用户对视频内容兴趣程度的数据，例如用户观看视频时的点击行为、打分行为等，将用于训练推荐系统的标签。具体的标签选择可根据实际的业务需求决定。

2）通常这些抓取到的用户历史行为数据将被保存在云平台上的数据存储服务介质中。在这个例子中，使用的数据存储服务是 Azure 存储账户（Azure Storage Account）。这项服务的好处是它对存储的数据格式没有要求，且它可以支持海量数据的存储和读写，并通过加密的方式保证数据安全。

3）保存在存储介质中的数据会被载入 Azure Databricks 中进行数据处理和模型训练。Azure Databricks 是一个基于 Azure 云平台的用于处理大数据任务的分布式计算服务平台，它可以支持 Spark 等多个不同的计算环境。算法工程师和数据科学家可以方便地在 Azure Databricks 平台上的笔记本里完成代码编写和运行，而无须对底层的 Spark 环境及集群管理器做任何设置和维护。

4）假设这里使用的数据仍然是按照前文中的数据格式存储的。在载入 Azure Databricks 的工作环境中后，这些数据将被进行预处理、切分等一系列相关操作。被处理完的数据可用于训练推荐模型。在 Microsoft Recommenders 这一实例的代码样板中，出于问题简化考虑，使用的算法为 Spark 原生的 ALS 算法。ALS 算法的本质是矩阵分解，而 ALS 在 Spark 的实现很好地利用了 Spark 分布式计算的机制，使得模型训练过程中的最小二乘迭代变得十分高效。

5）模型训练完毕后，将对模型的一些指标进行评估。这里可以使用前文介绍的打分指标和排序指标等。

6）利用训练好的模型，对每位出现在训练数据集中的用户推荐产品。由于协同过滤的推荐模型可以在模型训练完毕时即刻生成推荐结果，在架构上，基于批处理的方式可以便于将推荐结果预存在一个高性能的数据库中，从而使得之后获取这些预存结果时，可以实现实时性。在这个架构中，我们选择了 Azure 平台上的 Cosmos DB 服务来充当这个"高性能"数据库角色。Azure Cosmos DB 是云平台上的一个分布式数据库服务，它的本质是 NoSQL 数据，因此支持不同数据格式的存储，但它的数据接口支持 SQL 等多个不同类型。Azure Cosmos DB 的最大特点是全球分布式数据库。对推荐系统来说，这个特性使得所需要的实时性可以在推荐系统服务的不同地区都可以得到保证。

7）训练好的模型将通过 Azure 机器学习服务（Azure Machine Learning Service）部署到 Azure Kubernetes 服务（Azure Kubernetes Service）的 API 服务上，以使得推荐结果可以方便地被各种应用访问和使用。由于协同过滤模型的特殊性，推荐结果可以即刻生成并预存在 Azure Cosmos DB 中，这里通过 Azure 机器学习服务部署的 API 可以不需要根据请求来调用模型打分，这里的 API 可以直接在 Azure Cosmos DB 中查找结果。

8）当视频娱乐平台上任何一个用户需要被展示推荐视频时，这个请求将通过 HTTPS 协议发送到 Azure Kubernetes 服务的 API，此时铺设在 Azure Kubernetes Service 内部的逻辑代码将根据 API 中的参数，如用户 ID 等，去预存在 Azure Cosmos DB 中的推荐结果寻找相关内容，并在找到后返回给 API 请求端，最后显示在用户可以看到的界面上。

在这个实例架构中，由于使用了 Azure Cosmos DB 和 Azure Kubernetes Service，推荐结果产生的过程可以达到实时效果以满足实际需求。通过压力测试，可以大致估算出来，假设某时刻有 200 位用户同时访问视频娱乐平台，而此刻系统将对 200 位用户同时发送生成推荐结果的请求，使用 Azure Cosmos DB 和 Azure Kubernetes Service 的默认配置，即包含三个 D3v2 类型虚拟机（12 颗虚拟 CPU 加 42GB 主存）的 Azure Kubernetes Service 集群和 11000 s 发送单元的 Azure Cosmos DB，可以使该推荐系统的响应时间达到 60 ms 左右。根据实际需求，这一性能可以通过配置相关云平台服务来进一步调整。

除了实时性的考虑，可扩展性也在该架构上得到了很好的体现。由于数据的动态特征，推荐系统并非在所有时刻都需要使用固定数量的集群进行数据处理、模型计算等工作。开发者可以方便地通过调节 Azure Databricks 集群的大小（计算节点数量）来实时和弹性地调整计算性能。与此同时，Azure Databricks 服务还支持自动调度的功能，在实时计算的过程中自动分配计算资源，以便最优化计算资源利用。这一方面保证了模型训练的效率，另一方面也大大降低了不必要的计算开销。前端推荐结果生成服务的性能也可以根据需求进行扩展。如上文所述，这可以通过调节 Kubernetes 服务中集群的大小和节点数量的多少来调整，或是通过 Azure Cosmos DB 数据读写的吞吐率来调整。

微软 Azure 平台的云服务采用"即用即付"制。因此，整个推荐系统的成本主要取决于其各个部件的使用。我们可以根据官方文档中的价格来估算该架构的大致成本。表 6-4 中列出了该架构各个组件每月（按照 730 h 计算）的成本。在这里的估算中，我们假设：

表 6-4　基于 Azure 实时推荐系统各组件预估月成本

服务	云数据中心地区	配置	预估月成本/美元
Azure Cosmos DB	美国东部	使用标准吞吐模式；400 RU/s × 730 h；100 GB 存储	48.36
Azure Kubernetest Service	美国东部	使用三个 D3v2 类型计算节点；没有使用管理型硬盘	641.67
Azure Machine Learning Service	美国东部	使用 Azure Machine Learning 进行模型部署免费	0
Azure Databricks	美国东部	使用 Azure Databricks 全功能计算模式；三个 DS3v2 类型计算节点以及 2.25 个等效的 DBU	1545.05

- 所有的组件均 24 小时运转。
- 每个服务采用其预设的配置。需要注意的是，预设中使用的配置相对较

低，在实际应用中，集群的数量和每个计算节点的大小需要根据需求进
行相应调整。

- 所有的服务都在美国地区部署并以美元结算费用。

基于以上结果的总月成本约为 2235 美元。

6.4 总结

本章着重介绍了推荐系统在工业应用中的一些问题和思考，并结合 Microsoft Recommenders 项目中的代码以及云平台上的实例系统架构，对这些实际应用中的细节加以探讨。本章的内容实操性较强，读者可以在阅读时按照文中介绍的步骤和方法，动手参与推荐系统开发和部署，以增强学习效果。同时，读者可以结合前面几个章节中介绍的方法对本章节中的代码实例加以改动，进一步加深印象。

由于篇幅有限，本章未能将所有具有代表性的工业级推荐系统论文和学习资料做一一介绍。感兴趣的读者朋友们可以继续在论文中学习相关的理论和实践。这些论文可以在很多高水平的学术会议检索中找到，例如 ACM SIGKDD 的工业论文板块、ACM RecSys 会议中的应用类论文和实例展示论文等。这些论文很多来自世界知名的互联网企业或研究机构。读者可以根据本章所学到的有关推荐系统工业应用的基础知识来进一步理解和学习更为复杂和前沿的知识。

第 7 章

总结与展望

在信息时代，推荐系统已经成为一种不可或缺的重要应用，在各种领域帮助人们更高效地获取信息，如电商、电影、书籍、音乐和新闻等。在推荐系统中，最重要的两个元素就是用户与物品。围绕这两个元素，推荐系统领域的研究人员提出了一大批创新性的研究工作，主要包括基于内容的推荐算法以及基于协同过滤的推荐算法两大类。基于内容的推荐算法主要研究如何将结构化的内容和非结构化的内容进行建模和描述，然后将与用户兴趣相似的物品推荐给用户。协同过滤算法主要研究如何为目标用户找到兴趣相似的邻居，以及如何基于邻居的兴趣为目标用户推荐物品。这两种思想至今仍是推荐算法研究的基础。

随着深度学习技术的不断发展，主流的推荐算法逐渐被深度学习技术替代。例如，传统的内容的描述被替换成深度学习擅长的表征学习，如文本建模的向量空间模型被替换成了神经网络模型。此外，研究人员针对神经网络的特点，探索出了一种推荐算法的新范式，即表征学习加交互函数学习。其中，表征学习主要通过神经网络将用户和物品表示成向量，交互函数学习主要通过神经网络学习用户向量和物品向量之间的关系。这种新范式利用深度学习的优势，能够更加灵活地建模各类信息，如用户特征、物品属性、序列信息和网络信息等，也能建模更复杂的用户与物品间的关系，如高阶非线性关系等。深度学习技术已经统治了推荐系统相关的研究和应用，相信在深度学习的替代技术出现之前，这一趋势将会持续。

随着推荐系统逐步深入人们日常生活的更多场景，推荐系统与人的交互也面临着更大的挑战。推荐系统作为与人联系紧密的应用，其底线是不伤害用户，即符合负责任的人工智能的相关准则。针对这一目标，研究人员需要关注推荐系统的安全与隐私、算法的可解释性、算法是否有偏见等。除了对个体的影响，还需要关注推荐系统对社会群体的影响，例如推荐系统是否会产生信息茧房效应等。因此，在关注技术发展的同时，还要关注推荐系统可能产生的负面社会影响，在研究新的技术时，尽可能地保证技术是负责任的。这一点已经在全球范围内得到了主流研究机构的认可，未来将会是推荐系统相关技术发展的重点。

推荐系统与应用联系紧密，因此在学习推荐系统相关技术时，需要将理论知识与实践经验相结合。为此，本书结合微软的开源项目 Microsoft Recommenders 介绍推荐系统的实践经验，读者可以基于本书提供的源代码，更深入地学习推荐算法的设计原理和实践方式，并可以从零开始快速搭建一个准确、高效的商用推荐系统。

　　"路漫漫其修远兮，吾将上下而求索。"看似日趋成熟的推荐系统领域仍存在诸多亟待解决的关键问题，如因果性、常识性等，相信研究人员和工程师能够在不久的将来悉数解决这些问题，带来新的一轮推荐系统研究与应用的热潮。

[1] GROSS B M. The Managing of Organizations: The Administrative Struggle[M]. Free Press of Glencoe, 1964.

[2] Internet Live Stats - Internet Usage & Social Media Statistics[EB/OL]. [2021-03-18]. https://www.internetlivestats.com/.

[3] MALONE T W, GRANT K R, TURBAK F A, et al. Intelligent information-sharing systems[J]. Communications of the ACM, 1987, 30(5): 390–402. DOI: 10.1145/22899.22903.

[4] LINDEN G, SMITH B, YORK J. Amazon.com recommendations: item-to-item collaborative filtering[J]. IEEE Internet Computing, 2003, 7(1): 76–80. DOI: 10.1109/MIC.2003.1167344.

[5] BENNETT J, ELKAN C, LIU B, et al. KDD Cup and workshop 2007[J]. ACM SIGKDD Explorations Newsletter, 2007, 9(2): 51–52. DOI: 10.1145/1345448.1345459.

[6] SALAKHUTDINOV R, MNIH A, HINTON G. Restricted Boltzmann machines for collaborative filtering[C/OL]//Proceedings of the 24th international conference on Machine learning. Corvalis, Oregon, USA: Association for Computing Machinery, 2007: 791–798 [2021-03-15]. https://doi.org/10.1145/1273496.1273596. DOI: 10.1145/1273496.1273596.

[7] KARLGREN J. An algebra for recommendations: Using reader data as a basis for measuring document proximity[R/OL]. Stockholm University, 1990. https://www.diva-portal.org/smash/get/diva2:931533/FULLTEXT01.pdf.

[8] PAZZANI M J, BILLSUS D. Content-Based Recommendation Systems[M/OL]//BRUSILOVSKY P, KOBSA A, NEJDL W. The Adaptive Web: Methods and Strategies of Web Personalization. Berlin, Heidelberg: Springer, 2007: 325–341 [2021-03-18]. https://doi.org/10.1007/978-3-540-72079-9_10. DOI: 10.1007/978-3-540-72079-9_10.

[9] BALABANOVIĆ M, SHOHAM Y. Fab: content-based, collaborative recommendation[J]. Communications of the ACM, 1997, 40(3): 66–72. DOI: 10.1145/245108.245124.

[10] PAZZANI M, MURAMATSU J, BILLSUS D. Syskill & webert: Identifying interesting web sites[C]//Proceedings of the thirteenth national conference on Artificial intelligence - Volume 1. Portland, Oregon: AAAI Press, 1996: 54–61 [2021-03-18].

[11] BILLSUS D, PAZZANI M J. User Modeling for Adaptive News Access[J]. User Modeling and User-Adapted Interaction, 2000, 10(2–3): 147–180. DOI: 10.1023/A:1026501525781.

[12] WU F, QIAO Y, CHEN J-H, et al. MIND: A Large-scale Dataset for News Recommendation[C/OL]//Proceedings of the 58th Annual Meeting of the Association for Computational Linguistics. Online: Association for Computational Linguistics, 2020: 3597–3606 [2021-03-23]. https://www.aclweb.org/anthology/2020.acl-main.331. DOI: 10.18653/v1/2020.acl-main.331.

[13] GOLDBERG D, NICHOLS D, OKI B M, et al. Using collaborative filtering to weave an information tapestry[J]. Communications of the ACM, 1992, 35(12): 61–70. DOI: 10.1145/138859.138867.

[14] RICCI F, ROKACH L, SHAPIRA B, et al. Recommender Systems Handbook[M/OL]. Springer, 2011 [2021-03-22]. https://www.springer.com/gp/book/9780387858203. DOI: 10.1007/978-0-387-85820-3.

[15] HERLOCKER J L, KONSTAN J A, BORCHERS A, et al. An algorithmic framework for performing collaborative filtering[C/OL]//Proceedings of the 22nd annual international ACM SIGIR conference on Research and development in information retrieval. Berkeley, California, USA: Association for Computing Machinery, 1999: 230–237 [2021-03-21]. https://doi.org/10.1145/312624.312682. DOI: 10.1145/312624.312682.

[16] SARWAR B, KARYPIS G, KONSTAN J, et al. Item-based collaborative filtering recommendation algorithms[C/OL]//Proceedings of the 10th international conference on World Wide Web. Hong Kong, Hong Kong: Association for Computing Machinery, 2001: 285–295 [2021-03-21]. https://doi.org/10.1145/371920.372071. DOI: 10.1145/371920.372071.

[17] KOREN Y, BELL R, VOLINSKY C. Matrix Factorization Techniques for Recommender Systems[J]. Computer, 2009, 42(8): 30–37. DOI: 10.1109/MC.2009.263.

[18] SALAKHUTDINOV R, MNIH A. Probabilistic Matrix Factorization[C]//Proceedings of the 20th International Conference on Neural Information Processing Systems. Vancouver, British Columbia, Canada: Curran Associates Inc., 2007: 1257–1264 [2021-03-21].

[19] SALAKHUTDINOV R, MNIH A. Bayesian probabilistic matrix factorization using Markov chain Monte Carlo[C/OL]//Proceedings of the 25th international conference on Machine learning. Helsinki, Finland: Association for Computing Machinery, 2008: 880–887 [2021-03-21]. https://doi.org/10.1145/1390156.1390267. DOI: 10.1145/1390156.1390267.

[20] BILLSUS D, PAZZANI M J. Learning Collaborative Information Filters[C]//Proceedings of the Fifteenth International Conference on Machine Learning. San Francisco, CA, USA: Morgan Kaufmann Publishers Inc., 1998: 46–54 [2021-03-21].

[21] HE X, LIAO L, ZHANG H, et al. Neural Collaborative Filtering[C/OL]//Proceedings of the 26th International Conference on World Wide Web. Perth, Australia: International

World Wide Web Conferences Steering Committee, 2017: 173–182 [2021-03-22]. https: //doi.org/10.1145/3038912.3052569. DOI: 10.1145/3038912.3052569.

[22] WU C-Y, AHMED A, BEUTEL A, et al. Recurrent Recommender Networks[C/OL]//Proceedings of the Tenth ACM International Conference on Web Search and Data Mining. Cambridge, United Kingdom: Association for Computing Machinery, 2017: 495–503 [2021-03-22]. https://doi.org/10.1145/3018661.3018689. DOI: 10.1145/30 18661.3018689.

[23] DEVLIN J, CHANG M-W, LEE K, et al. BERT: Pre-training of Deep Bidirectional Transformers for Language Understanding[C/OL]//Proceedings of the 2019 Conference of the North American Chapter of the Association for Computational Linguistics: Human Language Technologies, Volume 1 (Long and Short Papers). Minneapolis, Minnesota: Association for Computational Linguistics, 2019: 4171–4186 [2021-03-23]. https://www.aclweb.org/anthology/N19-1423. DOI: 10.18653/v1/N19-1423.

[24] LEE J, ABU-EL-HAIJA S, VARADARAJAN B, et al. Collaborative Deep Metric Learning for Video Understanding[C/OL]//Proceedings of the 24th ACM SIGKDD International Conference on Knowledge Discovery & Data Mining. London, United Kingdom: Association for Computing Machinery, 2018: 481–490 [2021-03-22]. https://doi.org/10.1145/3219819. 3219856. DOI: 10.1145/3219819.3219856.

[25] HE K, ZHANG X, REN S, et al. Deep Residual Learning for Image Recognition[C]//2016 IEEE Conference on Computer Vision and Pattern Recognition (CVPR). DOI: 10.1109/CV PR.2016.90.

[26] CHENG H-T, KOC L, HARMSEN J, et al. Wide & Deep Learning for Recommender Systems[C/OL]//Proceedings of the 1st Workshop on Deep Learning for Recommender Systems. Boston, MA, USA: Association for Computing Machinery, 2016: 7–10 [2021-03-23]. https://doi.org/10.1145/2988450.2988454. DOI: 10.1145/2988450.2988454.

[27] HE X, HE Z, SONG J, et al. NAIS: Neural Attentive Item Similarity Model for Recommendation[J]. IEEE Transactions on Knowledge and Data Engineering, 2018, 30(12): 2354–2366. DOI: 10.1109/TKDE.2018.2831682.

[28] WANG H, ZHANG F, XIE X, et al. DKN: Deep Knowledge-Aware Network for News Recommendation[C/OL]//Proceedings of the 2018 World Wide Web Conference. Lyon, France: International World Wide Web Conferences Steering Committee, 2018: 1835–1844 [2021-03-23]. https://doi.org/10.1145/3178876.3186175. DOI: 10.1145/3178876.3186175.

[29] WANG X, HE X, CAO Y, et al. KGAT: Knowledge Graph Attention Network for Recommendation[C/OL]//Proceedings of the 25th ACM SIGKDD International Conference on Knowledge Discovery & Data Mining. Anchorage, AK, USA: Association for Computing Machinery, 2019: 950–958 [2021-03-23]. https://doi.org/10.1145/3292500.3330989. DOI: 10.1145/3292500.3330989.

[30] XIAN Y, FU Z, MUTHUKRISHNAN S, et al. Reinforcement Knowledge Graph Reasoning for Explainable Recommendation[C/OL]//Proceedings of the 42nd International

ACM SIGIR Conference on Research and Development in Information Retrieval. Paris, France: Association for Computing Machinery, 2019: 285–294 [2021-03-23]. https://doi.org/10.1145/3331184.3331203. DOI: 10.1145/3331184.3331203.

[31] ZOU L, XIA L, GU Y, et al. Neural Interactive Collaborative Filtering[C/OL]//Proceedings of the 43rd International ACM SIGIR Conference on Research and Development in Information Retrieval. Virtual Event, China: Association for Computing Machinery, 2020: 749–758 [2021-03-23]. https://doi.org/10.1145/3397271.3401181. DOI: 10.1145/3397271.3401181.

[32] LI R, KAHOU S, SCHULZ H, et al. Towards deep conversational recommendations[C]//Proceedings of the 32nd International Conference on Neural Information Processing Systems. Montréal, Canada: Curran Associates Inc., 2018: 9748–9758 [2021-03-23].

[33] SHAN C, MAMOULIS N, CHENG R, et al. An End-to-End Deep RL Framework for Task Arrangement in Crowdsourcing Platforms[C]//2020 IEEE 36th International Conference on Data Engineering (ICDE). DOI: 10.1109/ICDE48307.2020.00012.

[34] MovieLens[EB/OL]. (2013-09-06) [2021-03-23]. https://grouplens.org/datasets/movielens/.

[35] LI D, CHEN C, LV Q, et al. AdaError: An Adaptive Learning Rate Method for Matrix Approximation-based Collaborative Filtering[C/OL]//Proceedings of the 2018 World Wide Web Conference. Lyon, France: International World Wide Web Conferences Steering Committee, 2018: 741–751 [2021-03-23]. https://doi.org/10.1145/3178876.3186155. DOI: 10.1145/3178876.3186155.

[36] COSLEY D, LAM S K, ALBERT I, et al. Is seeing believing? how recommender system interfaces affect users' opinions[C/OL]//Proceedings of the SIGCHI Conference on Human Factors in Computing Systems. Ft. Lauderdale, Florida, USA: Association for Computing Machinery, 2003: 585–592 [2021-03-23]. https://doi.org/10.1145/642611.642713. DOI: 10.1145/642611.642713.

[37] General Data Protection Regulation (GDPR) Compliance Guidelines[EB/OL]. [2021-03-24]. https://gdpr.eu/.

[38] BENGIO Y, COURVILLE A, VINCENT P. Representation Learning: A Review and New Perspectives[J]. IEEE Transactions on Pattern Analysis and Machine Intelligence, 2013, 35(8): 1798–1828. DOI: 10.1109/TPAMI.2013.50.

[39] ZHOU Z-H. Ensemble Learning[M/OL]//LI S Z, JAIN A. Encyclopedia of Biometrics. Boston, MA: Springer US, 2009: 270–273 [2021-03-24]. https://doi.org/10.1007/978-0-387-73003-5_293. DOI: 10.1007/978-0-387-73003-5_293.

[40] BEUTEL A, CHI E H, CHENG Z, et al. Beyond Globally Optimal: Focused Learning for Improved Recommendations[C/OL]//Proceedings of the 26th International Conference on World Wide Web. Perth, Australia: International World Wide Web Conferences Steering Committee, 2017: 203–212 [2021-03-25]. https://doi.org/10.1145/3038912.3052713. DOI: 10.1145/3038912.3052713.

[41] MIKOLOV T, CHEN K, CORRADO G, et al. Efficient Estimation of Word Representations

in Vector Space[J/OL]. arXiv:1301.3781[cs], 2013 [2021-03-29]. http://arxiv.org/abs/1301.3781.

[42] ETHAYARAJH K, DUVENAUD D, HIRST G. Towards Understanding Linear Word Analogies[C/OL]//Proceedings of the 57th Annual Meeting of the Association for Computational Linguistics. Florence, Italy: Association for Computational Linguistics, 2019: 3253–3262 [2021-03-29]. https://www.aclweb.org/anthology/P19-1315. DOI: 10.18653/v1/P19-1315.

[43] VASWANI A, SHAZEER N, PARMAR N, et al. Attention is all you need[C]//Proceedings of the 31st International Conference on Neural Information Processing Systems. Long Beach, California, USA: Curran Associates Inc., 2017: 6000–6010 [2021-03-29].

[44] OORD A V D, DIELEMAN S, ZEN H, et al. WaveNet: A Generative Model for Raw Audio[J/OL]. arXiv:1609.03499[cs], 2016 [2021-03-30]. http://arxiv.org/abs/1609.03499.

[45] RENDLE S, KRICHENE W, ZHANG L, et al. Neural Collaborative Filtering vs. Matrix Factorization Revisited[C/OL]//Fourteenth ACM Conference on Recommender Systems. Virtual Event, Brazil: Association for Computing Machinery, 2020: 240–248 [2021-03-29]. https://doi.org/10.1145/3383313.3412488. DOI: 10.1145/3383313.3412488.

[46] RENDLE S. Factorization Machines[C]//2010 IEEE International Conference on Data Mining. DOI: 10.1109/ICDM.2010.127.

[47] System Architectures for Personalization and Recommendation[EB/OL]. [2021-04-11]. https://netflixtechblog.com/system-architectures-for-personalization-and-recommendation-e081aa94b5d8?gi=40ab7aaa227e.

[48] PANTEL L, WOLF L C. On the impact of delay on real-time multiplayer games[C/OL]//Proceedings of the 12th international workshop on Network and operating systems support for digital audio and video. Miami, Florida, USA: Association for Computing Machinery, 2002: 23–29 [2021-04-11]. https://doi.org/10.1145/507670.507674. DOI: 10.1145/507670.507674.

[49] Amazon's Recommendation Secret[EB/OL]. [2021-04-19]. https://fortune.com/2012/07/30/amazons-recommendation-secret/.

[50] SHARMA A, HOFMAN J M, WATTS D J. Estimating the Causal Impact of Recommendation Systems from Observational Data[C/OL]//Proceedings of the Sixteenth ACM Conference on Economics and Computation. Portland, Oregon, USA: Association for Computing Machinery, 2015: 453–470 [2021-04-19]. https://doi.org/10.1145/2764468.2764488. DOI: 10.1145/2764468.2764488.

[51] DAVIDSON J, LIEBALD B, LIU J, et al. The YouTube video recommendation system[C/OL]//Proceedings of the fourth ACM conference on Recommender systems. Barcelona, Spain: Association for Computing Machinery, 2010: 293–296 [2021-04-19]. https://doi.org/10.1145/1864708.1864770. DOI: 10.1145/1864708.1864770.

[52] GOMEZ-URIBE C A, HUNT N. The Netflix Recommender System: Algorithms, Business Value, and Innovation[J]. ACM Transactions on Management Information Systems, 2016, 6(4): 13: 1–13: 19. DOI: 10.1145/2843948.

[53] Cognitive Recommendation Engine (CoRE)[EB/OL]. [2021-04-20]. https://cdn2.hubspot .net/hubfs/480025/Project%20-%20Data%20Analytics%20-%20IBM%20-%20Cognitive %20Recommendation%20Engine%20(CoRE)%20-%20Main%20.pdf.

[54] How Alibaba Uses Artificial Intelligence to Change the Way We Shop[EB/OL]. (2017-06-07) [2021-04-20]. https://insideretail.asia/2017/06/07/how-alibaba-uses-artificial-intell igence-to-change-the-way-we-shop/.

[55] 淘宝总裁蒋凡：今年双 11 淘宝推荐流量超过了搜索流量 _ 信任 [EB/OL]. [2021-04-20]. www.sohu.com/a/275896930_114778.

[56] PAGE L, BRIN S, MOTWANI R, et al. The PageRank Citation Ranking: Bringing Order to the Web[EB/OL]. (1999-11-11) [2021-04-20]. http://ilpubs.stanford.edu:8090/422/.

[57] PAZZANI M J, BILLSUS D. Content-Based Recommendation Systems[M/OL]// BRUSILOVSKY P, KOBSA A, NEJDL W. The Adaptive Web: Methods and Strategies of Web Personalization. Berlin, Heidelberg: Springer, 2007: 325–341. https://doi.org/10.1 007/978-3-540-72079-9_10. DOI: 10.1007/978-3-540-72079-9_10.

[58] MANNING C D, RAGHAVAN P, SCHÜTZE H. Introduction to Information Retrieval[M]. Cambridge, USA: Cambridge University Press, 2008.

[59] MIKOLOV T, CHEN K, CORRADO G, et al. Efficient Estimation of Word Representations in Vector Space[J/OL]. arXiv:1301.3781[cs], 2013. http://arxiv.org/abs/1301.3781.

[60] LE Q, MIKOLOV T. Distributed representations of sentences and documents[C]// Proceedings of the 31st International Conference on International Conference on Machine Learning - Volume 32, 2014: II-1188-II-1196.

[61] VASWANI A, SHAZEER N, PARMAR N, et al. Attention is all you need[C]//Proceedings of the 31st International Conference on Neural Information Processing Systems, 2017: 6000–6010.

[62] DEVLIN J, CHANG M-W, LEE K, et al. BERT: Pre-training of Deep Bidirectional Trans- formers for Language Understanding[C/OL]//Proceedings of the 2019 Conference of the North American Chapter of the Association for Computational Linguistics: Human Lan- guage Technologies, Volume 1 (Long and Short Papers). Minneapolis, Minnesota: Associ- ation for Computational Linguistics, 2019: 4171–4186. https://www.aclweb.org/anthology /N19-1423. DOI: 10.18653/v1/N19-1423.

[63] DONG L, YANG N, WANG W, et al. Unified Language Model Pre-training for Natural Language Understanding and Generation[J/OL]. arXiv:1905.03197[cs], 2019. http://arxiv. org/abs/1905.03197.

[64] BROWN T B, MANN B, RYDER N, et al. Language Models are Few-Shot Learners[J/OL]. arXiv:2005.14165[cs], 2020. http://arxiv.org/abs/2005.14165.

[65] BALUJA S, SETH R, SIVAKUMAR D, et al. Video suggestion and discovery for youtube: taking random walks through the view graph[C/OL]//Proceedings of the 17th international conference on World Wide Web, 2008: 895–904. https://doi.org/10.1145/1367497.1367618. DOI: 10.1145/1367497.1367618.

[66] HERLOCKER J L, KONSTAN J A, BORCHERS A, et al. An algorithmic framework for performing collaborative filtering[C/OL]//Proceedings of the 22nd annual international ACM SIGIR conference on Research and development in information retrieval, 1999: 230–237. https://doi.org/10.1145/312624.312682. DOI: 10.1145/312624.312682.

[67] SARWAR B, KARYPIS G, KONSTAN J, et al. Item-based collaborative filtering recommendation algorithms[C/OL]//Proceedings of the 10th international conference on World Wide Web, 2001: 285–295. https://doi.org/10.1145/371920.372071. DOI: 10.1145/371920. 372071.

[68] NING X, KARYPIS G. SLIM: Sparse Linear Methods for Top-N Recommender Systems[C]//2011 IEEE 11th International Conference on Data Mining. DOI: 10.1109/ICDM. 2011.134.

[69] NING X, KARYPIS G. Sparse linear methods with side information for top-n recommendations[C/OL]//Proceedings of the sixth ACM conference on Recommender systems, 2012: 155–162. https://doi.org/10.1145/2365952.2365983. DOI: 10.1145/2365952.2365983.

[70] CHENG Y, YIN L, YU Y. LorSLIM: Low Rank Sparse Linear Methods for Top-N Recommendations[C]//2014 IEEE International Conference on Data Mining. DOI: 10.1 109/ICDM.2014.112.

[71] RENDLE S. Factorization Machines[C]//2010 IEEE International Conference on Data Mining. DOI: 10.1109/ICDM.2010.127.

[72] SALAKHUTDINOV R, MNIH A. Probabilistic Matrix Factorization[C]//Proceedings of the 20th International Conference on Neural Information Processing Systems, 2007: 1257–1264.

[73] SALAKHUTDINOV R, MNIH A. Bayesian probabilistic matrix factorization using Markov chain Monte Carlo[C/OL]//Proceedings of the 25th international conference on Machine learning, 2008: 880–887 [2021-03-21]. https://doi.org/10.1145/1390156.1390267. DOI: 10.1145/1390156.1390267.

[74] ROSENBLATT F. The perceptron: a probabilistic model for information storage and organization in the brain.[J]. Psychological review, 1958, 65(6): 386.

[75] RUMELHART D E, HINTON G E, WILLIAMS R J. Learning Representations by Back-Propagating Errors[J]. Nature, 1986, 323(6088): 533–536. DOI: 10.1038/323533a0.

[76] KRIZHEVSKY A, SUTSKEVER I, HINTON G E. Imagenet classification with deep convolutional neural networks[J]. Advances in neural information processing systems, 2012, 25: 1097–1105.

[77] HOCHREITER S, SCHMIDHUBER J. Long Short-Term Memory[J]. Neural Computation, 1997, 9(8): 1735–1780. DOI: 10.1162/neco.1997.9.8.1735.

[78] CHO K, VAN MERRIENBOER B, GULCEHRE C, et al. Learning Phrase Representations Using RNN Encoder–Decoder for Statistical Machine Translation[C/OL]//Proceedings of the 2014 Conference on Empirical Methods in Natural Language Processing (EMNLP). Doha, Qatar: Association for Computational Linguistics, 2014: 1724–1734 [2021-07-25].

http://aclweb.org/anthology/D14-1179. DOI: 10.3115/v1/D14-1179.

[79] BAHDANAU D, CHO K, BENGIO Y. Neural machine translation by jointly learning to align and translate[J]. arXiv preprint arXiv:1409.0473, 2014.

[80] VASWANI A, SHAZEER N, PARMAR N, et al. Attention is all you need[C]//Proceedings of the 31st International Conference on Neural Information Processing Systems. Long Beach, California, USA: Curran Associates Inc., 2017: 6000–6010 [2021-03-29].

[81] ZHOU G, ZHU X, SONG C, et al. Deep Interest Network for Click-Through Rate Prediction[C/OL]//Proceedings of the 24th ACM SIGKDD International Conference on Knowledge Discovery & Data Mining. London United Kingdom: ACM, 2018: 1059–1068 [2021-05-06]. https://dl.acm.org/doi/10.1145/3219819.3219823. DOI: 10.1145/3219819. 3219823.

[82] MIKOLOV T, CHEN K, CORRADO G, et al. Efficient Estimation of Word Representations in Vector Space[J/OL]. arXiv:1301.3781[cs], 2013 [2021-03-29]. http://arxiv.org/abs/1301. 3781.

[83] DEVLIN J, CHANG M-W, LEE K, et al. BERT: Pre-training of Deep Bidirectional Transformers for Language Understanding[C/OL]//Proceedings of the 2019 Conference of the North American Chapter of the Association for Computational Linguistics: Human Language Technologies, Volume 1 (Long and Short Papers). Minneapolis, Minnesota: Association for Computational Linguistics, 2019: 4171–4186 [2021-03-23]. https://www.aclweb.org/anthology/N19-1423. DOI: 10.18653/v1/N19-1423.

[84] SALAKHUTDINOV R, MNIH A, HINTON G. Restricted Boltzmann machines for collaborative filtering[C/OL]//Proceedings of the 24th international conference on Machine learning. Corvalis, Oregon, USA: Association for Computing Machinery, 2007: 791–798 [2021-03-15]. https://doi.org/10.1145/1273496.1273596. DOI: 10.1145/1273496.1273596.

[85] HINTON G E. Training Products of Experts by Minimizing Contrastive Divergence[J]. Neural Computation, 2002, 14(8): 1771–1800. DOI: 10.1162/089976602760128018.

[86] SEDHAIN S, MENON A K, SANNER S, et al. AutoRec: Autoencoders Meet Collaborative Filtering[C/OL]//Proceedings of the 24th International Conference on World Wide Web. Florence Italy: ACM, 2015: 111–112 [2021-05-03]. https://dl.acm.org/doi/10.1145/27409 08.2742726. DOI: 10.1145/2740908.2742726.

[87] WU Y, DUBOIS C, ZHENG A X, et al. Collaborative Denoising Auto-Encoders for Top-N Recommender Systems[C/OL]//Proceedings of the Ninth ACM International Conference on Web Search and Data Mining. San Francisco California USA: ACM, 2016: 153–162 [2021-05-03]. https://dl.acm.org/doi/10.1145/2835776.2835837. DOI: 10.1145/2835776. 2835837.

[88] LIANG D, KRISHNAN R G, HOFFMAN M D, et al. Variational Autoencoders for Collaborative Filtering[C/OL]//Proceedings of the 2018 World Wide Web Conference on World Wide Web - WWW '18. Lyon, France: ACM Press, 2018: 689–698 [2021-05-03]. http://dl.acm.org/citation.cfm?doid=3178876.3186150. DOI: 10.1145/3178876.3186150.

[89] HE X, LIAO L, ZHANG H, et al. Neural Collaborative Filtering[C/OL]//Proceedings of the 26th International Conference on World Wide Web. Perth, Australia: International World Wide Web Conferences Steering Committee, 2017: 173–182 [2021-03-22]. https://doi.org/10.1145/3038912.3052569. DOI: 10.1145/3038912.3052569.

[90] DENG Z-H, HUANG L, WANG C-D, et al. DeepCF: A Unified Framework of Representation Learning and Matching Function Learning in Recommender System[J]. Proceedings of the AAAI Conference on Artificial Intelligence, 2019, 33: 61–68. DOI: 10.1609/aaai.v33i01.330161.

[91] XUE H-J, DAI X, ZHANG J, et al. Deep Matrix Factorization Models for Recommender Systems[C/OL]//Proceedings of the Twenty-Sixth International Joint Conference on Artificial Intelligence. Melbourne, Australia: International Joint Conferences on Artificial Intelligence Organization, 2017: 3203–3209 [2021-05-04]. https://www.ijcai.org/proceedings/2017/447. DOI: 10.24963/ijcai.2017/447.

[92] HUANG P-S, HE X, GAO J, et al. Learning Deep Structured Semantic Models for Web Search Using Clickthrough Data[C/OL]//Proceedings of the 22nd ACM International Conference on Conference on Information & Knowledge Management - CIKM'13. San Francisco, California, USA: ACM Press, 2013: 2333–2338 [2021-05-04]. http://dl.acm.org/citation.cfm?doid=2505515.2505665. DOI: 10.1145/2505515.2505665.

[93] EBESU T, SHEN B, FANG Y. Collaborative Memory Network for Recommendation Systems[C/OL]//The 41st International ACM SIGIR Conference on Research & Development in Information Retrieval. Ann Arbor MI USA: ACM, 2018: 515–524 [2021-05-04]. https://dl.acm.org/doi/10.1145/3209978.3209991. DOI: 10.1145/3209978.3209991.

[94] HE X, BOWERS S, CANDELA J Q, et al. Practical Lessons from Predicting Clicks on Ads at Facebook[C/OL]//Proceedings of 20th ACM SIGKDD Conference on Knowledge Discovery and Data Mining - ADKDD'14. New York, NY, USA: ACM Press, 2014: 1–9 [2021-05-04]. http://dl.acm.org/citation.cfm?doid=2648584.2648589. DOI: 10.1145/2648584.2648589.

[95] XIAO J, YE H, HE X, et al. Attentional Factorization Machines: Learning the Weight of Feature Interactions via Attention Networks[C]//Proceedings of the 26th International Joint Conference on Artificial Intelligence. AAAI Press, 2017: 3119–3125.

[96] ZHANG W, DU T, WANG J. Deep Learning over Multi-field Categorical Data[M/OL]. FERRO N, CRESTANI F, MOENS M-F, et al.//Advances in Information Retrieval. Cham: Springer International Publishing, 2016: 45–57 [2021-05-04]. http://link.springer.com/10.1007/978-3-319-30671-1_4. DOI: 10.1007/978-3-319-30671-1_4.

[97] QU Y, CAI H, REN K, et al. Product-Based Neural Networks for User Response Prediction[C/OL]//2016 IEEE 16th International Conference on Data Mining (ICDM). Barcelona, Spain: IEEE, 2016: 1149–1154 [2021-05-04]. http://ieeexplore.ieee.org/document/7837964/. DOI: 10.1109/ICDM.2016.0151.

[98] CHENG H-T, KOC L, HARMSEN J, et al. Wide & Deep Learning for Recommender Systems[C/OL]//Proceedings of the 1st Workshop on Deep Learning for Recommender

Systems. Boston, MA, USA: Association for Computing Machinery, 2016: 7–10 [2021-03-23]. https://doi.org/10.1145/2988450.2988454. DOI: 10.1145/2988450.2988454.

[99] MCMAHAN H B. Follow-the-Regularized-Leader and Mirror Descent: Equivalence Theorems and L1 Regularization.[C/OL]//Proceedings of the Fourteenth International Conference on Artificial Intelligence and Statistics, AISTATS 2011, Fort Lauderdale, USA, April 11-13, 2011. http://proceedings.mlr.press/v15/mcmahan11b/mcmahan11b.pdf.

[100] DUCHI J, HAZAN E, SINGER Y. Adaptive Subgradient Methods for Online Learning and Stochastic Optimization[J]. Journal of Machine Learning Research, 2011, 12(61): 2121–2159.

[101] GUO H, TANG R, YE Y, et al. DeepFM: A Factorization-Machine Based Neural Network for CTR Prediction[C/OL]//Proceedings of the Twenty-Sixth International Joint Conference on Artificial Intelligence. Melbourne, Australia: International Joint Conferences on Artificial Intelligence Organization, 2017: 1725–1731 [2021-05-05]. https://www.ijcai.org/proceedings/2017/239. DOI: 10.24963/ijcai.2017/239.

[102] WANG R, FU B, FU G, et al. Deep & Cross Network for Ad Click Predictions[C/OL]//Proceedings of the ADKDD'17. Halifax NS Canada: ACM, 2017: 1–7 [2021-05-05]. https://dl.acm.org/doi/10.1145/3124749.3124754. DOI: 10.1145/3124749.3124754.

[103] LIAN J, ZHOU X, ZHANG F, et al. XDeepFM: Combining Explicit and Implicit Feature Interactions for Recommender Systems[C/OL]//Proceedings of the 24th ACM SIGKDD International Conference on Knowledge Discovery & Data Mining. London United Kingdom: ACM, 2018: 1754–1763 [2021-05-05]. https://dl.acm.org/doi/10.1145/3219819.3220023. DOI: 10.1145/3219819.3220023.

[104] BEUTEL A, COVINGTON P, JAIN S, et al. Latent Cross: Making Use of Context in Recurrent Recommender Systems[C/OL]//Proceedings of the Eleventh ACM International Conference on Web Search and Data Mining. Marina Del Rey CA USA: ACM, 2018: 46–54 [2021-05-05]. https://dl.acm.org/doi/10.1145/3159652.3159727. DOI: 10.1145/3159652.3159727.

[105] SONG W, SHI C, XIAO Z, et al. AutoInt: Automatic Feature Interaction Learning via Self-Attentive Neural Networks[C/OL]//Proceedings of the 28th ACM International Conference on Information and Knowledge Management. Beijing China: ACM, 2019: 1161–1170 [2021-06-18]. https://dl.acm.org/doi/10.1145/3357384.3357925. DOI: 10.1145/3357384.3357925.

[106] HUANG T, ZHANG Z, ZHANG J. FiBiNET: Combining Feature Importance and Bilinear Feature Interaction for Click-through Rate Prediction[C/OL]//Proceedings of the 13th ACM Conference on Recommender Systems. Copenhagen Denmark: ACM, 2019: 169–177 [2021-10-01]. https://dl.acm.org/doi/10.1145/3298689.3347043. DOI: 10.1145/3298689.3347043.

[107] LIU B, ZHU C, LI G, et al. AutoFIS: Automatic Feature Interaction Selection in Factorization Models for Click-Through Rate Prediction[C/OL]//Proceedings of the 26th ACM SIGKDD

International Conference on Knowledge Discovery & Data Mining. Virtual Event CA USA: ACM, 2020: 2636–2645 [2021-10-01]. https://dl.acm.org/doi/10.1145/3394486.3403314. DOI: 10.1145/3394486.3403314.

[108] ZHOU G, BIAN W, WU K, et al. CAN: Revisiting Feature Co-Action for Click-Through Rate Prediction[J/OL]. arXiv:2011.05625 [cs, stat], 2020 [2021-10-01]. http://arxiv.org/abs/2011.05625.

[109] MIKOLOV T, CHEN K, CORRADO G, et al. Efficient Estimation of Word Representations in Vector Space[J/OL]. arXiv:1301.3781[cs], 2013 [2021-03-29]. http://arxiv.org/abs/1301.3781.

[110] PEROZZI B, AL-RFOU R, SKIENA S. DeepWalk: Online Learning of Social Representations[C/OL]//Proceedings of the 20th ACM SIGKDD International Conference on Knowledge Discovery and Data Mining. New York New York USA: ACM, 2014: 701–710 [2021-05-16]. https://dl.acm.org/doi/10.1145/2623330.2623732. DOI: 10.1145/2623330.2623732.

[111] GROVER A, LESKOVEC J. Node2vec: Scalable Feature Learning for Networks[C/OL]//Proceedings of the 22nd ACM SIGKDD International Conference on Knowledge Discovery and Data Mining. San Francisco California USA: ACM, 2016: 855–864 [2021-05-16]. https://dl.acm.org/doi/10.1145/2939672.2939754. DOI: 10.1145/2939672.2939754.

[112] TANG J, QU M, WANG M, et al. LINE: Large-Scale Information Network Embedding[C/OL]//Proceedings of the 24th International Conference on World Wide Web. Florence Italy: International World Wide Web Conferences Steering Committee, 2015: 1067–1077 [2021-05-16]. https://dl.acm.org/doi/10.1145/2736277.2741093. DOI: 10.1145/2736277.2741093.

[113] WANG D, CUI P, ZHU W. Structural Deep Network Embedding[C/OL]//Proceedings of the 22nd ACM SIGKDD International Conference on Knowledge Discovery and Data Mining. San Francisco California USA: ACM, 2016: 1225–1234 [2021-05-16]. https://dl.acm.org/doi/10.1145/2939672.2939753. DOI: 10.1145/2939672.2939753.

[114] WANG J, HUANG P, ZHAO H, et al. Billion-Scale Commodity Embedding for E-Commerce Recommendation in Alibaba[C/OL]//Proceedings of the 24th ACM SIGKDD International Conference on Knowledge Discovery & Data Mining. London United Kingdom: ACM, 2018: 839–848 [2021-05-19]. https://dl.acm.org/doi/10.1145/3219819.3219869. DOI: 10.1145/3219819.3219869.

[115] KIPF T N, WELLING M. Semi-Supervised Classification with Graph Convolutional Networks[C/OL]//5th International Conference on Learning Representations, ICLR 2017, Toulon, France, April 24-26, 2017, Conference Track Proceedings. https://openreview.net/forum?id=SJU4ayYgl.

[116] HAMILTON W L, YING R, LESKOVEC J. Inductive Representation Learning on Large Graphs[C]//Proceedings of the 31st International Conference on Neural Information Processing Systems. Red Hook, NY, USA: Curran Associates Inc., 2017: 1025–1035.

[117] CHIANG W-L, LIU X, SI S, et al. Cluster-GCN: An Efficient Algorithm for Training Deep and Large Graph Convolutional Networks[C/OL]//Proceedings of the 25th ACM SIGKDD International Conference on Knowledge Discovery & Data Mining. Anchorage AK USA: ACM, 2019: 257–266 [2021-05-18]. https://dl.acm.org/doi/10.1145/3292500.3330925. DOI: 10.1145/3292500.3330925.

[118] KARYPIS G, KUMAR V. A Fast and High Quality Multilevel Scheme for Partitioning Irregular Graphs[J]. SIAM J. Sci. Comput., 1998, 20(1): 359–392.

[119] BOJCHEVSKI A, KLICPERA J, PEROZZI B, et al. Scaling Graph Neural Networks with Approximate PageRank[C/OL]//Proceedings of the 26th ACM SIGKDD International Conference on Knowledge Discovery & Data Mining. Virtual Event CA USA: ACM, 2020: 2464–2473 [2021-05-18]. https://dl.acm.org/doi/10.1145/3394486.3403296. DOI: 10.1145/3394486.3403296.

[120] JEH G, WIDOM J. Scaling Personalized Web Search[C/OL]//Proceedings of the Twelfth International Conference on World Wide Web - WWW '03. Budapest, Hungary: ACM Press, 2003: 271 [2021-05-18]. http://portal.acm.org/citation.cfm?doid=775152.775191. DOI: 10.1145/775152.775191.

[121] YING R, HE R, CHEN K, et al. Graph Convolutional Neural Networks for Web-Scale Recommender Systems[C/OL]//Proceedings of the 24th ACM SIGKDD International Conference on Knowledge Discovery & Data Mining. London United Kingdom: ACM, 2018: 974–983 [2021-05-15]. https://dl.acm.org/doi/10.1145/3219819.3219890. DOI: 10.1145/3219819.3219890.

[122] BERG R V D, KIPF T N, WELLING M. Graph Convolutional Matrix Completion[J/OL]. arXiv:1706.02263 [cs, stat], 2017 [2021-03-23]. http://arxiv.org/abs/1706.02263.

[123] WANG X, HE X, WANG M, et al. Neural Graph Collaborative Filtering[C/OL]//Proceedings of the 42nd International ACM SIGIR Conference on Research and Development in Information Retrieval. Paris France: ACM, 2019: 165–174 [2021-05-21]. https://dl.acm.org/doi/10.1145/3331184.3331267. DOI: 10.1145/3331184.3331267.

[124] HE X, DENG K, WANG X, et al. LightGCN: Simplifying and Powering Graph Convolution Network for Recommendation[C/OL]//Proceedings of the 43rd International ACM SIGIR Conference on Research and Development in Information Retrieval. Virtual Event China: ACM, 2020: 639–648 [2021-05-22]. https://dl.acm.org/doi/10.1145/3397271.3401063. DOI: 10.1145/3397271.3401063.

[125] ZHANG Z, CUI P, LI H, et al. Billion-Scale Network Embedding with Iterative Random Projection[C/OL]//2018 IEEE International Conference on Data Mining (ICDM). Singapore: IEEE, 2018: 787–796 [2021-05-23]. https://ieeexplore.ieee.org/document/8594903/. DOI: 10.1109/ICDM.2018.00094.

[126] FAN W, MA Y, LI Q, et al. Graph Neural Networks for Social Recommendation[C/OL]//The World Wide Web Conference on - WWW '19. San Francisco, CA, USA: ACM Press, 2019: 417–426 [2021-06-03]. http://dl.acm.org/citation.cfm?doid=3308558.3313488. DOI:

10.1145/3308558.3313488.

[127] WU L, SUN P, FU Y, et al. A Neural Influence Diffusion Model for Social Recommenda-
tion[C/OL]//Proceedings of the 42nd International ACM SIGIR Conference on Research and
Development in Information Retrieval. Paris France: ACM, 2019: 235–244 [2021-06-08].
https://dl.acm.org/doi/10.1145/3331184.3331214. DOI: 10.1145/3331184.3331214.

[128] WU L, LI J, SUN P, et al. DiffNet++: A Neural Influence and Interest Diffusion Network for
Social Recommendation[J]. IEEE Transactions on Knowledge and Data Engineering, 2021:
1–1. DOI: 10.1109/TKDE.2020.3048414.

[129] REN K, QIN J, FANG Y, et al. Lifelong Sequential Modeling with Personalized Memo-
rization for User Response Prediction[C/OL]//Proceedings of the 42nd International ACM
SIGIR Conference on Research and Development in Information Retrieval. Paris France:
ACM, 2019: 565–574 [2021-04-21]. https://dl.acm.org/doi/10.1145/3331184.3331230.
DOI: 10.1145/3331184.3331230.

[130] ZHOU G, ZHU X, SONG C, et al. Deep Interest Network for Click-Through Rate Predic-
tion[C/OL]//Proceedings of the 24th ACM SIGKDD International Conference on Knowl-
edge Discovery & Data Mining. London United Kingdom: ACM, 2018: 1059–1068
[2021-05-06]. https://dl.acm.org/doi/10.1145/3219819.3219823. DOI: 10.1145/3219819.
3219823.

[131] ZHOU G, MOU N, FAN Y, et al. Deep Interest Evolution Network for Click-Through Rate
Prediction[J]. Proceedings of the AAAI Conference on Artificial Intelligence, 2019, 33:
5941–5948. DOI: 10.1609/aaai.v33i01.33015941.

[132] WU C-Y, AHMED A, BEUTEL A, et al. Recurrent Recommender Networks[C/OL]//
Proceedings of the Tenth ACM International Conference on Web Search and Data Min-
ing. Cambridge United Kingdom: ACM, 2017: 495–503 [2021-04-20]. https://dl.acm.org
/doi/10.1145/3018661.3018689. DOI: 10.1145/3018661.3018689.

[133] KANG W-C, MCAULEY J. Self-Attentive Sequential Recommendation[J/OL]. arXiv:
1808.09781[cs], 2018 [2021-04-20]. http://arxiv.org/abs/1808.09781.

[134] LIU Q, WU S, WANG D, et al. Context-aware Sequential Recommendation[J/OL].
arXiv:1609.05787[cs], 2016 [2021-04-20]. http://arxiv.org/abs/1609.05787.

[135] HE R, MCAULEY J. Fusing Similarity Models with Markov Chains for Sparse Sequen-
tial Recommendation[C/OL]//2016 IEEE 16th International Conference on Data Mining
(ICDM). Barcelona, Spain: IEEE, 2016: 191–200 [2021-04-20]. http://ieeexplore.ieee.org/
document/7837843/. DOI: 10.1109/ICDM.2016.0030.

[136] RENDLE S, FREUDENTHALER C, SCHMIDT-THIEME L. Factorizing Personalized
Markov Chains for Next-Basket Recommendation[C/OL]//Proceedings of the 19th Interna-
tional Conference on World Wide Web - WWW '10. Raleigh, North Carolina, USA: ACM
Press, 2010: 811 [2021-03-26]. http://portal.acm.org/citation.cfm?doid=1772690.1772773.
DOI: 10.1145/1772690.1772773.

[137] WANG P, GUO J, LAN Y, et al. Learning Hierarchical Representation Model for NextBasket

Recommendation[C/OL]//Proceedings of the 38th International ACM SIGIR Conference on Research and Development in Information Retrieval. Santiago Chile: ACM, 2015: 403–412 [2021-05-04]. https://dl.acm.org/doi/10.1145/2766462.2767694. DOI: 10.1145/2766462. 2767694.

[138] KOREN Y, BELL R, VOLINSKY C. Matrix Factorization Techniques for Recommender Systems[J]. Computer, 2009, 42(8): 30–37. DOI: 10.1109/MC.2009.263.

[139] YAP G-E, LI X-L, YU P S. Effective Next-Items Recommendation via Personalized Sequential Pattern Mining[M/OL]//LEE S, PENG Z, ZHOU X, et al. Database Systems for Advanced Applications. Berlin, Heidelberg: Springer Berlin Heidelberg, 2012: 48–64 [2021-05-08]. http://link.springer.com/10.1007/978-3-642-29035-0_4. DOI: 10.1007/978-3-642-29035-0_4.

[140] AGRAWAL R, SRIKANT R. Mining sequential patterns[C/OL]//Proceedings of the Eleventh International Conference on Data Engineering. Taipei: IEEE Comput. Soc. Press, 1995: 3–14 [2021-05-08]. http://ieeexplore.ieee.org/document/380415/. DOI: 10.1109/ICDE.1995.380415.

[141] KOREN Y. Collaborative Filtering with Temporal Dynamics[C/OL]//Proceedings of the 15th ACM SIGKDD International Conference on Knowledge Discovery and Data Mining - KDD '09. Paris, France: ACM Press, 2009: 447 [2021-04-20]. http://portal.acm.org/citation.cfm?doid=1557019.1557072. DOI: 10.1145/1557019.1557072.

[142] PASRICHA R, MCAULEY J. Translation-Based Factorization Machines for Sequential Recommendation[C/OL]//Proceedings of the 12th ACM Conference on Recommender Systems. Vancouver British Columbia Canada: ACM, 2018: 63–71 [2021-05-10]. https://dl.acm.org/doi/10.1145/3240323.3240356. DOI: 10.1145/3240323.3240356.

[143] CHEN T, YIN H, HUNG NGUYEN Q V, et al. Sequence-Aware Factorization Machines for Temporal Predictive Analytics[C/OL]//2020 IEEE 36th International Conference on Data Engineering (ICDE). Dallas, TX, USA: IEEE, 2020: 1405–1416 [2021-04-21]. https://ieeexplore.ieee.org/document/9101475/. DOI: 10.1109/ICDE48307.2020.00125.

[144] FANG H, ZHANG D, SHU Y, et al. Deep Learning for Sequential Recommendation: Algorithms, Influential Factors, and Evaluations[J]. ACM Transactions on Information Systems, 2021, 39(1): 1–42. DOI: 10.1145/3426723.

[145] HIDASI B, KARATZOGLOU A, BALTRUNAS L, et al. Session-based Recommendations with Recurrent Neural Networks[J/OL]. arXiv:1511.06939[cs], 2016 [2021-03-26]. http://arxiv.org/abs/1511.06939.

[146] TANG J, WANG K. Personalized Top-N Sequential Recommendation via Convolutional Sequence Embedding[C/OL]//Proceedings of the Eleventh ACM International Conference on Web Search and Data Mining. Marina Del Rey CA USA: ACM, 2018: 565–573 [2021-03-26]. https://dl.acm.org/doi/10.1145/3159652.3159656. DOI: 10.1145/3159652.3159656.

[147] ZHANG S, TAY Y, YAO L, et al. Next Item Recommendation with Self-Attention[J/OL]. arXiv:1808.06414[cs], 2018 [2021-07-01]. http://arxiv.org/abs/1808.06414.

[148] YING H, ZHUANG F, ZHANG F, et al. Sequential Recommender System Based on Hierarchical Attention Networks[C/OL]//Proceedings of the Twenty-Seventh International Joint Conference on Artificial Intelligence. Stockholm, Sweden: International Joint Conferences on Artificial Intelligence Organization, 2018: 3926–3932 [2021-07-01]. https://www.ijcai.org/proceedings/2018/546. DOI: 10.24963/ijcai.2018/546.

[149] SUN F, LIU J, WU J, et al. BERT4Rec: Sequential Recommendation with Bidirectional Encoder Representations from Transformer[C/OL]//Proceedings of the 28th ACM International Conference on Information and Knowledge Management. Beijing: ACM, 2019: 1441–1450 [2021-03-26]. https://dl.acm.org/doi/10.1145/3357384.3357895. DOI: 10.1145/3357384.3357895.

[150] VASWANI A, SHAZEER N, PARMAR N, et al. Attention is all you need[C]//Proceedings of the 31st International Conference on Neural Information Processing Systems. Long Beach, California, USA: Curran Associates Inc., 2017: 6000–6010 [2021-03-29].

[151] SRIVASTAVA N, HINTON G, KRIZHEVSKY A, et al. Dropout: a simple way to prevent neural networks from overfitting[J]. The journal of machine learning research, 2014, 15(1): 1929–1958.

[152] CHEN X, XU H, ZHANG Y, et al. Sequential Recommendation with User Memory Networks[C/OL]//Proceedings of the Eleventh ACM International Conference on Web Search and Data Mining. Marina Del Rey, CA, USA: ACM, 2018: 108–116 [2021-03-26]. https://dl.acm.org/doi/10.1145/3159652.3159668. DOI: 10.1145/3159652.3159668.

[153] GRAVES A, WAYNE G, DANIHELKA I. Neural Turing Machines[J/OL]. arXiv: 1410.5401[cs], 2014 [2021-07-04]. http://arxiv.org/abs/1410.5401.

[154] WESTON J, CHOPRA S, BORDES A. Memory Networks[J/OL]. arXiv:1410.3916 [cs, stat], 2015 [2021-07-04]. http://arxiv.org/abs/1410.3916.

[155] QIN J, REN K, FANG Y, et al. Sequential Recommendation with Dual Side Neighbor-Based Collaborative Relation Modeling[C/OL]//Proceedings of the 13th International Conference on Web Search and Data Mining. Houston TX USA: ACM, 2020: 465–473 [2021-05-07]. https://dl.acm.org/doi/10.1145/3336191.3371842. DOI: 10.1145/3336191.3371842.

[156] WANG H, ZHANG F, WANG J, et al. RippleNet: Propagating User Preferences on the Knowledge Graph for Recommender Systems[C/OL]//Proceedings of the 27th ACM International Conference on Information and Knowledge Management. Torino Italy: ACM, 2018: 417–426 [2021-06-12]. https://dl.acm.org/doi/10.1145/3269206.3271739. DOI: 10.1145/3269206.3271739.

[157] WANG X, HE X, CAO Y, et al. KGAT: Knowledge Graph Attention Network for Recommendation[C/OL]//Proceedings of the 25th ACM SIGKDD International Conference on Knowledge Discovery & Data Mining. Anchorage, AK, USA: Association for Computing Machinery, 2019: 950–958 [2021-03-23]. https://doi.org/10.1145/3292500.3330989. DOI: 10.1145/3292500.3330989.

[158] LIN Y, LIU Z, SUN M, et al. Learning Entity and Relation Embeddings for Knowledge

Graph Completion[C]//Proceedings of the Twenty-Ninth AAAI Conference on Artificial Intelligence. AAAI Press, 2015: 2181–2187.

[159] CAO Y, WANG X, HE X, et al. Unifying Knowledge Graph Learning and Recommendation: Towards a Better Understanding of User Preferences[C/OL]//The World Wide Web Conference. San Francisco, CA, USA: ACM, 2019: 151–161 [2021-06-12]. https://dl.acm.org/doi/10.1145/3308558.3313705. DOI: 10.1145/3308558.3313705.

[160] WANG Z, ZHANG J, FENG J, et al. Knowledge Graph Embedding by Translating on Hyperplanes[C]//Proceedings of the Twenty-Eighth AAAI Conference on Artificial Intelligence. AAAI Press, 2014: 1112–1119.

[161] JANG E, GU S, POOLE B. Categorical Reparameterization with Gumbel-Softmax[C]//5th International Conference on Learning Representations, ICLR 2017, Toulon, France, April 24-26, 2017, Conference Track Proceedings.

[162] WANG H, ZHANG F, ZHAO M, et al. Multi-Task Feature Learning for Knowledge Graph Enhanced Recommendation[C/OL]//The World Wide Web Conference on - WWW '19. San Francisco, CA, USA: ACM Press, 2019: 2000–2010 [2021-06-13]. http://dl.acm.org/citation.cfm?doid=3308558.3313411. DOI: 10.1145/3308558.3313411.

[163] WANG H, ZHANG F, XIE X, et al. DKN: Deep Knowledge-Aware Network for News Recommendation[C/OL]//Proceedings of the 2018 World Wide Web Conference. Lyon, France: International World Wide Web Conferences Steering Committee, 2018: 1835–1844 [2021-03-23]. https://doi.org/10.1145/3178876.3186175. DOI: 10.1145/3178876.3186175.

[164] KIM Y. Convolutional Neural Networks for Sentence Classification[C/OL]//Proceedings of the 2014 Conference on Empirical Methods in Natural Language Processing (EMNLP). Doha, Qatar: Association for Computational Linguistics, 2014: 1746–1751. https://www.aclweb.org/anthology/D14-1181. DOI: 10.3115/v1/D14-1181.

[165] LIU D, LIAN J, WANG S, et al. KRED: Knowledge-Aware Document Representation for News Recommendations[C/OL]//Fourteenth ACM Conference on Recommender Systems. Virtual Event Brazil: ACM, 2020: 200–209 [2021-06-14]. https://dl.acm.org/doi/10.1145/3383313.3412237. DOI: 10.1145/3383313.3412237.

[166] WANG X, WANG D, XU C, et al. Explainable Reasoning over Knowledge Graphs for Recommendation[J]. Proceedings of the AAAI Conference on Artificial Intelligence, 2019, 33: 5329–5336. DOI: 10.1609/aaai.v33i01.33015329.

[167] XIAN Y, FU Z, MUTHUKRISHNAN S, et al. Reinforcement Knowledge Graph Reasoning for Explainable Recommendation[C/OL]//Proceedings of the 42nd International ACM SIGIR Conference on Research and Development in Information Retrieval. Paris, France: Association for Computing Machinery, 2019: 285–294 [2021-03-23]. https://doi.org/10.1145/3331184.3331203. DOI: 10.1145/3331184.3331203.

[168] SUTTON R S, BARTO A G. Reinforcement Learning: An Introduction[J]. IEEE Transactions on Neural Networks, 1998, 9(5): 1054–1054. DOI: 10.1109/TNN.1998.712192.

[169] ZHAO K, WANG X, ZHANG Y, et al. Leveraging Demonstrations for Reinforcement

Recommendation Reasoning over Knowledge Graphs[C/OL]//Proceedings of the 43rd International ACM SIGIR Conference on Research and Development in Information Retrieval. Virtual Event China: ACM, 2020: 239–248 [2021-06-17]. https://dl.acm.org/doi/10.1145/3397271.3401171. DOI: 10.1145/3397271.3401171.

[170] ZHAO X, ZHANG W, WANG J. Interactive Collaborative Filtering[C/OL]//Proceedings of the 22nd ACM International Conference on Conference on Information & Knowledge Management - CIKM '13. San Francisco, California, USA: ACM Press, 2013: 1411–1420 [2021-07-10]. http://dl.acm.org/citation.cfm?doid=2505515.2505690. DOI: 10.1145/2505515.2505690.

[171] WANG H, WU Q, WANG H. Factorization Bandits for Interactive Recommendation[Z]. Proceedings of the Thirty-First AAAI Conference on Artificial Intelligence, 2017(2017).

[172] LI L, CHU W, LANGFORD J, et al. A Contextual-Bandit Approach to Personalized News Article Recommendation[C/OL]//Proceedings of the 19th International Conference on World Wide Web - WWW '10. Raleigh, North Carolina, USA: ACM Press, 2010: 661 [2021-07-10]. http://portal.acm.org/citation.cfm?doid=1772690.1772758. DOI: 10.1145/1772690.1772758.

[173] ZENG C, WANG Q, MOKHTARI S, et al. Online Context-Aware Recommendation with Time Varying Multi-Armed Bandit[C/OL]//Proceedings of the 22nd ACM SIGKDD International Conference on Knowledge Discovery and Data Mining. San Francisco California USA: ACM, 2016: 2025–2034 [2021-07-10]. https://dl.acm.org/doi/10.1145/2939672.2939878. DOI: 10.1145/2939672.2939878.

[174] CHAPELLE O, LI L. An Empirical Evaluation of Thompson Sampling[C]//Proceedings of the 24th International Conference on Neural Information Processing Systems. Red Hook, NY, USA: Curran Associates Inc., 2011: 2249–2257.

[175] ZHAO X, XIA L, ZHANG L, et al. Deep Reinforcement Learning for Page-Wise Recommendations[C/OL]//Proceedings of the 12th ACM Conference on Recommender Systems. Vancouver British Columbia Canada: ACM, 2018: 95–103 [2021-07-10]. https://dl.acm.org/doi/10.1145/3240323.3240374. DOI: 10.1145/3240323.3240374.

[176] WILLIAMS R J. Simple Statistical Gradient-Following Algorithms for Connectionist Reinforcement Learning[J]. Machine Learning, 1992, 8(3–4): 229–256. DOI: 10.1007/BF00992696.

[177] LEI W, HE X, DE RIJKE M, et al. Conversational Recommendation: Formulation, Methods, and Evaluation[C/OL]//Proceedings of the 43rd International ACM SIGIR Conference on Research and Development in Information Retrieval. Virtual Event, China: Association for Computing Machinery, 2020: 2425–2428 [2021-07-07]. https://doi.org/10.1145/3397271.3401419. DOI: 10.1145/3397271.3401419.

[178] CHRISTAKOPOULOU K, RADLINSKI F, HOFMANN K. Towards Conversational Recommender Systems[C/OL]//Proceedings of the 22nd ACM SIGKDD International Conference on Knowledge Discovery and Data Mining. San Francisco, California, USA: Associa-

tion for Computing Machinery, 2016: 815–824 [2021-07-07]. https://doi.org/10.1145/2939
672.2939746. DOI: 10.1145/2939672.2939746.

[179] LI R, KAHOU S, SCHULZ H, et al. Towards deep conversational recommenda-
tions[C]//Proceedings of the 32nd International Conference on Neural Information Process-
ing Systems. Montréal, Canada: Curran Associates Inc., 2018: 9748–9758 [2021-03-23].

[180] SUN Y, ZHANG Y. Conversational Recommender System[C/OL]//The 41st International
ACM SIGIR Conference on Research & Development in Information Retrieval. Ann Arbor,
MI, USA: Association for Computing Machinery, 2018: 235–244 [2021-07-07]. https:
//doi.org/10.1145/3209978.3210002. DOI: 10.1145/3209978.3210002.

[181] CHEN Q, LIN J, ZHANG Y, et al. Towards Knowledge-Based Recommender Dialog Sys-
tem[C/OL]. [2021-07-08]. https://aclanthology.org/D19-1189. DOI: 10.18653/v1/D19-11
89.

[182] WANG Y, LIANG D, CHARLIN L, et al. Causal Inference for Recommender Sys-
tems[C/OL]//Fourteenth ACM Conference on Recommender Systems. Virtual Event, Brazil:
Association for Computing Machinery, 2020: 426–431 [2021-07-07]. https://doi.org/10.1
145/3383313.3412225. DOI: 10.1145/3383313.3412225.

[183] GILOTTE A, CALAUZÈNS C, NEDELEC T, et al. Offline A/B Testing for Recommender
Systems[C/OL]//Proceedings of the Eleventh ACM International Conference on Web Search
and Data Mining. Marina Del Rey, CA, USA: Association for Computing Machinery, 2018:
198–206 [2021-07-08]. https://doi.org/10.1145/3159652.3159687. DOI: 10.1145/3159652.
3159687.

[184] TSAI Y-T, WUY C-S, HSUY H-L, et al. A Cross-Domain Recommender System Based on
Common-Sense Knowledge Bases[C]//2017 Conference on Technologies and Applications
of Artificial Intelligence (TAAI). DOI: 10.1109/TAAI.2017.48.

[185] VASWANI A, SHAZEER N, PARMAR N, et al. Attention is all you need[C]//Proceedings of
the 31st International Conference on Neural Information Processing Systems. Long Beach,
California, USA: Curran Associates Inc., 2017: 6000–6010 [2021-03-29].

[186] NARAYANAN A, SHMATIKOV V. Robust De-anonymization of Large Sparse
Datasets[C]//2008 IEEE Symposium on Security and Privacy (sp 2008). DOI: 10.1109/
SP.2008.33.

[187] HEITMANN B, KIM J G, PASSANT A, et al. An architecture for privacy-enabled user
profile portability on the web of data[C/OL]//Proceedings of the 1st International Workshop
on Information Heterogeneity and Fusion in Recommender Systems. Barcelona, Spain:
Association for Computing Machinery, 2010: 16–23 [2021-07-22]. https://doi.org/10.114
5/1869446.1869449. DOI: 10.1145/1869446.1869449.

[188] HECHT F V, BOCEK T, B"AR N, et al. Radiommender: P2P on-line radio with a distributed
recommender system[C]//2012 IEEE 12th International Conference on Peer-to-Peer Com-
puting (P2P). DOI: 10.1109/P2P.2012.6335817.

[189] AGRAWAL R, SRIKANT R. Privacy-preserving data mining[J]. ACM SIGMOD Record,

2000, 29(2): 439–450. DOI: 10.1145/335191.335438.

[190] MCSHERRY F, MIRONOV I. Differentially private recommender systems: Building privacy into the Netflix Prize contenders[C/OL]//Proceedings of the 15th ACM SIGKDD international conference on Knowledge discovery and data mining. Paris, France: Association for Computing Machinery, 2009: 627–636 [2021-07-22]. https://doi.org/10.1145/1557 019.1557090. DOI: 10.1145/1557019.1557090.

[191] BERLIOZ A, FRIEDMAN A, KAAFAR M A, et al. Applying Differential Privacy to Matrix Factorization[C/OL]//Proceedings of the 9th ACM Conference on Recommender Systems. Vienna, Austria: Association for Computing Machinery, 2015: 107–114 [2021-07-22]. https://doi.org/10.1145/2792838.2800173. DOI: 10.1145/2792838.2800173.

[192] CANNY J. Collaborative filtering with privacy[C]//Proceedings 2002 IEEE Symposium on Security and Privacy. DOI: 10.1109/SECPRI.2002.1004361.

[193] LI D, CHEN C, ZHAO Y, et al. An Algorithm for Efficient Privacy-Preserving Item-Based Collaborative Filtering[J]. Future Generation Computer Systems, 2016, 55: 311–320. DOI: 10.1016/j.future.2014.11.003.

[194] ZHANG Y, LAI G, ZHANG M, et al. Explicit factor models for explainable recommendation based on phrase-level sentiment analysis[C/OL]//Proceedings of the 37th international ACM SIGIR conference on Research & development in information retrieval. Gold Coast, Queensland, Australia: Association for Computing Machinery, 2014: 83–92 [2021-07-22]. https://doi.org/10.1145/2600428.2609579. DOI: 10.1145/2600428.2609579.

[195] CHENG W, SHEN Y, HUANG L, et al. Incorporating Interpretability into Latent Factor Models via Fast Influence Analysis[C/OL]//Proceedings of the 25th ACM SIGKDD International Conference on Knowledge Discovery & Data Mining. Anchorage, AK, USA: Association for Computing Machinery, 2019: 885–893 [2021-07-22]. https://doi.org/10.1 145/3292500.3330857. DOI: 10.1145/3292500.3330857.

[196] ABDOLLAHI B, NASRAOUI O. Explainable Matrix Factorization for Collaborative Filtering[C/OL]//Proceedings of the 25th International Conference Companion on World Wide Web. Montréal, Québec, Canada: International World Wide Web Conferences Steering Committee, 2016: 5–6 [2021-07-22]. https://doi.org/10.1145/2872518.2889405. DOI: 10.1145/2872518.2889405.

[197] BAUMAN K, LIU B, TUZHILIN A. Aspect Based Recommendations: Recommending Items with the Most Valuable Aspects Based on User Reviews[C/OL]//Proceedings of the 23rd ACM SIGKDD International Conference on Knowledge Discovery and Data Mining. Halifax, NS, Canada: Association for Computing Machinery, 2017: 717–725 [2021-07-22]. https://doi.org/10.1145/3097983.3098170. DOI: 10.1145/3097983.3098170.

[198] MCAULEY J, LESKOVEC J. Hidden factors and hidden topics: understanding rating dimensions with review text[C/OL]//Proceedings of the 7th ACM conference on Recommender systems. Hong Kong, China: Association for Computing Machinery, 2013: 165–172 [2021-07-22]. https://doi.org/10.1145/2507157.2507163. DOI: 10.1145/2507157.2507163.

[199] TAO Y, JIA Y, WANG N, et al. The FacT: Taming Latent Factor Models for Explainability with Factorization Trees[C/OL]//Proceedings of the 42nd International ACM SIGIR Conference on Research and Development in Information Retrieval. Paris, France: Association for Computing Machinery, 2019: 295–304 [2021-07-22]. https://doi.org/10.1145/3331184.3331244. DOI: 10.1145/3331184.3331244.

[200] HE X, CHEN T, KAN M-Y, et al. TriRank: Review-aware Explainable Recommendation by Modeling Aspects[C/OL]//Proceedings of the 24th ACM International on Conference on Information and Knowledge Management. Melbourne, Australia: Association for Computing Machinery, 2015: 1661–1670 [2021-07-22]. https://doi.org/10.1145/2806416.2806504. DOI: 10.1145/2806416.2806504.

[201] HECKEL R, VLACHOS M, PARNELL T, et al. Scalable and Interpretable Product Recommendations via Overlapping Co-Clustering[C]//2017 IEEE 33rd International Conference on Data Engineering (ICDE). DOI: 10.1109/ICDE.2017.149.

[202] SEO S, HUANG J, YANG H, et al. Interpretable Convolutional Neural Networks with Dual Local and Global Attention for Review Rating Prediction[C/OL]//Proceedings of the Eleventh ACM Conference on Recommender Systems. Como, Italy: Association for Computing Machinery, 2017: 297–305 [2021-07-22]. https://doi.org/10.1145/3109859.3109890. DOI: 10.1145/3109859.3109890.

[203] GAO J, WANG X, WANG Y, et al. Explainable Recommendation through Attentive Multi-View Learning[J]. Proceedings of the AAAI Conference on Artificial Intelligence, 2019, 33(01): 3622–3629. DOI: 10.1609/aaai.v33i01.33013622.

[204] CHEN C, ZHANG M, LIU Y, et al. Neural Attentional Rating Regression with Review-level Explanations[C/OL]//Proceedings of the 2018 World Wide Web Conference. Lyon, France: International World Wide Web Conferences Steering Committee, 2018: 1583–1592 [2021-07-22]. https://doi.org/10.1145/3178876.3186070. DOI: 10.1145/3178876.3186070.

[205] COSTA F, OUYANG S, DOLOG P, et al. Automatic Generation of Natural Language Explanations[C/OL]//Proceedings of the 23rd International Conference on Intelligent User Interfaces Companion. Tokyo, Japan: Association for Computing Machinery, 2018: 1–2 [2021-07-22]. https://doi.org/10.1145/3180308.3180366. DOI: 10.1145/3180308.3180366.

[206] CHANG S, HARPER F M, TERVEEN L G. Crowd-Based Personalized Natural Language Explanations for Recommendations[C/OL]//Proceedings of the 10th ACM Conference on Recommender Systems. Boston, Massachusetts, USA: Association for Computing Machinery, 2016: 175–182 [2021-07-22]. https://doi.org/10.1145/2959100.2959153. DOI: 10.1145/2959100.2959153.

[207] CHEN X, CHEN H, XU H, et al. Personalized Fashion Recommendation with Visual Explanations based on Multimodal Attention Network: Towards Visually Explainable Recommendation[C/OL]//Proceedings of the 42nd International ACM SIGIR Conference on Research and Development in Information Retrieval. Paris, France: Association for Computing Machinery, 2019: 765–774 [2021-07-22]. https://doi.org/10.1145/3331184.3331254. DOI: 10.1145/3331184.3331254.

[208] LI C, QUAN C, PENG L, et al. A Capsule Network for Recommendation and Explaining What You Like and Dislike[C/OL]//Proceedings of the 42nd International ACM SIGIR Conference on Research and Development in Information Retrieval. Paris, France: Association for Computing Machinery, 2019: 275–284 [2021-07-22]. https://doi.org/10.1145/3331184.3331216. DOI: 10.1145/3331184.3331216.

[209] CHEN X, XU H, ZHANG Y, et al. Sequential Recommendation with User Memory Networks[C/OL]//Proceedings of the Eleventh ACM International Conference on Web Search and Data Mining. Marina Del Rey, CA, USA: ACM, 2018: 108–116 [2021-03-26]. https://dl.acm.org/doi/10.1145/3159652.3159668. DOI: 10.1145/3159652.3159668.

[210] WANG W Y, MAZAITIS K, COHEN W W. Programming with personalized pagerank: a locally groundable first-order probabilistic logic[C/OL]//Proceedings of the 22nd ACM international conference on Information & Knowledge Management. San Francisco, California, USA: Association for Computing Machinery, 2013: 2129–2138 [2021-07-22]. https://doi.org/10.1145/2505515.2505573. DOI: 10.1145/2505515.2505573.

[211] AI Q, AZIZI V, CHEN X, et al. Learning Heterogeneous Knowledge Base Embeddings for Explainable Recommendation[J]. Algorithms, 2018, 11(9): 137. DOI: 10.3390/a11090137.

[212] WANG H, ZHANG F, WANG J, et al. RippleNet: Propagating User Preferences on the Knowledge Graph for Recommender Systems[C/OL]//Proceedings of the 27th ACM International Conference on Information and Knowledge Management. Torino Italy: ACM, 2018: 417–426 [2021-06-12]. https://dl.acm.org/doi/10.1145/3269206.3271739. DOI: 10.1145/3269206.3271739.

[213] MA W, ZHANG M, CAO Y, et al. Jointly Learning Explainable Rules for Recommendation with Knowledge Graph[C/OL]//The World Wide Web Conference. San Francisco, CA, USA: Association for Computing Machinery, 2019: 1210–1221 [2021-07-22]. https://doi.org/10.1145/3308558.3313607. DOI: 10.1145/3308558.3313607.

[214] WANG N, WANG H, JIA Y, et al. Explainable Recommendation via Multi-Task Learning in Opinionated Text Data[C/OL]//The 41st International ACM SIGIR Conference on Research & Development in Information Retrieval. Ann Arbor, MI, USA: Association for Computing Machinery, 2018: 165–174 [2021-07-22]. https://doi.org/10.1145/3209978.3210010. DOI: 10.1145/3209978.3210010.

[215] LI P, WANG Z, REN Z, et al. Neural Rating Regression with Abstractive Tips Generation for Recommendation[C/OL]//Proceedings of the 40th International ACM SIGIR Conference on Research and Development in Information Retrieval. Shinjuku, Tokyo, Japan: Association for Computing Machinery, 2017: 345–354 [2021-07-22]. https://doi.org/10.1145/3077136.3080822. DOI: 10.1145/3077136.3080822.

[216] LU Y, DONG R, SMYTH B. Why i like it: Multi-task learning for recommendation and explanation[C]//RecSys '18: Proceedings of the 12th ACM Conference on Recommender Systems. New York, NY, USA: Association for Computing Machinery, 2018: 4-12.

[217] LIN Y, REN P, CHEN Z, et al. Explainable Outfit Recommendation with Joint Outfit Match-

ing and Comment Generation[J]. IEEE Transactions on Knowledge and Data Engineering, 2020, 32(8): 1502–1516. DOI: 10.1109/TKDE.2019.2906190.

[218] KAMISHIMA T, AKAHO S, ASOH H. Efficiency Improvement of Neutrality-Enhanced Recommendation[C]//The 3rd Workshop on Human Decision Making in Recommender Systems.

[219] STECK H. Calibrated recommendations[C/OL]//Proceedings of the 12th ACM Conference on Recommender Systems. Vancouver, British Columbia, Canada: Association for Computing Machinery, 2018: 154–162 [2021-07-25]. https://doi.org/10.1145/3240323.3240372. DOI: 10.1145/3240323.3240372.

[220] TSINTZOU V, PITOURA E, TSAPARAS P. Bias Disparity in Recommendation Systems[J/OL]. arXiv:1811.01461[cs], 2018 [2021-07-26]. http://arxiv.org/abs/1811.01461.

[221] LEDERREY G, WEST R. When Sheep Shop: Measuring Herding Effects in Product Ratings with Natural Experiments[C/OL]//Proceedings of the 2018 World Wide Web Conference. Lyon, France: International World Wide Web Conferences Steering Committee, 2018: 793–802 [2021-07-25]. https://doi.org/10.1145/3178876.3186160. DOI: 10.1145/3178876.3186160.

[222] LIU Y, CAO X, YU Y. Are You Influenced by Others When Rating? Improve Rating Prediction by Conformity Modeling[C/OL]//Proceedings of the 10th ACM Conference on Recommender Systems. Boston, Massachusetts, USA: Association for Computing Machinery, 2016: 269–272 [2021-07-25]. https://doi.org/10.1145/2959100.2959141. DOI: 10.1145/2959100.2959141.

[223] WANG X, HOI S C H, ESTER M, et al. Learning Personalized Preference of Strong and Weak Ties for Social Recommendation[C/OL]//Proceedings of the 26th International Conference on World Wide Web. Perth, Australia: International World Wide Web Conferences Steering Committee, 2017: 1601–1610 [2021-07-25]. https://doi.org/10.1145/3038912.3052556. DOI: 10.1145/3038912.3052556.

[224] GE Y, LIU S, GAO R, et al. Towards Long-term Fairness in Recommendation[C/OL]//Proceedings of the 14th ACM International Conference on Web Search and Data Mining. Virtual Event, Israel: Association for Computing Machinery, 2021: 445–453 [2021-07-25]. https://doi.org/10.1145/3437963.3441824. DOI: 10.1145/3437963.3441824.

[225] BORGES R, STEFANIDIS K. Enhancing Long Term Fairness in Recommendations with Variational Autoencoders[C/OL]//Proceedings of the 11th International Conference on Management of Digital EcoSystems. Limassol, Cyprus: Association for Computing Machinery, 2019: 95–102 [2021-07-25]. https://doi.org/10.1145/3297662.3365798. DOI: 10.1145/3297662.3365798.

[226] LARRY H. The History of Amazon's Recommendation Algorithm[J]. Amazon Science, .

[227] XAVIER A, JUSTIN B. Recommender Systems in Industry: A Netflix Case Study// Recommender Systems Handbook[G].2nd ed. Berlin, Heidelberg: Springer: 385–419.

[228] VINH N, MINSEOK L, TOMASZ G, et al. Accelerating Recommender Systems Training

with NVIDIA Merlin Open Beta[J]. Nvidia Developer Blog, 2020.

[229] ANDREAS A, MIGUEL G-F, LE Z. Microsoft Recommenders: Best Practices for Production-Ready Recommendation Systems[C]//WWW 2020. Taipei, 2020.

[230] YIFAN H, YEHUDA K, CHRIS V. Collaborative Filtering for Implicit Feedback Datasets[C]//ICDM 2008. Pisa, Italy: IEEE, 2008.

[231] Apache Spark[M].

[232] SHAFI B, ALEX G. Scaling Collaborative Filtering with PySpark[J]. Yelp Engineering, 2018.

[233] OKURA S, TAGAMI Y, ONO S, et al. Embedding-based News Recommendation for Millions of Users[C]//Proceedings of the 23rd ACM SIGKDD International Conference on Knowledge Discovery and Data Mining. Halifax, NS, Canada: ACM, 2017: 1933–1942.

[234] ZHOU G, MOU N, FAN Y, et al. Deep Interest Evolution Network for Click-Through Rate Prediction[J]. Proceedings of the AAAI Conference on Artificial Intelligence, 2019, 33: 5941–5948.

[235] PI Q, BIAN W, ZHOU G, et al. Practice on Long Sequential User Behavior Modeling for Click-Through Rate Prediction[C]//Proceedings of the 25th ACM SIGKDD International Conference on Knowledge Discovery & Data Mining. Anchorage, AK, USA: ACM, 2019: 2671–2679.

[236] BORDES A, USUNIER N, GARCIA-DURÁN A, et al. Translating Embeddings for Modeling Multi-Relational Data[C]//Proceedings of the 26th International Conference on Neural Information Processing Systems - Volume 2. Red Hook, NY, USA: Curran Associates Inc., 2013: 2787–2795.

[237] ASELA G, GUY S. A Survey of Accuracy Evaluation Metrics of Recommendation Tasks[J]. 2009, 10: 2935–2962.

反侵权盗版声明

　　电子工业出版社依法对本作品享有专有出版权。任何未经权利人书面许可，复制、销售或通过信息网络传播本作品的行为；歪曲、篡改、剽窃本作品的行为，均违反《中华人民共和国著作权法》，其行为人应承担相应的民事责任和行政责任，构成犯罪的，将被依法追究刑事责任。

　　为了维护市场秩序，保护权利人的合法权益，我社将依法查处和打击侵权盗版的单位和个人。欢迎社会各界人士积极举报侵权盗版行为，本社将奖励举报有功人员，并保证举报人的信息不被泄露。

举报电话：（010）88254396；（010）88258888

传　　真：（010）88254397

E-mail：dbqq@phei.com.cn

通信地址：北京市万寿路 173 信箱

　　　　　电子工业出版社总编办公室

邮　　编：100036